1

Kaarlo Aikio

Miljoonan Motin Metsämarssi

Koillismaan Ylängön uskomaton nousu kurjuudesta kunniaan

Metsätalouden tapahtumia 1860 -2018

2. painos

Kustantaja: BoD – Books on Demand

FSC
www.fsc.org
MIX
Paperi vastuullisista lähteistä
Paper from responsible sources
FSC® C105338

Kustantaja: BoD – Books on Demand, Helsinki, Suomi

Valmistaja: BoD – Books on Demand, Norderstedt, Saksa

ISBN: 978-952-3300910

Kuvat kirjoittajan, ellei muuta mainittu

Sisällysluettelo

Lukijalle

Koillismaan diplomaatti

Ensimmäinen kontaktini Kaarlo Aikioon syntyi 1990-luvun lopussa. Rivien välistä lausutut "diplomatiat" avautuivat mukavalla tavalla heti tuoreeltaan. Sittemmin työuran edetessä sain mahdollisuuden tehdä Kaarlon kanssa yhteistyötä vuosia, aina hänen eläköitymiseensä sakka. Tuo sama "diplomaattisuus", tapa laittaa ihmiset ajattelemaan ilman suoria, valmiiksi pureskeltuja vastauksia on mielestäni ollut yksi suurimpia Kaarlon vahvuuksia työelämässä ja asioissa, mihin hän on pyrkinyt vaikuttamaan.

Vaikuttaja. Kaarlon kyky ja tarve vaikuttaa metsätaloudessa myös yhteiskunnallisesti oli merkille pantavaa ja kunnioitettavaa. Tästä on esimerkkinä laaja selluhakeprojekti Koillismaalla 1990-luvun lopulla. Kuusamon ensiharvennusmetsät kiittivät. Toinen mieleen jäänyt projekti oli 2000-luvun puolivälissä ns. Miljoonan Motin Metsämarssi, jossa Kaarlo toimi aktivoijana. Tavoitteena oli nostaa Kuusamon metsien hyödyntämisastetta. Kaiken takana on aina huoli ja vastuu koillismaalaisen metsätalouden kannattavuudesta.

Uudistaja. Kaarlo on työurallaan uudistaja ja haasteet mahdollisuuksina näkevä. Hänen toimintamallinsa perustui aina hyvään ja pitkäjänteiseen pohjatyöhön. Vahva kokemus asiakastyöstä, sekä herkkä korva muuttuville tilanteille loi hänelle vahvan pohjan erittäin ansioituneelle työuralle Metsäliiton palveluksessa. Esimerkkinä käy 2000-luvun loppupuolella tehty päätös pilotoida ns. yrittäjyysmallia Metsäliiton palveluiden tarjonnassa. Kaarlon työurasta jää yksittäisenä asiana mieleen luottamus.

Pirttiukko? Kaarlo Aikio jäi eläkkeelle Metsä Groupin palveluksesta 2017 vuoden lopussa. Kaarlo on vuoden 2018 lumisena talvena virkeä ja hyväkuntoinen eläkeläinen. Hän on vahvasti juurtunut Koillismaalle ja Kuusamoon, jossa hänen perheensä ja lapsensa lastenlasten kera antavat myös sisältöä elämään. Punaisen pystykorvan kanssa Suininkijärven salomailla samotessa saattaa ajatus hetken harhailla. Luulenpa kuitenkin, että jotain siellä lippahatun alla alkaa ennen pitkää tapahtumaan. Josko tässä asiassa olisi kehittämisen aihetta? (liite 1)

Jarkko Parpala

Piiripäällikkö, Metsä Group Kemin hankintapiiri, Kaarlon pitkäaikainen esimies ja työtoveri

Juuret Kuusamossa

Seitsemän ikäisenä opin luottamaan itseeni. Elämänvoimani on muotoutunut useiden sukupolvien ajan saloilla vaeltaneiden vieraiden kertomuksien synnyttämänä. Edellä kerrotun vuoksi tästä matkasta tuli hieman epätavallinen. Vuosikymmenestä toiseen syöksyin enempiä ajattelematta milloin minkäkin ratkaisemattoman ongelman kimppuun itseäni ja läheisiäni säälimättä.

Piirteitä kuusamolaisuudesta

Kuusamolaisten itsetuntoa pidetään vahvana. Me olemme eräihmisiä, joille luonnossa selviytyminen on itsestäänselvyys. Rakastamme kotiseutuamme yli kaiken, ei siksi, että täällä on hyvä olla, vaan siksi koska se on meidän. Oman reviirin varjelu toi annoksen oveluutta; elettiinhän kahden valtion rajamaastossa, rajan, jonka ei annettu toimintaa häiritä.

"Etelän herrojen määräykset ovat meille vain suosituksia", sanoi Parkkis-Kalle kun hänelle selitettiin, että karhu on rauhoitettu. Vieraisiin ja etenkin etelän herroihin suhtaudutaan epäluuloisesti ja varoen, mutta ei torjuvasti eikä vihamielisesti. Ja kovan ja itsekkään kuusamolaisen pinnan alla löytyy aina "vierahan vara". Suhteellisen reilu kestiystävällisyys on kunnia-asia. Kauppa- ja kestiystävyytemme eivät ole sellaista ystävyyttä, missä lähelle päästetään.

Poliittisesti kuusamolaiset ovat selkeän oikeistolaisia ja syvän isänmaallisia ja ehdottoman lainkuuliaisia ja esivaltauskollisia. Oman suurperheen sisäinen yhteys on luja, mutta naapuriin ja ulkopuoliseen suhtaudutaan epäillen.

Jatkosota desantteineen muutti kaiken. Iskut suojattomien siviilien kimppuun synnyttivät syvän vihan. Kuusamolaisesta sotilaasta tuli armoton korpisoturi. Sota muuttui omaksi. Sotien aikaiset evakkoreissut ja pitäjän itäosien menettäminen olivat suuri järkytys, josta ei ole toivuttu kunnolla vieläkään. Hävitetty pitäjä rakennettiin uudelleen. Seurannut isojako ja sen lieveilmiö koskisota veti Kuusamon muun maailman yhteyteen. Ainutlaatuisen luontomme arvot olemme oppineet muilta, mutta sitä ei hyväksytä, että muualta tulleet tulevat meille opettamaan, miten luontoa on käytettävä. Kiihkomielisillä luonnonsuojelijoilla ei ole mitään mahdollisuutta saada ymmärtämystä omalle kannalleen kantakuusamolaiselta.

Kuusamolaisen juuret ovat maassa ja metsässä, ja kun ne uhataan viedä, se on tuskan paikka. Vapaa oikeus kulkea ja käyttää maata ja metsää on huomattava osa vanhaa kuusamolaisuutta.

Hännisen kylä Kiitämäjärven rannalla

Hännisläinen, hän oli mies parhaassa iässään, kolmanneksi vanhin lapsista. Eletään 1600 -luvun alkupuolta. Tulevaisuus kaukana kotiseudulta joko Ruotsin suurvallan sotilaana tai vaeltelevana renkinä ei houkutellut. Mieluummin hän lähtisi pohjoiseen, asumattomille alueille väenottoa pakoon.

Hankikelit alkoivat maaliskuun alkupuolella Savossa. Kotoa laitettiin kuivattua lihaa ja kalaa konttiin ja sitten suunta pohjoiseen. Alkuun matka taittui kulku-uria pitkin, sittemmin enemmänkin erämaita. Sulapaikoista hän pyyteli kaloja, rantapensaista ansoilla lintuja. Siinä matkamiehen eväät. Aamulla täytyi joutua aikaisin hangen selkään, kelien loputtua asentopaikalle. Kiantajärven seudulla pariviikkoinen suojasää pysäytti matkanteon. Sitten kylmät jatkuivat. Edessä oli metsäisiä, alati korkeampia vaaroja. Hän tuli pitkälle järvelle, Irninjärvelle. Sen takana oli tunturi, Iivaara. Siispä sinne. Sen takana olisi hänen paikkansa. Tunturin laelta avautui huikea keväinen maisema; metsiä, järviä ja kapeita soita. Uusia tuntureita. Tämän täytyi olla sitä Lapinmaata.

Pohjoista tunturia kohden hän suuntasi matkansa muutaman suuren järven kautta. Rannoilla näkyneet ihmisten jäljet puissa pakottivat jatkamaan vaellusta. Siispä kauemmas. Hän tuli pienemmälle järvelle. Ylitti sen. Vasemmalle jäi kaksi pitkää niemeä. Oikealle samoin. Molempiin suuntiin näytti lähtevän joki. Oikeanpuoleinen jokisuu oli sula. Tämä näytti hyvältä. Eikä jälkiä asutuksesta näkynyt. Rannalle hän ei uskaltanut jäädä. Harjun ja suon yli seuraavan harjun eteläreunaan. Siitä aurinko oli jo sulattanut lumen pois. Siinä olisi lämmin suojaisa asentopaikka. Se oli Kotilehto. Ansalangat pyyntiin. Hän rakenteli laavun kuusenhavuista, haki tulipuita asennolle ja asettui lepoon. Aamulla hän katsasteli jokisuun kalastuspaikat. Hankikelit loppuivat. Kevät alkoi. Jokisuu antoi kalaa ja ansat lintuja. Miehemme selvisi. Hän oli Martti Hänninen, Hännisen kylälle nimensä antanut savolaismies. Hän on vanhin tunnettu äitini esi-isä.

Lapinmies Nils Piettarinpoika läheisestä Ruuhanganahosta ei kuitenkaan katsellut hyvällä tulokasta. Katseli tosin kauempaa. Sitten hänen tyttärensä sairastui. Omat rohdot eivät tehonneet. Pyysi apua tulokkaalta. Perillä äiti, erikoisen vaalea ja kaunis karjalaisnainen kertoi tyttären makaavan sairaana kodassa. Kotoa laitetut yrtit tehosivat. Hänestä tuli

Martin vaimo. Aikanaan lapinmies kuoli, sitten hänen vaimonsa. Kodan paikka maatui, katosi.

Martti kaivoi neljä hirsikertaa maan sisään, nosti salkopuut kotaa varten. Halkoi riukuja kattotarpeiksi. Elämä jatkui. Lapsia syntyi. Jotkut kuolivat pieninä, kolme jäi eloon. Tuolloin elettiin 1600 -luvun alkuvuosikymmeniä. Metsät olivat luonnonkulojen uudistamia ikimetsiä, joita ihmisen kädet eivät olleet muokanneet mieleisekseen. Järvien vedet lainehtivat selvästi nykyistä korkeammalla, koska joet ja kosket olivat luonnontilaisia. Kalaa ja riistaa löytyi saloilta riittävästi.

Hänen jälkeensä paikkaa asutti Matti Martinpoika Hänninen ja edelleen Henrik Matti Hänninen, joka syntyi vuonna 1699. Seuraava isäntä Henrik Henrikinpoika Hänninen-Riekki muutti vaimonsa synnyinsijoille Riekkiin 1700 -luvun loppupuolella. Syynä muuttoon oli se, etteivät tämän suvun jäsenet 70 vuoden aikana "saaneet aikaiseksi rakentaa" pysyväisluonteista asuinsijaa, joka oli edellytyksenä asumisoikeuden vahvistamiselle. He elivät luontoon ja ympäristöön sulautuen pohjoisen alkuperäisväestön tavoin. Kuusamon kantasukuihin kuuluvien Törmästen yksi poika nai sitten Hännisten tyttären Riekistä ja asettui asumaan Kiitämäjärven rannalle Hänniseen. Tämä sukupolvi muokkasi voimakkaasti ympäristöä huhdanpoltolla, joka vaati vuosittain uutta metsäalaa edellisen kasken menetettyä kasvukykynsä. He harjoittivat savupirtissä asuen porotaloutta, metsästystä, kalastusta ja kaupankäyntiä. 1820 -30 luvulla tulivat lasi-ikkunat käyttöön ja 1840-luvulla uloslämpiävät uunit, sekä hieman myöhemmin hellakeittiöt.

Vuonna 1832 syntynyt Erland Törmänen, kutsumanimeltään "Hännis-Lanteri" jatkoi tilan isäntänä. Hänellä oli kolme vaimoa. Ensimmäisen vaimon kanssa hän sai kolme lasta. Isoisäni Hermanni syntyi vuonna 1857. Poronhoitoreissulla Paanajärven Rajalassa hän keinutteli kiikkustuolissa 2-vuotiasta Anna Sofia Rajalaa, tulevaa isoäitiäni ja tuumi: "tästä tytöstä minä kasvatan itselleni emännän". Toisen vaimon kanssa "Lanteri" sai kymmenen lasta, joista mainittakoon vuonna 1876 syntynyt Kaarlo, tuleva tutkija, kirjailija ja kansanedustaja vuosina 1929 -39.

Tämän ajanjakson metsien käytöstä esimerkkinä tarkastuskertomus: Kruunu hakkaa ja myy tukkia pitäjän eteläosista Taivalkosken sahalle. Metsät hävitetty kaskeamalla ja metsään suhtaudutaan yhtä halveksittavasti kuin lumeen talvella. Hakkuista esimerkkinä vuonna 1865 Kuusamon reviiristä myytiin 138900 sahatukkia ja 34 800 ratapölkkyä, joka vastaa nykyisin mitoin noin 80 000 kiintokuutiometriä, ja on noin kaksi kolmasosaa vuoden 2000 sahapuun hakkuusuunnitteesta.

Norjalaisen matkailijan J.A. Friisin kertomus vuonna 1871 Hännilän talojen elinolosuhteista: "Täällä Hännilän talossa on kaksi kerrosta. Keskellä on välikäytävä ja sen kahta puolta kaksi suurta tupaa, pirtti ja isotupa. Sekä kaksi suurta vieraskamaria, joissa on matto lattialla, ylellisyys, jota saa kauan etsiä norjalaisesta tai ruotsalaisesta talonpoikaistuvasta. Täällä tarjotaan hyvää kahvia ja paistetaan huolellisesti matkalla ampumani lintu. Ikkunalla on kukkia, seinällä on kello, joka käy vain puoli tuntia ajastaan edellä, mutta lyö niin kovasti, että ollakseni heräämättä joka tunnin päästä yöllä, katsoin parhaaksi pysäyttää koneiston leponi ajaksi".

"Hännis-Lanterin" poika Hermanni toteutti uuden suuren asuinrakennuksen teon vuosisadan vaihteessa Hännilän tilalla. Mies piti antamansa lupauksen ja kävi pyytämässä Rajalasta Anna Sofiaa vaimokseen ja heidät vihittiin 1904. Heidän aikanaan muuttuivat kattorakenteet 1890 -luvulta alkaen ensin olkikatoiksi, sitten tuohikatoiksi ja edelleen viime vuosisadan alussa pärekatoiksi. Kaupankäynti oli vilkasta Hermannin ja hänen veljensä Kustun toimesta ja Pekka oli erikoistunut Jäämeren kalastukseen, joka kukoisti vuosien 1880 -1908 aikana.

Sukunimi Törmänen vaihdettiin sukunimeksi Hänninen vuonna 1922, koska "Hännis-Lanterin" jäljiltä Hännilän talon isäntiä kutsuttiin sillä nimellä. Samoihin aikoihin virallistettiin lukuisia talonpaikasta johdettuja sukunimiä. 1920 -luku oli voimakkaan sopeutumisen aikaa.

Entiset kauppasuhteet itään katkesivat rajan sulkeuduttua. Hermanni haki vuonna 1921 lupaa mylly-, saha- ja pärehöylälaitokselle Maivajoen Isoonkoskeen. Katselmus paikalla pidettiin seuraavana kesänä, jolloin Hermanni oli jo kuollut, mutta hänen vaimonsa Anna Sofia, Petteri Hänninen ja Matti Eksymä ilmoittivat jatkavansa hanketta. Laitokseen tuli 18 hevosvoiman turbiini ja se oli Kuusamon ensimmäinen turbiinikäyttöinen laitos. Tuhansia karjalaisia kauppakumppaneita pakeni Suomeen ja he sijoittuivat "vapaille" alueille rakentamiinsa pieniin mökkeihin. Osa perusti kauppoja Kirkonkylään.

Vuonna 1916 syntynyt isäni Armas Heikki Aikio on Ruotsista aikanaan Rovaniemelle tulleen, Tornbergin pappissuvun "mustan lampaan" Kittilään papiksi karkotetun pojan jälkeläisiä, joita pohjoisessa kutsuttiin papin levottoman elämäntavan vuoksi aikalaisiksi. Nimi muuntautui myöhemmin Aikioksi. Armas syntyi nykyisen Ranuan kunnan Kelohaaran kylässä.

Äitinsä kuoleman jälkeen hän joutui kuusivuotiaana Rovaniemen maalaiskunnan Auttin kylään tätinsä hoidettavaksi. Siellä hän suoritti kansakoulun ja aloitti talvisin 13-vuotiaana pöllinteon. Sahan ja kirveen ostoon lainasi paikallinen pappi rahat. Nuoruusvuosina kesät kuluivat Lapin lennättimen Rovaniemi-Liinahamari linjatyömailla.

Vuonna 1937 tuli komennus sotaväkeen ja sitten alkoivat sotaan valmistautumiset. Suomussalmella hän haavoittui kranaatinsirpaleesta selkään. Siitä toivuttuaan partiomatkalla Kuhmossa vihollisen räjähtävä luoti murskasi oikean käden kyynärvarren luut. Kun käsi oli jonkinmoisessa kunnossa, hän joutui toipilaana Käylän kautta Sovajärvelle edelleen Kuolajärven-Vuorijärven tien suunnan taisteluihin. Täältä tie vei sairaslomalle ja edelleen ilmavalvontajoukkoihin valvonta-aliupseeriksi Kuusamon Heikkilään, jossa hän avioitui ilmavalvontalotan, äitimme Marian os. Hännisen kanssa.

Veressäni virtaa siten Lapin metsämiehen viekkautta, karjalaisnaisen vilkkautta, savolaista sanavalmiutta ja pohjanmaan juroutta. Sen "koktailin" kanssa on pitänyt oppia elämään.

Hevosia Savosta Kuusamon tukkisavotoille vuonna 1901

Reen perään oli riimuilla kytkettynä kolme hevosta, kun hän eteni talvitietä pitkin Iisalmesta Paanajärven savotoille. Perillä ostaja ilmaantui kolmelle hevoselle. Neljännelle tarjottiin työtä tukinajoon kuskin kera. Jyrkät rinteet kuitenkin arveluttivat.

Siksi hän kääntyi paluumatkalle Kuusamoon. Hänelle kerrottiin, että Suininkijärven länsipäässä olisi suuret savotat Heikkilän väliaikaisen lohkon metsissä ja siellä tarvittiin miehiä ja hevosia. Hevosen hän sai myytyä savotalle ja käsistään kätevälle miehelle tarjoutui töitä remonttimiehenä ja suutarina. Savotalla ja uitoilla kului vuosia.

Aikanaan hän kohtasi kiinnostavan nuoren naisen ja siitä alkoi sitoutuminen Suiningin selkosen eläjäksi. Mökin paikka katsottiin valtion mailta järven rannalta. Siihen hän rakensi pienen mökin, jota he alkoivat asuttamaan. Siitä sai alkunsa Tapanilan tilan elämä Ananias Tapanisen ja Hilda Törmäsen toimesta vuonna 1905. Ananias toimi kyläkunnalla kirvesmiehenä, puuseppänä, suutarina, muurarina, maalarina, pienviljelijänä, teurastajana ja haitaristina tehden "kaikkea mitä muut eivät osanneet". Murmanskin ratatyömaalla he olivat vuosina 1916 -1918, päästen viimeisellä laivalla Englannin kautta kiertäen takaisin Suomeen. Laivamatkan aikana vaimoni isä Hannes oppi kävelemään.

Karjalan pakolaisten mökki Rikinniemessä, se on rakennettu 1920–luvun alussa.

Puunkuljettajan painajainen. 1960–luvun sillan kansi on lahonnut ja routa nostanut kannatintolpat ylös.

Kirkonkylän Lehtovaarassa hevostalli on vaipumassa maahan.

Metsämies on jättänyt nimikirjaimensa ansapolulle.

Sata vuotta vanhan kannon kyljessä on havaittavissa selviä aiemman metsäpalon jälkiä.

Hevonen oli käyttökelpoisin puutavaran lähikuljetukseen.

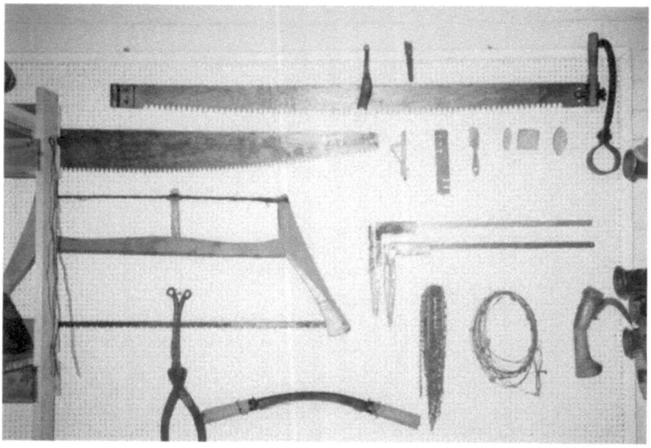

Hevosaikakauden työvälineitä: Justeeri, puupääsaha, pöllisakset, kolorauta, mittasakset, pituusmittakettinki, pöllikoukku eli ”pokara”

Väistyvää maaseutukulttuuria.

"Kanto Jussin" pillarivetoinen laikkuri 1960-luvulta.

1930-luvulla torpat saivat metsäpalstat ja pääsivät myymään metsiä. Silloin entisistä isännistä tuli torppareidensa renkejä. Kuusamon Osuuskaupan toimitusjohtajan toimesta eläkepäivillään oleva Tauno Hannula kertoi isänsä sanoneen:

- *Meen Jussi Määtän palstaan toas päiväksi pöllintekoon. Siellä on meleko hyvveä mehteä. Kyllä siitä tekomieshi melekosen palakan soapi ja varsinnii isännälle sieltä rötkähtää rumasti rahhoa! Syyskesällä iltojen alkaessa pimentyä alkoi vastarannalta näkyvä kirkas valo häiritä silmää. Valo paikallistettiin "Anan" mökistä näkyväksi. Taunon isoisä Jussi-Ukko tokaisi: - Kyllä se nyt passovaa häikästä ihmisten silimät vielä toisellai rannalla, kun soahaan määrättömästi mehtärahoja, hmh, on sitä aikoihin eletty.*

Seuraavana iltana lähdettiin Tauno airollisena Anan rantaan noin kilometrin päähän muikkuverkkojen laskuun ja mentiin tarkastamaan valon alkuperä. Isäntä sitten selitti, että ostin tuon kirkkaamman lampun, kun näkökin alakaa himmetä. Se on kolomensaan kynttilän Petromaksi ja se käy lamppuöljyllä. Annahan kun minä näytän, miten se sytytetään käyntiin kun on jo hämärähi. Tänne pannaan lamppuöljy ja sitten pannaan vähän tenttuo käyrävartisesta tippapullosta tuohon. Sytytetään ja annetaan sen sitten palaa vähän aikaa ja sitten pumpataan ilimoa ja veännetään tästä neula auki. Sen käyntiinpano on ihan heleppoa ja eikö ookkin kirkas?

Meni vain muutama viikko ja Jussi-ukkokin haki Kirkolta samanlaisen, Hasac-merkkisen lampun. Se oli toinen kirkas lamppu Suiningin rannoilla.

Jälleenrakentamisen aikakausi

Elämä korpikylissä palaili hiljalleen toisen maailmansodan jälkeen uomiinsa. Vaikka kaikesta oli puutetta, varsinaista nälkää ei ollut. Hän, jolla oli jotain ylimääräistä tavaraa tai syötävää auttoi puutteessa olevaa, joka puolestaan korvasi saamansa avun työllä tai muutoin. Asumukset oli saatu rakennettua asuttavaan kuntoon. Valmiita ne eivät monellakaan olleet, vaan yhdeltä puuttuivat verannan rakenteet, toisella kamarin lattiat tai ullakon sisustus.

Karjahuoneita kyhättiin sitä mukaa, kun tarvikkeita saatiin hankittua. Pitkän erossa olon jälkeen lapsia siunautui lähes joka vuodelle. Raskaasta työstä huolimatta ihmisten keskinäinen vuorovaikutus oli vilkasta. Neuvontajärjestöt pitivät tupailtoja, joissa esiteltiin viimeisempiä työtä helpottavia keksintöjä. Kylän yhteisiä konehankintoja hoidettiin maamiesseurojen kautta, jotka järjestivät runsaasti urheilukilpailuja. Suuren suosion saavuttivat kylien väliset taistelut hiihdon ja yleisurheilun alueilla.

Toisen maailmansodan aikana hävitetyille asuinsijoille Hänniseen palattiin evakosta vuonna 1945. Ennen sotaa isänniksi olivat tulleet Kalle, ja vaimonsa Lempi Heikkilä, sekä Johan Petteri, ja vaimonsa Betty Valpuri Hietala. He rakensivat kumpikin omat talonsa. Seinähirret hakattiin jakokunnan mailta lähialueilta. Lauta- ja lankkutavara ostettiin 20 kilometrin päässä olleelta valtion omistamalta Säynäjän sahalta.

Purouitto Hiidenjokea pitkin Säynäjän sahalle on vaatinut "uhrinsa". Toisen maailmansodan jälkeen Neuvostoliitolle luovutetulta alueelta siirretyille asukkaille tulevista palstoista valtio "otti" järeän tukkipuun pois, sahaten ne Säynäjän sahalla jälleenrakennuksen sahatavaraksi.

Elettiin vuotta 1952, Helsingin olympiavuotta. Talvi oli normaaliin tapaan luminen ja kylmä. Vanhempani Armas ja Maria olivat kahden lapsensa Paulin ja Annelin kanssa edellisenä syksynä päättäneet muuttaa takaisin Kuusamoon Oulun Pateniemestä, jossa he olivat asuneet sodan jälkeisen ajan. Isäni työskenteli siellä puutavarasatamassa kynähommissa. Äidin veljien avustamana heille siirrettiin kylän laidalta käyttämättömänä ollut riihirakennus.

Isän sodassa saamat vammat pettivät lähes vuosittain ja edessä oli sairaalakierros, jonka aikana leikkauksilla tai muulla hoidolla yritettiin ammuksilla silvottuja jäseniä saada toimiviksi. Sillä välin perheen oli tultava toimeen miten parhaiten taisivat. Hänet leikattiin yhteensä 21 kertaa sotavammojen vuoksi. Elettiin vuotta 1959. Säynäjä-Riekki maantie oli valmistunut 3 vuotta aiemmin, mutta sitä ei aurattu talvisin. Koulumatkat taitettiin sulan maan aikaan kävellen ja talvella hiihtäen Ensimmäisenä talvena asuin viikot maanantaista lauantaihin Tornbergin Erkin ja Eilan luona Maivalassa. Toisena talvena Hännisen Eero aloitti koululaisten kuljetuksen Volkkarilla, kun teiden talviauraus mahdollisti autolla liikennöinnin.

Kesä 1962 oli kylmä ja sateinen. Juurikkasuolle oli tehty 3 hehtaarin ojituspalkkiosopimus. Muistan sen siitä, kun isä yritti kaivaa Valmet-traktorin kantokoukkuun kiinnitetyllä takalevyllä viemäriä viljelyssuolla. Vesi lainehti traktorin edessä ja lopulta traktori upposi istuinta myöten suohon. Minun tehtäväni oli pitää suuren kuusen juuressa nuotiota päivät, jotta isä voi tulla ruokatauolle kuivattelemaan. Sarkaojien kaivua suorittivat seuraavana kesänä Törmäsen miehet Niskajärveltä. Heillä työ jäi noin 100 metriä vajaaksi heinätöiden painaessa päälle.

Pellonraivauspalkkion toteutuksen määräajan loppuminen alkoi lähestyä. Kauppalaskun maksaminen oli taas siitä tulosta kiinni. Kun mistään ei löytynyt vapaita aikamiehiä ojankaivuun, jouduimme neljä vuotta vanhemman veljeni Paulin kanssa töihin. Meillä oli kaksi viikkoa aikaa ennen tarkastuspäivää saada oja valmiiksi. Isällä oli edellisen talven leikkauksen jälkeen käsi kipsattuna. Ojaa oli kaivettava 120 metriä maanlaitaan. Ne metrit, tai paremminkin sentit muistan koko elämäni ajan. Eväät reppuun, lapiot olalle, kirves käteen ja kolmen kilometrin kävely ojan päähän. Isä opetti miten suunta säilytetään, sivut tehdään ja pohja luodaan.

Sitten töihin. Kepit sivulinjoille, lähin kymmenen metriä linjattiin langalla ojan yläreunaan kohdalle. Lapiolla pistäen leikataan ojan sivukaltevuuden mukaan reuna auki. Sitten poistetaan pinta pois lapionpiston syvyydeltä pala kerrallaan. Taas suoritetaan reunan pisto ja luodaan uusi kerros pois. Näin jatketaan 80 sentin syvyyteen. Pohjan puhdistus. Puhdas maatunut turve vaatii vain voimaa ja kärsivällisyyttä. Mutta sitten tuli juurikoita ja kiviä. Ojaa tulisi valmistua kymmenen metriä päivässä. Sillä tavoitteella lähdimme liikkeelle.

Ensimmäisenä päivänä kahdeksan metriä ja paikat niin kipeinä, että ei liikkeelle päässyt. Toisena päivänä tulos oli jo kymmenen metriä. Juurikoita ja pieniä kiviä, kirosanojakin. Kolmas päivä antoi kolme helppoa metriä, sitten iso kivi. Voimat eivät riitä ylös nostoon, siispä kaivetaan kuoppa ja upotetaan se. Kaivettiin pari tuntia monttua, kivi ei uppoa. Voihan paska! Mutkia ei saisi tehdä. Päätimme, että nyt saa vesi opetella kiertämään kiven ympäri. Hakataan vaikka kiveen ohjeet vedelle, jos on tarvis tarkastajaa varten. Pauli jatkoi pinnan luomista eteenpäin. Iltapäivä oli pitkällä kun kivi oli kierretty. Päivän tulos oli kuusi metriä, urakka ei tule onnistumaan näin.

Neljäs päivä. Nyt mies punnitaan. Olimme latautunutta sisua täynnä edellisen päivän vuoksi. Sattui helppo pätkä, vain pieniä kiviä ja juurikoita.

Tuloksena 15 metriä! Kyllä tämä tästä saattaa sittenkin onnistua. Mieli keveänä astelimme illalla kotiin. Näin työ jatkui päivästä päivään sunnuntait mukaan lukien.

Työ oli rankkaa, mutta jälki näkyi. Teimme jotain uutta. Siinä ei ole koskaan ollut ojaa, nyt oli, ja hyvä oja olikin tarkastajan mukaan. Tuon tapauksen jälkeen minusta tuli aikuinen, vakavamielinen. Ojaa ei syntynyt remuten ja nauraen, vaan lapion tuli heilua tasaiseen tahtiin, mieluummin vielä kappale turvetta kyydissä.

Vieläkin, kymmenien vuosien päästä ajattelen lämmöllä ja suurella kunnioituksella ihmisiä, jotka lapiolla kesyttivät kymmeniä hehtaareita suota viljelyskäyttöön. Sillä työllä on meidän monen elämä saatu raiteilleen.

Muikuilla maailmalle

Seuraavana kesänä kalastimme muikkuja runsaasti. Aamuisin viideltä oli herätys, ja aamupalan jälkeen välittömästi vene vesille. Sää oli aamuvarhaisella kirkas ja tuulikaan ei vielä ollut virinnyt. Rannasta päästyämme heittäydyin etuteljoille pitkäkseni ja aloin katselemaan syvänsiniselle taivaalle. Laineiden loiskiessa veneen keulaan ja katseen kiinnittyessä muutamaan taivaalla ajelehtivaan pilvenriekaleeseen mielen valtasi ajasta ja paikasta riippumaton tunne. Kuin olisi leijaillut itseni ulkopuolelle ja nähnyt kaiken kirkkaampana ja selvempänä. Silmä tarttui idästä Ruumisniemen yläpuolella tulevaan outoon valonheijastukseen ja sen jälkipuolella oli pitkä vaalea pilvipötkö. Osoitin sitä kädelläni ja huusin isälle veneen perään: - Katso, mikä tuo on?

Isä tirkisteli aikansa, pysäytti moottorin ja sanoi: - Ryssä siellä taas vakoilee. Katso tuolla on toinen, kolmas, neljäs ja viides. Kyllä ne on sitten röyhkeitä, tullaan noin vain rajan yli. Koneet lensivät mielestämme noin kymmenen kilometrin korkeudessa ja kaartoivat jossain Heikkilän kylän yläpuolella takaisin itään päin ja katosivat itäiselle taivaalle.

Jonkin aikaa tapausta tuumittuamme jatkoimme matkaa verkkojen nostoon. Katselin taivaalle entistä kiinnostuneempana, mutta lähes tyhjä, syvänsininen taivas alkoi raukaisemaan. Näin nukkuessani unen lipistä, joka oli äitini sedän filosofian tohtori, kirjailija ja kansanedustaja Kaarlo Hännisen tekemä. Kerran uistellessamme ihmettelin isälleni sen puista vartta, joka oli elämän nakertamia pieniä koloja täynnä. Hän kertoi lipin tarinan ja vaiheet, sekä sanoi voittaneensa 2000 markkaa siitä kertovalla pakinalla Koillissanomien kirjoituskilpailussa. Olin saanut nimeni Kaarlo

Hännisen mukaan aika pitkälle lipin ansiosta. Vanhempi veljeni taas oli saanut nimensä sodassa kaatuneen isän veljen Paulin mukaan.

Hännisen kylän kuuluisa lippi (Salmenvahti, Koillissanomat 7.9.1957)

Jokainen meistä tiennee, mikä lippi on. Ainakin Kuusamossa nimitys lienee tuttu useimmille, ellei ole, niin sanottakoon, että suuresti sivistyneet sanovat sitä kalahaaviksi. Sillähän koukataan kala vedestä, kun se on ensin houkuteltu tarttumaan uistimeen ja sitten juhlallisesti väsyttäen uitettu veneen vierelle, haavilla koukattavaksi.

Allekirjoittanutkin sattuu omistaman sellaisen välineen – kun nääs veri usein vetää veden viljaa narraamaan – ja niinpä taas kerran kävelin rantaa kohti tarkoituksella käväistä koettelemassa kuinka lohi syö. Eihän sitä nyt huonompaa ilkee kunnon vekottimeen kiinni tarttumaan pyytääkään! Niin, astelin rantaan, otin siitä sen lipin käteeni ja miten, kuten lie ollut mieli herkkä muisteluksille. Katselin sitä lippiä ja ajatukset heittäytyivät kolmenkymmenen vuoden taakse, ihan vängellä, katsoessani lipin vartta. Ajattelin siinä aikaa, jolloin sen varressa oli filosofian tohtori Kaarlo Hännis-vainaan tukeva koura. Monta kalaa tuolla lipillä on Kiitämäjärven aalloista noussut kuivempaan elementtiin hänen nostamanaan, lohiakin. Hänhän oli myös innokas kalamies, jolla ei tullut aika pitkäksi siinäkään touhussa.

Siitä on nyt riski kolmekymmentä vuotta kun hän on lipin tehnyt. Oli reissuja, kun lippiä tarvittiin useinkin. Mutta joskus ei sitä tarvinnut edes kastella. Talvet sinä – lippi nimittäin – vietit Hännisen aitan ylisillä. Kesällä kun isäntäsi tuli lepäämään ja rentoutumaan sinut asetettiin kunniapaikalle veneeseen isäntäsi viereen. Sinä olet nähnyt Hännisen kylän muuttuvan tuhkaksi talvisodan ankeina päivinä. Se aittakin paloi, jonka ylisillä tavallisesti talvilevolla olit, mutta miten lienet silloin jäänyt aitan ulkopuolelle naulaan siksi talveksi ja miten lienet siitä päässyt ulommaksi aitan palaessa. Ehkäpä hän, joka aittasi poltti, heitti sinut kentälle ja siitä sinut löydettiin sodan jälkeen, täysin ehjänä.

Sinä kaipasit jälleen isäntäsi tukevaa kättä ja kalamatkoja, mutta isäntäsi ei enää tullut. Hän oli muuttanut ikuisille kalavesille, jonne sinä et voinut seurata mukana. Sinun täytyi jäädä tänne, ja sait paikkasi Hännisen uusissa suojissa, josta minä sinut löysin ja asetin virkaasi jälleen. Nyt on vartesi jo ajan hampaan kuluttama. Olet jo vanha, eläkeiässä, ja niinpä olenkin päättänyt tämän kesän jälkeen asettaa sinut vanhuudenlepoon, jonka olet jo hyvin ansainnut.

Mutta vielä me, minä sinun uusi haltijasi ja sinä nostamme Kiitämäjärven aalloista sen "suuren" noin vain, kaiken kruunuksi. Sitten onkin hyvin ansaittu vanhuudenleposi kodissani kunniapaikalla, sillä sinä muistutat isännästäsi, miehestä jonka tunnuslause oli: Luja tahto vie miehen vaikka läpi harmaan kiven.

Säpsähdin todellisuuteen, kun perämoottorin ääni oli vaiennut ja veden loiske keulasta oli vaihtunut pehmeäksi veden liplatukseksi. - Alahan heräillä huopailemaan, tuumi isä. Kääntelin veneen jaakkarin luo ja verkon nostaminen alkoi.

Muikkuja oli heti alusta alkaen kipulinaan. Verkko oli kaloineen niin raskas, että se oli puolivälistä laskettava veneen pohjalle. - Taitaa tulla kova päivä päästellessä ja peratessa, eikä päiväkään näytä kalan uinnille huonolta. Paistaa ja on tyven, joten haudasta kala löytyy, totesin enemmän itsekseni. Isä oli kuitenkin mietteeni kuullut ja verkkoa veneen pohjalle laskiessaan tuumi: - Kelpaa sitä Kirkonkylälle keskikouluun lähteä, kun on vähän tienattuja markkoja talven varalle. Ilman näitä kalarahoja saattaisi olla hyvinkin tiukkaa.

Kahdeksannen verkon jälkeen verkkojadan toisen pään jaakkariin kiinnitettiin puhdistettu verkko ja laskettiin uudet verkot nostettujen tilalle. Vene ui syvällä ja kotimatka taittui paljon hitaammin Mouruniemen hiesikolta kotiin. Matkan aikana päästelin ajankuluksi päällimmäisiä muikkuja pesuvadillisen verran.

Kotirantaan saavuttuamme herättelimme toiset päästelemään ja perkaamaan kaloja. Aamupuuroa lusikoidessani vastasin äidin uteluihin kalojen määrästä: - Olisikohan ämpäri- kaksi verkossaan, joten kaikkiaan kaksi- kolme saavillista. Tietää viiden tunnin savottaa koko porukalle, ennen kuin kalat ovat puolikoissa.

Seurasi tiivis työpäivä kalojen parissa ja illalla kuuden jälkeen lähdimme nostamaan päiväpyynnissä olleet verkot. Tuuli oli päivän aikana ollut heikkoa, joten pienellä pelolla menimme verkkojadan luo. Nostettaessa jaakkaria nousi puoli verkkoa pintaan valkoisena muikuista. - Ensi yö taitaa mennä muikkusouvissa, jos koko jata on samanlaista, sanoin. - Katsotaan nyt ensin jata loppuun, hyvältähän tämä näyttää, isä sanoi.

Aamuyö oli jo pitkällä, kun viimeiset kalat olivat säilöttynä astioissaan aamun postiautoa varten, jossa lähetimme edellisen vuorokauden aikana saamamme neljä saavillista muikkuja Kirkonkylän K-kauppaan. Siellä kauppias kirjasi kaloista saadut tulot ylös ja velkoi tililtä kaupasta tehdyt ostot. Rahaa nostettiin vain muihin välttämättömiin ostoihin. Kesän kalastustulot vastasivat reippaasti sen aikaisen hyvän työmiehen vuosiansioita. Niillä saimmekin kylillä kovan työporukan maineen ja töitä tuli melkein liiankin kanssa myöhemmin.

Saaliin saaminen edellytti kiinteätä pysymistä muikkuparvien kintereillä. Parvien liikesuunta tarkastettiin verkkoa nostettaessa siitä, mille puolen verkkoa kalat olivat uineet. Tuulen suunnan ja ilman lämpötilamuutosten ennakoiminen takasivat tasaiset saaliit. Mikäli päivään pariin ei verkkoja käytetty vedessä, saattoi tulla viikonkin heikkojen saaliiden kausi, ennen kuin parvet uudelleen löytyivät.

Keskikoulussa Nilolla menivät talvet 1963 -1969. Talvella oli kova pakkasaamu ja menin seitsemäksi tien varteen odottelemaan postiauton tuloa. Metsästä kuului ääni, aivan kuin joku eläin olisi jyrsinyt luita. Kerroin illalla asiasta kotona. Ei uskottu, taisi sinua vain pimeä pelottaa, sanottiin. Seuraavana aamuna sama toistui. Sitten illalla jo uskottiin kuulemaani ja muistettiin syyskesällä sinne haudatun kylällä itsekseen kuollut lehmä. Päivällä paikka oli käyty katsomassa, ja julmetun suuri susi oli ollut liikkeellä. Seuraavana päivän se oli käynyt rantasaunan edessä pyrkimässä sisään. Kaiketikin se oli haistanut siellä olleen lihasaavin.

Veljeni Pauli ja Veteläisen Aimo olivat hiihtäen lähteneet jäljestämään sutta. Pauli oli aseistautunut pienoiskiväärillä, Aimolla oli sentään hirvikivääri. He olivat iltapäivällä nähneet suden Kiitämäjärven eteläpuolella Karankarannalla ja Pauli oli jopa päässyt ampumaan noin sadan metrin päästä. Tehoa laukauksilla ei ollut. Syynkin muistimme teeren ammuntakokeiluista pakkasella. Sataan metriin ammuttaessa luodit tippuivat kuuden - seitsemänkymmenen metrin päähän lumihankeen. Kolme päivää he sutta jäljestivät. Sitten se kulkeutui Säkkilän ja Juuman kautta poromiesten jäljestämänä lähemmäs Kirkonkylää. Sieltä suden perään lähti hiihtäjäsuuruus tuleva 50 kilometrin hiihdon maailmanmestari Kalevi Oikarainen. Loppu on historiaa, hänestä tuli Paavo Noposen sanoin ”Susi-Kalle”.

Maailmanmestari "Susi-Kalle" Kalevi Oikaraisen patsas Rukalla.

Metsäalaan sain lempeästi tuntuman 12-vuotiaana seuraavan kesän juhannusviikolla Kuntivaaran palstan istutustyömaalla. Olimme kolmistaan vanhalla tukkikämpällä ensimmäisen yön, mutta kolmen kilometrin kävely työmaalle ei oikein tuntunut hyvältä. Ja ne hiiret yöllä... Niinpä veimme teltan palstan laitaan ja ajattelimme elää herroiksi. Neljä vuotta vanhempi veljeni Pauli ja Veteläisen Aimo iskivät kuokalla laikkuja ja itse istutin perässä 3-vuotisia, avojuurisia mäntyjä. Tuli ilta ja kova ukkoskuuro, joka viilensi ilmaa kovasti. Menimme teltoille söimme ja laitoimme teltan naruille kamppeita kuivamaan. Aamuyöllä herättiin siihen, että leuat löivät loukkua. Ja vaatteet eivät suinkaan olleet kuivia, vaan ne olivat jäässä! Päätimme lähteä töihin välittömästi ja nukkua iltapäivällä kun olisi lämpimämpää. Työt toteutettiin loppuun juhannukseen mennessä.

Toisella luokalla luokanvalvojaksi tuli tuleva tohtori ja petotutkija Erik S. Nyholm, joka mielenkiintoisilla kertomuksillaan tutkimusretkistään luontoon antoi voimakkaan sysäyksen luontoharrastuksille. Mieleen painuvia olivat tarinat eläintutkimuksista Suomessa ja tulevana kesänä tehtäväksi suunniteltu jääkarhujen tutkimusmatka Huippuvuorille. Viikot asuin Nilolla oppilasasuntolassa. Meitä oli kuusi täysin erilaista poikaa samassa huoneessa toisessa kerroksessa, ansaitusti käytävän päässä. Yksi meistä oli innostunut hiihtäjä, joka hiihti 10 -15 kilometriä päivässä ja luki loppuajan läksyjä. Toinen, hän oli sympaattinen maalaistalon poika. Kolmas iloinen velikulta, jolla oli aina pieni kuje mielessä. Neljäs oli kaveri, jonka tarinoissa oli aina pieni sivujuonne mukana. Viides, hän oli mäkihyppääjä Jumalan armosta. Pomppi iltaisin joko Meijerin 20 metrin mäestä, tai sitten jakkaralta lattialle niin, että alakerran asukkaat saivat aiheen valituksiin. Mäkiura päättyi myöhemmin, viidennellä luokalla, pahaan turpalaskuun Rukan suurmäestä. Ja kuudentena kuuntelin ujona enimmäkseen muiden juttuja, yhtyen tarinointiin vain omilla vahvoilla alueillani.

Talvella vierailin serkkutytön luona ja hänen miehensä kanssa paneuduimme Fiat 600:n moottorilla ja lentokoneen potkurilla vedessä ja lumella liikkuvan kiitäjän suunnitteluun. Martti Hiltunen totesi potkurikiitäjän piirustusten valmistuttua: - Sinulla on päässä semmoinen vika, että kun olet saamassa yhden asian valmiiksi, olet jo ajatuksissasi käynyt seuraavan kimppuun. Vähän siten, että olet pitkien tikapuiden alkupäässä ja aina askelmalle päästyäsi mietit jo keinoa päästä seuraavalle askelmalle. Tuon kun ymmärrät, sinun on paljon helpompi elää sen voiman kanssa, joka ajaa sinua eteenpäin. Nyt vuosikymmeniä myöhemmin tajuan, että se oli laittamattomasti sanottu. Lienee ollut hyvää tuuriamme, että emme koskaan ehtineet muiden kiireiden vuoksi rakentamaan suunnittelemaamme, hydrokopterina myöhemmin tunnettua ajoneuvoa valmiiksi, vaikka moottori ja osa osista olivat jo hankittuna. Lopputulos olisi voinut olla jotain ennakoimatonta.

Kesällä pääsin panostajan apulaiseksi Keskusmetsäseura Tapiolle metsäauralla vedettyjen ojien risteysten räjäyttelijänä. Työ oli keveämpien tavaroiden kantamista ja pienien lapiohommien tekoa. Siitä tuli jo ensimmäinen kuukausipalkka.

- Minä oon sitten Ellalan Lassi, eli Lassi vaan, pitkä mies ojensi kätensä.

- Tottelen Kalle nimeä, vaikka oikeasti olen Kaarlo, vastaan.

- Aletaanpa sitten jakamaan näitä kamppeita, mitä itse kukin kantaa mukanaan. Meijän pitää kierrellä auralla vedettyjen metsäojien risteyksiä aukomassa räjäyttelemällä ja lapioimalla. Mitä paremmin räjäytys puhdistaa ojan, sitä vähemmällä lapioinnilla päästään. Joten kannattaa ottaa opikseen joka räjäytyksestä, Lassi sanoo.

- Täytyy olla silmä tarkkana, viime kesäisen Juurikkasuon ojitustyöurakan jälkeen kun ei noihin ojanlapiointihommiin ole kovinkaan suurta himoa, sanon.

- Siksi uskalsin sinut ottaa apulaiseksi, kun olen kuullut siitä teidän urakasta. Kovia poikia te olette, Lassi tuumaa, kun laittelemme varusteita reppuun. - Sitten vain Viiansuon ja Selkäsuon kautta Papuluomaa kohden risteys kerrallaan, hän jatkaa.

Kävelemme ojanvartta pitkin ja ensimmäinen risteys on lähes täysin tukossa. Katson tarkkaan kun Lassi lyö ensin kangella reiän ja laittaa puolikkaan dynamiittipötkön aina reikään nalleineen, ja tulilangan päähän. Näin panostus tulevan ojan paikalle tehdään huolellisesti loppuun.

- Nyt sitten menet tuonne tulosuuntaan päin vähintään kaksisataa askelta, Lassi komentaa. Sytytän tulilangan ja juoksen perässä suojaan. Paukku tulee noin kymmenen minuutin sisällä siitä, kun lähden juoksemaan.

Ensimmäinen paukku jännittää kovasti. Lassi hölkkää luokseni ison kuusen taakse, mistä kurkimme räjähdyksen suuntaan. Hetken päästä räjähtää ja turpeet ja juurikat lentävät pitkin metsää. Menemme tarkastamaan, että kaikki paukut ovat räjähtäneet, ja missä kunnossa oja on.

- Ei hullummin näin ensimmäiseksi paukuksi, Lassi sanoo.

- Oja syntyy näköjään kertaheitolla, kun paukut asetetaan tarkasti. Tämähän näyttää aika mielenkiintoiselta työltä, sanon.

- Tärkeintä tässä on mitoittaa ensin panostus maalajin kiinteyden mukaan, ja juurikat ja kivet pitää panostaa vähän voimakkaammilla panoksilla. Sitten suojaan ja siellä pysytään räjähdykseen saakka. Sitten pitää ehdottomasti tarkastaa, että kaikki panostukset ovat räjähtäneet. Joskus saattaa tulilanka irrota ja dynamiittipötkö jää suutariksi. Se pitää räjäyttää uudella panoksella, siihen ei saa koskea, koska se voi räjähtää. Nyt sinä tiedät saman kuin minäkin, Lassi päättää oppitunnin.

- Selvältä tämä tuntuu, mutta ehdottomasti seurailen alkuun sinun toimiasi ja otan opikseni, sanon alkaessani lapioimaan pyytämättä ojanpohjaa auki.

- Noin sitä pitää, minäpä pidän tupakin mittaisen tauon, Lassi sanoo ja istuu mättäälle katsomaan työskentelyäni.

Tätä rataa työ jatkui risteys kerrallaan, kunnes ojalla oli suuri kivi.

- Miten tehdään, lapioidaanko ojaan mutka kiven ohi, vai annetaanko kivelle siivet, Lassi kysyy.

- Eiköhän anneta siivet, ja katsotaan kuinka kauas ne kantavat, vastaan.

- Mikäpä siinä, panostetaan molemmin puolin kiven alle, jolloin paineaalto heittää sen ylös. Pannaan pötkö paikkaansa, että varmasti lähtee. Mutta pitäisiköhän tuonne metsän puolelle laittaa kolmas pötkö, jotta se lentää ojan yli metsän puolelle. Uskon kuitenkin, että se noilla kahdella lähtee, mitä sanot nyt kun olet jo vähän jäljillä tästä työstä, Lassi kysyy.

- Uskon, että se kyllä lähtee, mutta lähteekö se ojasta pois, siitä en ole varma, kun emme näe tuota maan alla olevaa osaa kivestä, sanon.

- Jysäytetään uudempi kerta, jos ei kerralla lähde, Lassi päättää.

Juoksen taas reilun sadan metrin matkan päähän suojaan, jonne Lassi hölkkää hetken päästä. Paukun jälkeen katsomme, kun iso kivi nousee ilmaan ehkä kymmenen metriä - ja putoaa suoraan takaisin ojaan.

- Voi perkeleen perkele, olisihan se pitänyt uskoa keskikoulun oppia saanutta miestä, Lassi kiroaa.

- Ei minulla tainnu aivan laskuhommilla tuo selvitä, mutta jotenkin jäi aiemmista räjäytyksistä pieni epäilys, sanon.

Laitamme kolme pötköä dynamiittia kiven alle, suunnaten sen heittämään metsään päin. Sillä panostuksella kivi hajoaa pieniksi palasiksi ja saa aikaan pirunmoisen kivisateen ympäri metsää. Siitä viisastuneena päätämme jatkossa panostaa hieman pienemmillä ja tarkemmin suunnatuilla dynamiittimäärillä. Seuraavana maanantaiaamuna näin, että kaverilla oli siipi maassa. En puhunut mitään asiasta, vaan lähdimme normaalisti taivaltamaan pohjoista kohden. Pääsimme kilometrin verran, kun Lassi pysähtyy yhdelle mäenkumpareelle.

- Nyt on kuule Kalle semmoinen tilanne, että minulla on helvetinmoinen krapula, ja tänään ei taida räjäytykset onnistua. Mitä tuumaat, jos otan tässä pienet nokoset, Lassi kysyy.

- Taitaa se tämä meijän urakka sen kestää. Sovitaan niin, että minä pijän vahtia ja teen nuotiot ruoka-aikaan mennessä, vastaan.

Hetken päästä raskas kuorsaus jyrisee kankaalla. Aurinko paistaa mukavasti ja otan itsekin pienoiset nokoset. Herään ja teen nuotion.

- Alahan nousta, ettet myöhästy ruokatunnilta, pukkaan Lassia kylkeen.

- Et kuule usko miten paljon tämä oloa paransi, Lassi tuumaa.

Kuuntelen Lassin verkkaista yksinpuhelua parisen tuntia, kun hän kertoo elämänsä eri vaiheista. Nuoruusvuosina koetut kovatkin kohtalot ovat tehneet lähtemättömän jäljen raikulipoikana tunnettuun kaveriin, joka tuntuu puheidensa perusteella syvimmiltään hyvinkin herkästi tuntevalta mieheltä. Niistä lupasin olla puhumatta ulkopuolisille ja se lupaus pitää tässäkin. Monta kertaa teki mieli jälkeenpäin oikaista, kun kuuli ulkopuolisten vääristelevän tapahtumia, joista olin kuullut häneltä itseltään.

Työnjohtaja poikkesi luonamme ja sanoi työn edenneen jopa nopeammin, kuin hän oli suunnitellut. Palkan maksua varten pitää sitten antaa pankkitilin numero Postipankkiin, koska palkat maksetaan heillä pankkiin.

- Saavat vanhemmat käydä avaamassa tilin ja ilmoittaa sinulle, minä en jouda kirkonkylillä ramppaamaan, sanon. Näin sitten sain ensimmäisen kuukausitilin ja vielä pankkiin. Nyt alkaa jo tuntua miesten meiningiltä. Tili sinänsä taisi olla jotain parinsadan markan luokkaa, mutta hyvä kuitenkin siihen vähän markan aikaan.

Rakennusmiehen ura alkoi vuonna 1968. Talvella äiti esitti toiveen todeten, että tuo vanhasta pirtistä vuonna 1952 tehty navetta kaatuu päälle. Siispä Hännisen Janne-enolta kyselin, miten voisi helpoimmin tehdä uuden navetan 4-5 lehmälle. Me olimme Jannen kanssa jo kahtena syksynä olleet kylän teurastajapari taloissa, joissa ei omasta takaa ollut tekijää. Olihan se mahtavaa käveleskellä kotiin illalla palkaksi saatu mullinlapa olkapäällä! Ja ne tarinoinnit työn ohessa, niitä olen monesti muistellut pyrkiessäni siirtämään perinnetietoa nuorisolle. Siksi luotin hänen mielipiteeseensä parhaiten.

Hänen ohjeillaan piirtelin itselleni keväällä piirustukset. Jannella ei ollut niihin isompia huomautuksia, ja esitin isälleni rakennustarvikkeiden listan. Rahaa ei kuitenkaan tuntunut löytyvän, joten tutkin mitä kaikkea voisi hyödyntää vanhasta navetasta ja muista vähemmän tarpeellisista rakennuksista. Silloin alkoi kustannusarvio olemaan hyväksyttävissä. Vanha navetta purettiin kesällä ja käyttökelpoiset laudat, lankut ja naulat otettiin talteen odottamaan uusiokäyttöä. Uuteen ei ollut varaa valamalla tehdä pohjaa, vaan se tehtiin vanhoista harmaantuneista hirsistä. Siitä tuli sen kesän aikana 4 lehmän ja 4 vasikan navetta. Hämmästyttävän kauan se kesti, sillä se purettiin tarpeettomana vasta vuonna 2002, kun katto oli alkanut vuotamaan.

Seuraavana keväänä saimme me ikäluokkamme pojat keskikoulun päästötodistuksen rehtorimme mainesanoin: ”kunniallisesta läsnäolosta oppitunneilla". Siitä nyt ei sitten ottanut sikakaan selvää, oliko se kehu vai moite. Kesällä tein kaksi asuttavaa huonetta puolitoistakerroksisen kotitalon yläkertaan, kun nuorimmaiset sisaruksista alkoivat kaipaamaan omaa tilaa touhuilleen.

Keväällä olimme kylän poikien kanssa päättäneet hakea vapaaehtoisena armeijaan. Itse tosin täyttäisin 18 vuotta vasta lähempänä siviiliin pääsyä, mutta se ei haitannut. Alokasaika meni Hiukkavaarassa Oulussa. Näin ilmoitustaululla vääpelin kyselyn, jossa haettiin konekirjoitustaitoisia alokkaita kirjureiksi. Tuolloin taito oli hyvin harvinainen. Koska olin kirjoittanut usean vuoden ajan isälle apuna monenlaisia puhtaaksikirjoituksia ja saanut keskikoulussa konekirjoituksesta täyden kympin, uskalsin hakea kirjurin hommia.

Sain sitten valita päältä, minne haluaisin kirjuriksi. Siispä kun valtio maksaisi kulut, ilmoitin Kaartin pataljoonan Helsingissä kiinnostavan, koska siellä en ollut vielä käynyt. Pääsin sitten Helsingin sotilaspiirin esikuntaan "siviilityöhön". Kaartilainen Aikio kasaa sitten noista tuon laatikon kantakorteista kertausharjoitusryhmän. Siinä pitää olla vähän kaiken lajin taitajia. Minä menen piimälasin mittaiselle tauolle, ylikersantti käskee. Se tarkoitti tunnin parin torkkuja arkistossa edellisen yön pirskeiden jälkeen. Kävin pari-kolmesataa korttia läpi, ja löysin muutamia julkisuudestakin tuttuja nimiä. Ammatit ja sotilasarvot tasapainoon laittaen tein valintoja. Sitten tuumailin, että illanistujaisiin on hyvä saada joku soittotaitoinen. Käteen sattui silloin hyvin tunnetun kitaristin kortti ja otin hänet mukaan. Siitä tuli kiitosta vielä harjoitusten jälkeenkin.

Maaliskuulla vääpeli komentaa valmistautumaan lähtöön.. Toimitusjohtajan auto tulee noutamaan teidät tunnin kuluttua. Vierailua varten saatte vuorokauden loman. Suuri musta amerikanrauta kurvaa pataljoonan pihalle. Minulla ei ole aavistustakaan, minne nyt mennään. Nousen autoon ja kuljettaja sanoo olevansa toimitusjohtaja Aimo Lehmusrinteen autonkuljettaja. Aimo pyysi noutamaan teidät kyläilemään kotiinsa, sopiihan se, kuljettaja kysyy. Vietimme kostean illan Dallapeetä, Olavi Virtaa ja kumppaneita kuunnellen ja muistellen edellisen kesän kalastusreissua Kuusamossa. Hänen vaimonsa Irja oli tohtori Kaarlo Hännisen tytär. Arvostukseni taisi nousta pari pykälää ylemmäs, kun seuraavana iltapäivänä limusiini pudotti minut komppanian pihaan. Keväällä Hiukkavaaraan palattuamme olin viimeisen kuukauden kirvesmiehenä kunnostamassa Sotainvalidien veljesliiton majaa Oulussa.

Tukkien harsintahakkuista viljelymetsätalouteen

Sahapuuhakkuut Iijoen vesistöalueella Kuusamossa alkoivat jo 1860-luvulla valtion mailla. Yksityismailta järeän tukin myyntihakkuita on harjoitettu valtion maista erotettujen jakokuntien väliaikaisten lohkojen myynteinä 1890-luvulta alkaen. Hakkuissa otettiin aluksi vain tyvitukki alimpiin oksiin saakka, minimimittojen ollessa pituus 7 metriä ja latva yli 25 senttiä. Myöhemmin kelpasivat jo 5-metriset ja yli 20 senttiset tukit. Latvukset jäivät metsään, joista osa kerättiin aikanaan polttopuiksi. Tukit uitettiin sekä Iijoen vesistön kautta Pohjanmeren perukoille, että Koutajoen vesistön kautta Vienanmeren rannassa sijainneille sahoille. Kylien läheisyydessä kotitarvepuun käyttö on lyönyt leimansa metsiin.

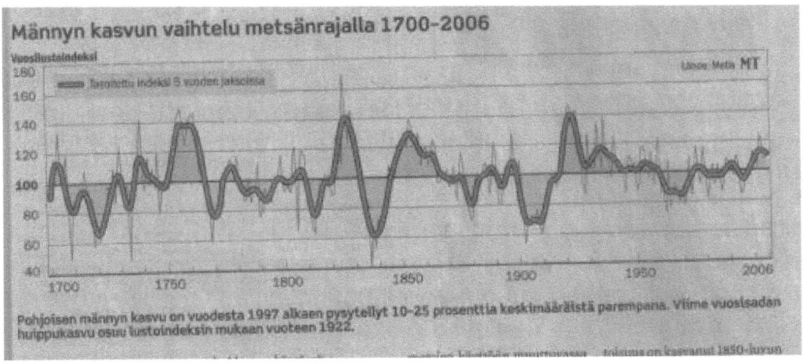

Männyn kasvu 1700 -2006. Lähde Metla ja Maaseudun Tulevaisuus lehti.

Jonkinmoisen käsityksen metsien silloisesta tilasta Pohjois-Suomessa saamme Metsähallituksen ylimetsänhoitaja R. Montellin vuonna 1903 julkaisemasta, Jalmar Castrenin laatimasta selvityksestä Oulu-Rovaniemen rautatiehankkeen perusteluissa. Metsien tila esitettiin kartassa kolmena luokkana: Parhaissa metsissä puuta oli runsaasti, toisessa myyntiin asti ja kolmannessa luokassa puuta todettiin olevan riittävästi kotitarpeiksi. Kaikista huonoimmassa luokassa puuta oli "vain vähän". Rannikolla, suurten jokien varsilla ja Kuusamossa puuta oli vain kotitarpeiksi, sekä tukki- ja rakennuspuuta vähän. Laskelmassa käytetyt tukin minimimitat tosin olivat 7 metriä x 22 senttiä. Tulevina vuosina käytetyt minimimitat laskivatkin asteittain järeän puun määrän vähetessä. Olisikohan tämä laskelma kaatanut myöhemminkin Kuusamon rautatiehankkeet, kun valtion maita oli huomattavasti vähemmän kuin naapurimaakunnissa, eikä kuljetettavaa puutakaan laskelman mukaan ollut. Tuolloin metsän kasvamisen täyteen kokoon uskottiin vievän 150 -

200 vuotta. Luonnontilaisten männiköiden uudistumisaika, siis uuden taimikon syntyminen siemenpuiden alle vei 30 -40 vuotta. Keskimääräinen kasvu metsämailla oli noin 1 kuutiometri hehtaarilla.

Toisen maailmansodan aikana tuhottujen rakennusten jälleenrakennusta varten tehtiin sahapuiden poimintahakkuita, jotka edelleen lisäsivät huomattavasti kitukasvuisten kuusikkojen aluetta. Kuusamossa isojako alkoi 1890-luvulla ja päättyi sotien ja erilaisten erimielisyyksien vuoksi vasta vuonna 1960, kun viimeiset valitukset oli käsitelty. Siksi savotoita oli niukasti ja metsätöissä käytiinkin Taivalkoskella ja Sallan-Pelkosenniemen suunnalla. Torpille ja mäkitupalaisille erotettiin 1930-luvulla valtion maista noin 120 hehtaarin tilat. Nämä noin 700 pientilan omistajat saivat myydä rajoitetusti metsiään. Samoin maanhankintalain nojalla 1945 perustetuilla tiloilla oli oikeus metsänmyyntiin vuotuisen kasvun verran.

Huomioitavaa on, että valtio yleensä poisti omaan myyntiinsä järeät sahapuut ennen tilojen luovutusta. Puuston määrän tasaushakkuut valtio vei usein myös tiloille, joita se ei leimauksissa mukana olleiden kertoman mukaan todellisuudessa olisi koskenutkaan.

Manttaalitiloilla sitä vastoin ei metsänmyyntioikeutta ollut ennen isojaon päättymistä, ja niiden isännät olivat usein entisten renkiensä metsissä töissä. Isojaon keskeneräisyyden vuoksi puunmyynteihin tuli vuodesta 1927 alkaen usean vuoden keskeytys, joka osui pahimpiin lamavuosiin. Kuusamo ajautui taloudellisiin vaikeuksiin, ja joutui vuosina 1931 -1933 valtion valvontaan. Apua tarvittiin mm. köyhäinhoitokuluihin, mutta kuusamolaisilla ei ollut mitään häpeiltävää siinä, että he saivat valtionapuja. Yhtiöt ja yksityiset käyttivät ihmisten hädänalaista tilannetta hyväkseen ja ostivat halvalla tiloja. Tämän kaltainen toiminta aiheutti syvää epäluuloa ja katkeruutta niin valtiovallan, kuin yhtiöidenkin toimintaa kohtaan.

Alkuun puut kaadettiin ja katkottiin kirveellä. Justeerit ja pokasahat tulivat savotoille 1900 -1910 luvuilla. Koloraudat saivat väistyä pöllipinoilta parkkuukoneiden yleistyttyä 1950-luvulla. Samaan aikaan moottorisahat alkoivat syrjäyttämään justeerin ja pokasahan metsätöissä. Kirvestä käytettiin vielä 1960-luvulle saakka oksien karsinnassa.

Männyt on harsittu pois ja jäljellä on kasvunsa päättänyt kuusikko.

Noin sata vuotta jatkuneiden sahapuiden harsintahakkuiden jäljiltä metsän muodostivat kasvunsa päättäneet pinotavarakuusikot, joita oli 1990–luvulla vielä 22 % metsämaan pinta-alasta. Taimikoiden ja nuorten metsien osuus oli 55 %. Kasvatusmetsiä oli 13 % ja uudistuskypsiä männiköitä alle 10 %.

Sahaustoimintaa käynnistettiin Kuusamossa heti 1900-luvun alussa. Ensimmäiset yritykset kaatuivat muutaman vuoden jälkeen. Itärajan sulkeuduttua 1920-luvun alussa perustettiin useille kylille mylly- ja sahayrityksiä paikallista tarvetta varten. 1930-luvun muotielinkeino oli liippojen hiominen paikallisesta liuskekivestä. Jälleenrakennus loi suuren sahatavaran kysynnän, koska 65 % rakennuskannasta oli tuhottu. Noin 4500 rakennuksen pystyttämiseen tarvittiin yli puoli miljoonaa tukkikuutiometriä puuta. Kenttäraamisahat ja kenttäsirkkelit pyörivät täydellä teholla. Siirtosahat Oy toimi Käylässä ja Pölkin saha Kantojoella. Vuotungin Jyrkänkoskella otettiin käyttöön 1930-luvulla toimintansa lopettanut, Matti Eksymän aiemmin perustama sahalaitos, joka toimi nimellä Jyrkänkoski Oy. Lisäksi Kuusamossa puuta ostivat 1950-luvulla Oulu Oy, Toppila Oy, Kemi Oy, Rauma-Raahe Oy, Santaholma Oy ja Kajaani Oy.

Antti ja Ville Määttä rakensivat vuonna 1961 uuden raamisahalaitoksen ja toimivat nimellä Vuotunki Oy. He jatkoivat sahaamista vuoteen 1974 saakka, jolloin saha siirtyi Kuusamon Osuusmeijerin omistukseen. Tukkien hankintavastuu oli tuolloin Metsäliitto Osuuskunnalla. Tuolloin teimme paljon metsäkauppaa mm. Kuntivaaran yhteistyöalueen puista, jonka suurimmat vuosimyynnit olivat noin 10 000 kuutiometrin luokkaa. Toiminta sahalla päättyi vuonna 1983 sahatavaran menekkivaikeuksiin. Kävin mittaamassa Taivalkoskelta sahalle toimitetut tukit edelleen luovutettavaksi Pölkky Oy:n sahalle. Sen viikon aikana tuli selväksi minkälaiseksi maailma oli muuttumassa. Vaikka tekisimme miten hyvää työtä tahansa, suuremmat voimat voisivat kaataa kaiken aikaansaadun. Puhumattakaan jos työmenetelmät tai koneet olisivat jääneet ajastaan jälkeen, kuten Vuotungin sahalla oli käynyt.

Kuusamon Puun saha Kirkonkylällä Kuusamojärven rannalla aloitti toimintansa vuonna 1954. Työvoimaa sahalla oli 100 miestä ja metsässä 500 -600 miestä talviaikaan. Sahatukin tarve oli 45 000 kuutiometriä. Sahan toiminta loppui tulipaloon vuonna 1965. Höyläämössä kuitenkin jalostettiin Vuotunki Oy:n sahatavaraa vielä 1970-luvulle saakka.

Erkki Virranniemi aloitti Kantojoella sahauksen 1962 kenttäsirkkelillä. Toimintaa laajennettiin perustamalla Virranniemi Oy vuonna 1965. Toiminta siirtyi nykyiselle paikalle Syvälammelle vuonna 1969 Pölkky Oy:n nimellä. Yritys on kehittynyt monipuoliseksi sahapuuta jalostavaksi laitokseksi.

Lauri Tuovinen harjoitti sahausta Kuusamon Yhteismetsän Oulangan palstalla ja perusti sitten sahan Tolvan tien varteen Ala-Kitkalle. Toimintaa jatkoivat hänen poikansa Lappipaneli Oy:nä. Nykyisin sahan omistaa Pölkky Oy ja se toimii Kitka Wood Oy -nimellä.

Kuusamoon perustettiin lisäksi 1970-luvulla useita pienempiä sahalaitoksia kuten Tahkolanrannalle Rukapuu Veljekset Tahkola, Käylään Kurtin Saha Oy, Meskusvaarantien varteen Sahayhtymä Tahkola&Törmänen sekä Sossonniementien varteen Oulanka Oy, joka jatkoi Kilpivaara Oy:n nimellä. Lisäksi on joitain pienempiä sahalaitoksia, joiden toiminta on ollut kausiluonteista.

Tuohon aikaan sahattiin kaksinkertainen määrä tukkia pitäjän hakkuusuunnitteeseen verrattuna. Paikallissahoilla on aina ollut kuusamolaisille metsänomistajille hyvin suuri merkitys. Pinotavaralle kantohintaa kertyi vain hyvinä suhdannekausina, muulloin hinta kattoi noin työkustannukset. Myöhemmin, vuoden 1965 jälkeen Kemijärven sellutehtaan aloitettua toimintansa tilanne on tasoittunut, mutta tukkipuun osuus on edelleen noin 60 % kantorahatuloista.

Professori Erkki K. Kalela luonnehti Kuusamon metsiä vuonna 1950: On syytä näiden väärin käsiteltyjen, harsittujen metsiköiden yhteydessä tähdentää, että meillä juuri jatkuneiden harsintaharvennusten johdosta on yleisesti metsiköitä, jotka ulkonäöltään, lähinnä puiden koon puolesta näyttävät olevan vasta kasvatusvaiheessa, mutta jotka ovat todellisuudessa, ikänsä ja elinvoimansa puolesta jo uudistamisvaiheessa. Ne ovat noita kasvuilottomia metsiköitä, joissa ikuisen harvennuksen ansiosta ovat jäljellä vain hidaskasvuisimmat alkuperäisen puuston yksilöt. Metsikön muodostikin tuolloin, 1890 -1920 tehdyn tukkiharsinnan sekä toisen maailmansodan jälleenrakentamispuiden harsinnan jälkeen 50 -150 -vuotias kuusikkoalikasvos.

Kuusamon koskisota raivosi vuosina 1954 -55. Voimayhtiöt yrittivät ostaa enemmistöosuuksia haluamiltaan vesistöiltä. Kauppoja käytiin tekemässä kiivaimmillaan helikopterilla kylissä kierrellen. Osa isännistä möikin koskiosuutensa jopa kolmeen kertaan. Vuonna 1956 voimayhtiöt alkoivat hieroa sovintoa ja toiminta hiljeni. Öljyn hinnan halpenemisen ja matkailun sekä suojelutoiminnan paineiden vuoksi kosket jäivät rakentamatta, lukuun ottamatta Myllykosken pientä voimalaa Kuusinkijoessa. Sen oli tarkoitus tuottaa sähköä tunnelityömaalle, jonka kautta olisi käännetty Kitkajoen vedet Kuusinkijokeen rakennettavaan Kiukaankorvan suurvoimalaan, jolle Isossajaossa oli varattu tonttikin jo valmiiksi. Vielä 1969 Kuusamon Vesistökomitea esitti Kuusamojärven, Muojärven ja Kirpistöjärven vesiä käännettäväksi Kuusinkijokeen. Lopullisen tuntuisen sinetin koskien säilyttämiselle luonnontilaisena antoi koskiensuojelulaki 1980-luvun lopulla.

Liikenteen siirtyminen vesistöreiteiltä ja talviteiltä ympäri vuoden liikennöitäville maanteille mullisti selkoskylien elämän. Kuusamolaiset oat aina olleet rohkeita yrittämään ja sen perinteen ansioksi voimme lukea paikkakunnan voimakkaan sahateollisuuden.

Tammikuussa 1958 kirjoitti Koillissanomiin metsänhoitaja Aaro Ali-Mattila isojaon tilanteesta: 2 jakokuntaa kesken, 8 jakokuntaa hakkuurajoitusten alaisena yhteensä alue on 85 000 hehtaaria. Noin puolella alalla yksityismetsiä on rajuja hakkuita seurauksena tilipuuluovutuksista. Noin 10 tilaa rauhoitettu, näille hakkuuluvat metsänhoitolautakunnalta. Lisäksi esiintyy väärää luuloa, että manttaalitilat olisivat yksityismetsälain rajoitusten ulkopuolella. Tieverkoston puute rajoittaa hakkuita. Tientekoon onkin saatavissa valtion avustusta 60 % ja lopun saa lainana. Roska- ja pienpuukysymys on ratkaistava rakentamalla Kuusamoon haketta käyttävä höyryvoimalaitos.

Syyskuulla oli Kitkan tukinsiirtolaitoksella siirretty 140 000 kpl tukkia ja 9200 pinokuutiometriä pinotavaraa, joka määrä vastaa noin viidesosaa Iijoessa uitetusta puutavarasta. Raistakan perän savotasta kertoo lehtijuttu; Työmaalla on metsäajoa varten 22 hevosta ja 1 traktori. Pinotavaraa kuoritaan lanssilla 5 kuorimakoneella. Pölkin sahan käytöstä poistettu raami on vuokrattu Oulujokisille sahureille, jotka sahaavat sirkkelillä kantattuja pelkkoja. Laudoista parhaat ajetaan Toppilan satamaan, huonompi jää kotimaan myyntiin. Tyvitukit myydään vientiin pyöreänä.

Metsäliitolla kerrotaan olevan vuonna 1958 Kuusamossa ja Posiolla noin 500 hankintaa käynnissä, joissa on 1000 miestä ja 300 hevosta. Tukkeja hakataan 14300 kiintokuutiometriä, joista sahataan 600 standarttia sahatavaraa. Pinotavaran kuorinnassa on 20 kuorimakonetta. Sahoja on 2 raamia sekä 6-7 kenttäsirkkeliä.

Kuusamon Puu hankkii 20 -23 000 kiintokuutiometriä tukkia. Suurimmat savotat olivat Kuusijärvellä ja Kokkoperässä. Talvea pidettiinkin vilkkaimpana savottatalvena sitten Korean konjuktuurin 1950-luvun alussa.

Avohakkuuta on tehty 1960-luvun alussa vuosittain 6700 hehtaaria ja lisäksi Kuusamon Yhteismetsä 2000 hehtaaria. Kylvö- ja istutustarve ovat suuret. Paikallista siementä ei tuolloin ollut saatavana. Taimia kasvatettiin vuosi Kansanopistolla, toinen vuosi koulittiin pienillä taimitarhoilla ja sieltä tulleet taimet tarkastetaan ja lajitellaan Kansanopistolla ennen metsään vientiä. Laatu oli kirjavaa, joka yhdessä kuokkalaikutuksen kanssa johti useimmiten viljelyn epäonnistumiseen.

Vuoden 1962 kesä oli kylmä, märkä ja sateinen, ja se päättyi elokuun 23. päivänä -5 asteen pakkaseen. Katovahingot olivat 200 miljoonaa markkaa kaikkiaan 2100 tilalla. Kuusamosta hakattiin vuonna 1963 enemmän puuta kuin minkään muun kunnan alueelta.

Metsänhoitolautakunta uutisoikin metsänhoitosuunnitelmia esitellessään: Metsänkäytössä siirrytään keräilytaloudesta viljelytalouteen. Metsänhoitaja Eero Veijola oli huolissaan siitä, ettei kaikkia hakattuja alueita ehditä uudistaa. Syntyy valtavia rästialueita kun avohakkausalueita on 8000 hehtaaria, joilla viljelytarve on 7000 hehtaaria ja viljelyä tehdään vain 2000 hehtaaria. Sama meno ei voi jatkua kovin pitkään.

Kuivien ukkoskesien johdosta oli runsaasti metsäpaloja vuosina 1959 -61. Suurin palo oli Sallan Naruskalla, jossa paloi noin 9000 hehtaaria metsää. Työvoimapulaa pelättiin savotoilla 1960-luvun taitteessa. Miestarve oli 300 -400 henkeä. Moottorisahat syrjäyttivät justeerin. Puolitelatraktorit valtasivat hevosilta metsäkuljetukset. Puutavaraa yritettiin ajaa suoran palstalta vinssaamalla auton kyytiin. Peruselinkeinojen vahva ote hallitsi 1960-lukua. Maatalous oli voimissaan. Metsissä työskenteli ennätysmäärä miehiä. Koettiin suuri murros työmenetelmien ja kaluston muuttuessa. Savotoilla metsätraktorit valtasivat maataloustraktoreiden ja hevosten paikan.

1960-luvun lopulla laajempaan käyttöön yleistynyt metsänviljelyaura antoi huomattavan helpotuksen paksukunttaisten maiden viljelijöille. Kuokkalaikutus jäi pois ja konelaikkuritkin poistuivat vähitellen käytöstä. Tosin paikallisen siemen- ja taimiaineksen puute johti taimien ostoon aina Ruotsista ja Unkarista saakka. Yleensä muualta, matalammalta tai etelämpää tuodut taimet kuolivat ylittäessään lumirajan, noin metrin pituuden. Soiden ojitus oli huipussaan 1960-luvun puolivälissä. Suurin osa ojista vedettiin metsäauralla. Juuri tuolloin pääsin aloittamaan oman metsämiesurani panostajan apulaisena ojaristeysten räjäytystyössä.

Maatalouden 1960-luvun lopulla alkanut, edelleen syventynyt kriisitila johti väestön maalta- ja maastamuuttoon, etenkin Ruotsiin. Seurauksena oli uuden asunnon ostorahojen irrottaminen metsästä. 1980-luvun alussa pitäjän keskustaan muuttaminen oli erityisen voimakasta, ja hakkuumäärät olivat kaikkien aikojen korkeimmalla tasolla eli noin 550000 kiintokuutiometriä vuodessa, joka ylitti hakkuusuunnitteen puolitoistakertaisesti.

1970-luvun alussa saatiin erittäin hyvät kuusen- ja männyn siemensadot, ja metsänviljelyyn tuli mahdollisuus käyttää paikallista alkuperää olevaa siementä. Viljelyn onnistuminen paranikin huomattavasti, noin 40 prosentista aina 90 prosenttiin saakka muokkausmenetelmien ja taimien kasvatusmenetelmien kehittymisen myötä.

Koillis-Suomen metsätase huolestutti, koska puusto on vähentynyt 20 prosenttia 17 vuoden aikana. Kuusamossa väheneminen oli 11 prosenttia. Metsäammattilaiset eivät asiasta huolestuneet, koska väheneminen johtui yli-ikäisten metsien hakkaamisesta. Pääjärven metsätyökeskuksen rakennustyömaa vilkastutti seutukunnan elämää 1970-luvulla. Se nopeutti samalla maatalouden alasajoa eteläosissa Kuusamoa.

Viimeinen hevossavotta oli 1970-luvun alussa, ja 1980-luvulle tultaessa hakkuutyöstä suurimman osan valtasivat monitoimikoneet. Tälle ajalle oli leimallista erilaisten aatesuuntien voimakas rummutus. Esimerkkeinä mainittakoon metsäaurauksen raskasmetallikeskustelu, jatkuvan kasvatuksen väittelyt, erityyppiset luonnonsuojeluliikkeet sekä ilmansaastehysteria. Ne kulkivat Koillismaan ylängön lakien mukaisesti lounaistuulten myötä tullen ja koilliseen Murmanskin kylmään häviten. Puutavaramarkkinoilla oli pitkä korkeasuhdanne, joka johtui vilkkaasta asuntojen ja loma-asuntojen rakentamisesta. Rakennuskeloista maksettiinkin parhaimmillaan 3000 markkaa kiintokuutiometriltä.

Kuusamon Maakaivimen "Intikka" odottaa lavettisiirtoa toiselle työmaalle.

Metsänviljelyaura otettiin käyttöön 1960-luvun puolivälissä. Kuvassa kytkettynä metsätraktorin perään.

Metsätaloudesta muotoutuu ammatti

Syksyllä 1970 pääsin Veitsiluoto Oy:lle puutavaran mittaporukkaan ylösottajaksi ja työnjohtajien apulaiseksi. Muutin samalla Kirkonkylälle asumaan Vienantielle vinttihuoneeseen. Isän avustamana ostettiin käytetty kuplavolkkari, jotta pääsisin kulkemaan töissä. Palkka oli siihen aikaan 27 markkaa (noin 4,5 euroa) päivässä ja se teki 594 markkaa (n. 100 euroa) kuukaudessa. Siitä vei verottaja osansa eikä vuokran, auton osamaksujen sekä muiden kulujen jälkeen tehnyt mieli paljon ylimääräisiä ajella.

Piiripäällikkönä oli Viljo Kurvinen, joka sai tuolloinkin olla välikätenä kentän työnjohdon ja sitä kautta metsänmyyjien, ja toisaalta myös metsureiden ja sitten metsänhoitaja Maamäen välissä. Ohjeet tulivat Oulusta ja niitä sitten sovellettiin kukin taitonsa mukaan niin puukaupoissa kuin hakkuissakin. Puukaupoissa täytyi joskus ottaa hyvässä leimikossa ”Maamäen markat” käyttöön, kun muuten ei kauppaa alkanut syntymään. Mittayksikköinä olivat jalat ja tuumat.

Työnjohtoa ja mittamiehiä oli Kuusamon konttorilla yhteensä noin 20 henkeä. Ostotyönjohtaja osti 10 -15000 kuutiota. Korjuutyönjohtaja hoiti mittaporukoiden avustamana palstoituksen, hakkuutuksen, kuljetuksen tienvarteen, tilitykset ja mittaukset. Sitten ostotyönjohtaja teki tilityksen myyjälle. Disse Inberg toimistopäällikkönä piti meidät sitten yhtiön määrittelemällä kaidalla tiellä.

Leimikot rajattiin kirvespilkoituksella, tukkipuut luettiin ja leimattiin kirvesleimalla runkoon ja lisäksi juurileimalla. Hakkuuta varten leimikko pilkotettiin kuljetussuuntia mukaillen noin 20 metriä leveisiin kaistoihin. Jokaiselle palstalle määriteltiin puulajeittain työvaikeustekijät. Näiden perusteella määräytyi metsurin palkka. Kun puut oli kaadettu, karsittu ja katkottu sekä pinotavara kasattu ajouran varteen, menimme lukemaan pöllikappaleet. Alle 10 sentin läpimittaisesta pöllin päästä tuli yksi kappale, 10-15 sentin läpimitasta kaksi, ja niin edelleen. Näin käveltiin palsta läpi. Joskus, jos puutavaran ajo tienvarteen viivästyi, silloin mittasimme myös tukit levälleen palstalle.

Alkuaikoina asuimme viikot taloissa sivukylillä säästääksemme matkakustannuksia. Tulipa eräällä marraskuulla oltua Kuusamon viimeisimmäksi jääneellä hevossavotallakin pöllinlukijana. Veteläisen Väinö otti työnantajaltani urakan pystyyn ostetun leimikon hakkuusta ja ajosta tienvarteen. Miesten palkan maksun erottelua varten pöllit luettiin, ja tukit mitattiin levälleen palstalle ennen ajoa.

Puuta uitettiin Iijärven latvoilta saakka tuolloin. Poussussa oli hankintamyyjä ajanut tukit järven lahden jäälle talvella. Tuisku oli peittänyt laverit lumen alle. Työnjohtaja siirsi mittauspäivää odottaen lumen sulamista. Kevään aikana lahden jäälle oli noussut kuitenkin vettä niin paljon, että yksikerroksiset laverit olivat jääneet jään sisään. Jäät alkoivat sulamaan. Meille tuli kiire mennä mittaamaan puut, ennen kuin ne joutuvat kokonaan veden varaan. Pituudet katsottiin lavereittain nauhalla, ja paksuudet noin -lukuna 10 -20 -senttisen jään sisään. Jäällä liikkuminen alkoi jo olla niin vaarallista, että uskoimme, ettei uiton kontrolli enää kerkeä puiden mittaa tarkistamaan.

Oli aurinkoinen perjantai ja sääennusteet lupailivat poutakelejä seuraavaksi viikoksi.

- Se on semmoinen tilanne, että vedet alkavat laskemaan. Meillä on 300 kuutiota pinotavaraa Iijärven päässä puron varressa odottamassa uittoon panoa. Nyt ei auta, on lähdettävä pyhää vasten laittamaan ne veteen, Kurvisen Viljo komentaa. Meitä menee puolenkymmentä kaveria vierittämään puita puroon, jonne saamme viimeiset puut lauantai-aamuna.

Puro vetää keskivirta lommolla puita hyvin. Sitten nousee rankka ukkonen päälle. Vettä sataa kaatamalla seuraavan parin tunnin ajan. Purossa vesi alkaa nousemaan ja puut leviävät ympäri suota. Jos ihmisen mieli voi synkistyä, niin silloin se näkyi meillä varmaan naamastakin. Puiden veto takaisin puroon kestää koko seuraavan viikon, emmekä ole ollenkaan pahoillamme, että purouittohommat Kuusamosta päättyvät tuohon kevääseen.

Toinen mieleen jäänyt savotta oli eräällä palstalla Iivaaran jyrkällä länsirinteellä toteutettu tukkien mittaus levälleen palstalle. Työ vaati tarkkuutta ja kuntoa, kun seurasi kahden saksimiehen, Hyypiön Niilon ja Kurvisen Veikon perässä ja laittoi huudetut puut pismoina ylös oikeille paikoille mittalistaan, valvoen samalla, että kaikki puut tulevat mittaan. Niilolla iäkkäämpänä miehenä oli tapana, ettei yhtiön kuplavolkkarin lämmityslaitetta liikuteltu talvisin ääriasennosta. Kesällä vaijerien todettiin ruostuneen kiinni. Sitten ajeltiin täydellä lämmöllä. Niilo totesi valituksiimme helteellä hien valuessa kasvoilta, ettei se nuorisoltakaan lämmin luita riko.

Silloin työpäivät olivat pitkiä; aamukahdeksalta lähtö savotalle, iltahämäriin työmaalla ja illalla laskettiin vielä pari-kolme tuntia mittalistoja. Joskus saattoi listoja olla jopa kymmenkunta, kun mitattiin isommalla työmaalla miehittäin puut. Aamulla listat luovutettiin työnjohdolle tilityksiä varten. Tukit ajettiin joko yksinkertaisiin lavereihin tai myöhemmin koneet tekivät jopa 10-kerroksisia lavereita, jotka olivat mittamiehen kauhuja. Sinne kun määrittelit laadun ja kiikuit mitan jokaiselle pölkylle, tiesit illalla töitä tehneesi.

Metsänhoitoyhdistyksen tai Metsälautakunnan neuvojat olivat joskus luovuttamassa puita yhtiölle isännän puolesta. Suurin osa mittauksista meni heidän kanssaan asiallisesti oikeaan tulokseen pyrkien. Muutamien kanssa sai kuitenkin lähes poikkeuksetta varautua tyhjänpäiväiseen vedätysyritykseen. Työ vaati suurta tarkkuutta, koska se oli maksun peruste yhtiöltä isännälle ja työntekijöille. Samat vaatimukset olivat niin kesällä, kuin talven tuiskuissakin. Lisäksi perässä oli yhtiön oma kontrollimittaryhmä ja usein vielä uiton kontrolli. Virhettä ei saanut tulla yhtiön, eikä isännän suuntaan. Jos mittaero ei pysynyt sallituissa rajoissa, joutuivat "mittasakset naulaan". Tukkimitoilla mitattiin lumi- ja muista olosuhteista riippuen 500 -1500 pölkkyä päivässä. Laskukoneina olivat "sarvijaakko" Monroe ja edistyneempi Facit. Niitä kun illat pyöritteli, oli ranne välillä turvoksissa.

Mittaporukan ylösottajan iltamorsian, Facit-laskukone. Sitä sai vapaasti hipelöidä, näpelöidä, kopeloida ja pyörittää joskus tuskanhikeen saakka.

Porokolari. Nuoren miehen elämään kuuluivat tietenkin lavatanssit, joita oli useammallakin kyläkunnalla. Hiljaisena miehenä tanssittiin mieluummin korva suussa, kuin höpöteltiin joutavia. Niinpä se kamariin pääsy oli harvinaisempaa. Uudenvuoden aikaan olimme tulossa Käylän tansseista aamuyöllä kirkonkylälle päin. Pyhävaaran päällä, kun auto alkoi laskeutumaan jyrkkään rinteeseen Pyhäjärveä kohti, oli tiellä yhtäkkiä kymmenkunta poroa. Niitä alkoi mätkähdellä auton keulaan ja yksi iskeytyi kuskin puolelle tuulilasiin lyöden sen säröille niin, ettei kuskina ollut Hännisen Jorma nähnyt enää mitään.

Seuraavaksi auto rysähti rotkon kohdalla alkaneen puukaiteen päähän ja pysähtyi siihen. Istuin apumiehen paikalla ja lensin pää edellä tuulilasiin, koska tuolloin ei turvavöitä vielä käytetty. Otsasta alkoi valumaan verta. Takapenkillä istunut siskoni Mirja oli lentänyt etupenkin selkänojaa vasten, jonka runkoputket olivat vääntyneet eteenpäin linkkuun. Ulos selvittyämme näimme, että uusi auto oli mennyt romuksi. Neljä poroa löytyi kuolleena. Siskoni Mirja ja Jorman sisko Pirjo menivät varottamaan takaa tulevia autoja ja pysäyttämään jonkun auton, jotta pääsisimme pois. Sairaalassa nokittiin lasinsirpaleita melkoinen kasa päästäni ja lukuisien tikkien laiton jälkeen lääkäri sanoi: - Otahan opiksesi, tämäkään luupää ei välttämättä kestä toista iskua näin vähillä vahingoilla. Saat kolme päivää sairaslomaa, eiköhän se siitä parane.

Jälkeenpäin poliisit kertoivat, että hengenlähtö oli ollut todella lähellä. Jos kaide ei olisi osunut moottorin kylkeen ja halkaissut moottoria, se todennäköisesti ei olisi pysähtynyt hansikaslokeron kohdalle, vaan jatkanut matkaa jalkojeni välistä vieden sukukalleudet hornan tuuttiin, kuten poliisimies kertoi.

Keväällä 1971 piiripäällikkö Viljo Kurvinen kysyi, haluaisinko lähteä tekemään tutkimusta monitoimikoneella hakkuuta varten. Koneesta ei ollut edes valokuvaa käytettävissä, vaan ainoastaan tieto että se voisi kaataa, tai ainakin karsia ja katkoa rungot. Mielikuvitusta se hieman vaatisi, mutta kun olimme suunnitelleet poikasena potkurikiitäjänkin, arvelin että eiköhän se tämäkin onnistu.

Kaveriksi tuli Haukiputaalta metsäkoulun käynyt mies, joka oli nähnyt kuvan jonkinmoisesta koneesta. Niinpä kuukauden ajan kiertelimme ympäri Pohjois-Suomea mittaamassa ostetuista leimikoista kantoläpimittoja sekä puiden pituuksia, ja määrittelimme oksaisuusluokat. Samalla piti määritellä rungoilla mahdolliset ongelmia aiheuttavat poikkeamat, kuten haaraisuus, mutkaisuus, pankka oksaisuus jne. Jos otantaan arvottu leimikko oli jo hakattu, määriteltiin tekijät reunametsästä, mutta kannot mitattiin aina leimikolta. Monitoimikoneiden tulo työmaille vei vielä toistakymmentä vuotta, mutta olipahan puustotiedot valmiina.

Kierrellessämme maakuntaa aloin toden teolla kiinnostumaan metsäalasta, ja laitoin hakemukset metsäopistoon. Tuolloin oli hakuvuorossa Tuomarniemen metsäopisto. Hakijoita sinne oli yli 600, joten aika pienet olisivat mahdollisuudet päästä opiskelemaan 40 valitun joukkoon - varsinkin nyt, kun mukana hakijajoukoissa olivat myös ylioppilaat ja naiset.

Yllätys oli melkoinen, kun sain kutsun pääsykokeisiin. Siellä sitten 120 kokelaan kera päivä tehtiin teoriakokeita ja täyteltiin kaiken maailman lomakkeita, koska olisimme ensimmäinen 4 vuoden koulutuksen saava kurssi. Ensimmäinen vuosi olisi työharjoittelua ja 3 seuraavaa vuotta teoriaa. Aikanaan posti toi koululta kirjeen, jossa toivotettiin tervetulleeksi opiskelemaan ja annettiin ohjeet ennakkoharjoittelun suorittamisesta. Harjoittelun suoritin kirjaamalla tehdyt työt päiväkirjaan. Metsänhoitotöihin perehdyin Metsälautakunnan neuvoja Olavi Penttisen tuuraajana kolme kuukautta, kun häneltä katkesi verisuoni jalasta.

Siitä tuurauksesta jäi mieleen metsäauran opastus Eksymälle, Hännisen kylästä itään Neuvostoliiton rajan lähelle. Olavi piirsi sanomalehden reunaan lähtöpaikan Maivajoen myllyn paikalta, mistä pitää ylittää joki. Sitten katkoviivaa, matka noin 3 kilometriä. Perillä pitäisi olla noin 4 hehtaarin aukko. Lähdin kävelemään itää kohden ja pillari seuraili maanlaitoja pitkin perässä. Muutaman tunnin kulkureittejä etsiskeltyämme tulimme hakkuuaukon reunaan. - Laita aura töihin, olkoon sitten oikea aukko tai ei, osannet jälkiäsi pitkin takaisin, tuumasin ja lähdin paluumatkalle.

Kiertäessäni tutkimassa 1970-luvun alkupuolen viljelytaimikoita huomasin selkeän eron maanmuokkauksen vaikutuksesta viljelyn onnistumiseen. Paksukunttaisen kuusikon jälkeen tehty metsänviljely oli onnistunut tyydyttävästi vain aurausalueilla. Tosin noin metrin pituisessa taimikoissa näki jo sen, että lumen päälle päästyään latvat eivät välttämättä kestäneet paikallisia olosuhteita. Laikutusalueilla istutustaimia oli elossa 30 % tasolla, aurauksella 60 % tietämillä. Kävin inventoimassa myös Kuntivaaraan aiemmin istuttamamme alueen. Näille männyntaimien istutuksille kävi kuten yleensäkin lähempää merenpintaa alkuperältään oleville taimille yli 300 metrin korkeudessa merenpinnasta. Kevään ja syksyn ”ullivesi” tuhosi laikkuihin 40 prosenttia ja lumen pinnalle tultuaan ne eivät kestäneet talvea. Jäljellekin jäi "omenapuuasento", eli noin 200 - 400 runkoa/hehtaari. Kylvöalueella puolestaan oli jopa 5 vuoden ero kylvön ja taimen kasvamiseen lähdön välillä.

Syksy räntäsateineen oli kääntynyt talveksi. Ilmojen kylmettyä puut saivat vahvan kuurapeitteen ja loistivat kirkkaina kaamosajan keskipäivän auringonsäteissä. Viikon aikana oli mitattu pieniä hankintapuueriä. Tuntipari lumitöitä ja saman verran mittaustyötä, jolloin isännän syksyn ahkeroinnit voitiin muuttaa markoiksi. Päivän tavoite oli ehtiä kolmelle työmaalle. Kun valoisaa aikaa oli 5-6 tuntia, viimeiset puut mitattiin aina hämärissä. Tilitykset tehtiin iltapimeän aikana, jotta ne ehtivät ennen vuodenvaihdetta maksuun, jolloin hankintapuun hinnat putoaisivat kympillä.

Työnjohtaja Aarne Suorsa pyysi aamulla mukaansa Etelä-Kuusamoon mittaamaan hankintapuita ja samalla pyrittäisiin ostamaan isännältä pystyleimikko. Joulukuinen päivä kirkastui sen verran, että kymmenen jälkeen isännän kanssa mentiin lanssiin ja mitattiin satakunta tukkia ja pienoinen kuitupino. Menimme taloon laskemaan mittatulokset ja tilityksen tekoon. Puheet kääntyivät suurehkon tukkivaltaisen pystyleimikon hinnoitteluun. Aarne laski hinnaston mukaisen tarjouksen. Isäntä tuumi välittömästi, että tukin hinta ei riitä, siihen pitää tulla 10 markkaa lisää. Asia jäi mietintään.

Sain hankintapuiden mitan laskettua. Aarne teki mittaustodistuksen. Puhelimme kaikenlaisista tilan hoitoon ja maailman menoon liittyvistä asioista. Alkoi tulla päivällisaika. Söimme talonväen kanssa. Tarinointi jatkui hiljalleen. Emäntä tuumi, että nyt pitää lähteä isännän kanssa lypsämään lehmät. Jäimme pirttiin, jolloin Aarne tuumi, että varmasti kilpailija on jättänyt kovemman tarjouksen ja tulee huomenna varmistamaan kaupat. Tehdäänkö niin, että jos he eivät aja meitä pois, niin jäädään yöksi ja tehdään kaupat viimeistään aamulla lypsyn jälkeen. Tuumin, että eipä minulla ole mitään sitä vastaan.

Iltakahvin aikaan tukin hintaa oli jo hinattu 5 markkaa ylöspäin. Isäntä oli kovana, ettei se vielä riitä. Aarnen mielestä oltiin jo yli kaikkien sallittujen hintojen. Talon pirtin seinustoilla kulki vanhaan malliin penkit. Aarne tuumi, että sopiiko isäntäväelle, että nukumme Kallen kanssa tässä penkeillä ja jatketaan aamulla kaupantekoa, josko sitten löytäisimme yhteisen hinnan. Siihen sitten kävimme pitkälleen salkku päänalusena ja takki hartioilla. Aamulla emännän keitellessä kahvia hintoja väänneltiin ja käänneltiin. Myyjän mielestä leimikko oli niin hyvä ja järeää puuta, että kestää teillä se toinen vitonen vielä lisätä, jotta saadaan kaupat tehtyä. Heidän ollessa lypsyllä, Aarne päätti suostua isännän pyyntöön, vaikka sanoi tietävänsä, että saa se Viljo tästä sapiskaa aluejohtaja Maamäeltä Oulusta. Ja kyllä se kura kaatuu vielä hänen niskaansa ennen pitkää. Lypsyn jälkeen kirjoitettiin sitten 2000 kuution kauppakirjat ja nimet alle alkuperäisen hintapyynnön mukaan. Samassa ajoi auto pihaan ja kilpailevan Rauma Repolan ostomies tuli tupaan. Isäntä tuumasi, että nyt taisit myöhästyä varttitunnin, teimme juuri kaupat.

Kesä 1971 oli ollut lämmin, joten männyissä oli paljon käpyjä ja hyvää siementä, josta oli huutava pula. Sainkin muiden töiden ohella käpyjen oston ja keruun pystypuista johdettavakseni. Keruu suoritettiin joko leimikoista pylväskengillä kiipeillen, tai jo kaadetuista puista. Työhön palkattuna oli yksi autoporukka nuoria miehiä, jotka uskalsivat kiipeillä puissa.

Lisäksi kiertelin pitkin kyliä ostelemassa käpyjä. Aika pian muotoutui vakiotoimittajien porukka, joilta kävin määräpäivin noutamassa volkkarikuorman käpysäkkejä. Sitten tuli Viljolta pikakomento: - Nyt on semmoinen tilanne, että Pääjärven suunnalla tarvitaan hyvää ylösottajaa. Voitko sinä lähteä sinne? Asunto on Kaivoksessa Lämsänkylässä. Päiväseltään käydään rajan takana töissä. Me hoidamme rajanylityspaperit kuntoon. Voitko lähteä jo ensi viikolla?

Mietin hetken ja ajattelin, että se voisi olla hyvää kokemusta, joten mikäpä siinä, olen valmis lähtemään. Päiväohjelma oli säännöllinen. Aamulla puoli kuusi kokin laittama käristys ja perunat, sitten autoon ja rajalle, jonka ylitys meni yleensä nopeasti meiltä päivittäisiltä kulkijoilta. Seitsemäksi mentiin työmaalle; edellisen päivän listojen tarkistus ja tarvittaessa helmitaulu soimaan. Neuvostoliiton ylösottajat laskivat usein helmitaululla nopeammin kuin me Facitilla. Sen jälkeen pidettiin pieni palaveri luovuttajien kanssa päivän töistä ja lanssille puita mittaamaan.

Se olikin puutavaran mittauksen korkeakoulu. Siellä opin, että yksi millimetri on pitkä mitta silloin, kun valtioiden välisestä puukaupasta on kyse. Päivittäiset mittaukset tehtiin siten, että mittamies huusi tukin pituuden ja paksuuden, luovuttaja valvoi mitan oikeellisuuden ja molempien valtioiden edustajat laittoivat huudon ylös omille listoilleen. Neuvostoliiton valtion puiden luovuttajina oli kaksi vanhempaa naishenkilöä. Yleensä työ sujui hyvin, mutta joskus saattoivat naapurin listat lentää pitkin lumihankea. Syynä oli usein toisen, pientä vihjailevaa huumoria harrastaneen mittamiehen varomaton huulenheitto. Silloin meni varttitunti lepyttelyyn, jonka jälkeen asianomainen konttasi hakemassa listansa, jotta työ voi jatkua.

Laatuluokittelupäivät olivat sitten varsinaista taistelua. Yllättäen ilmoitettiin, että lanssilla olevasta puutavarasta tehdään huomenna laatuluokitus. Silloin mittaryhmät mittasivat sahapuun määrän, paljonko niistä on raakkitukkia, ja pinotavarasta massapuun sekä polttopuun osuuden. Kaupalla sovittuja mitta- ja laatuvaatimuksia molemmat osapuolet tulkitsivat omista lähtökohdistaan. Oksien paksuuden mittaukset olivat ainainen erimielisyyden aihe, koska oksan rajapinta puuaineksessa on useimmiten tulkinnanvarainen. Lahojen määrittely, kääpäpuut ja jopa vuosirenkaiden epäsäännöllisyys olivat monesti neuvottelun alla. Näillä luokituksilla sitten seuraavien viikkojen kokonaismitta jaettiin eri laatuluokkiin, jonka mukaan rahat puista maksettiin. Yhdentoista aikaan oli tunnin ruokatunti. Iltapäivän työt päättyivät neljään mennessä. Hämärätunniksi varattiin yleensä pinotavaran mittausta.

Viiden aikaan olimme majapaikassa, ja käristys ja perunat maistuivat taas. Illalla keittelimme omiksemme kahvit. Majapaikassa oli talvella vilskettä, kun siellä asui toimihenkilöiden lisäksi puutavara-automiehiä, jotka ajoivat puuta uittoon mm. Koitijärvelle ympäri vuorokauden. Kun raja oli yöllä kiinni, he ajoivat Suomen puolelle juonnettuja puita. Veitsiluoto Oy ja Rauma Repola Oy ostivat puut, ja molemmilta yhtiöiltä oli edustajat mittaporukassa.

Sököringi oli iltaisin autoporukoilla pystyssä lähes aina. Minulla meni illat suurelta osin listojen laskuun, koska ne aamulla verrattaisiin luovuttajan listoihin. Sen jälkeen mitatut puut voitiin laittaa kuljetukseen. Kerran erehdyin peliin mukaan ja silloin panokset kasvoivat suuriksi. Puolenyön aikaan oli pöydällä rahaa minun parin kuukauden palkkani verran. Koska olin tottunut laskemaan päässä paljon ja pystyin pitämään paljon lukuja mielessä, näin että viimeisellä mukana olleella automiehellä ei voinut olla parempia kortteja kuin minulla. Niinpä laitoin loput rahat nokitukseen. Kaveri maksoi. Käänsimme kortit. Silloin näin, että kaveri on huono häviäjä. Keräsin nopeasti rahat pöydästä ja sanoin:

- Tämä peli loppuu minun osaltani tähän, enkä istu jatkossakaan korttipeliin mukaan. Tilanne kärjistyi sen verran, että jouduin nukkumaan päällikkömme Teuvo Ojalan huoneessa sen yön, ja pelin hävinnyt kaveri autonsa hytissä. Se päätös on muuten pitänyt. Joskus tehtiin pientä kauppaa naapurin kanssa. Kerran joku oli vaihtanut tavaraa muutamaan vodkapulloon ja tunkenut ne volkkarin lämpöputkiin, jotka tulevat takaa moottorista matkustamoon. Siihen oli mennyt kaksi pulloa aina putkea kohti. Rajapuomille pysähdyttäessä kuski polkaisi voimakkaan jarrutuksen ja joku vetäisi samalla sivuliukuoven auki. Kaksi pulloa lensi neuvostoliittolaisen rajamiehen jalkoihin. Kun kukaan ei tiennyt pulloja omikseen pääsimme tunnin kuulustelulla ja huomautuksella, että näin ei saa toimia. Pullot menetettiin.

Hännisen tytöt olivat pyytäneet kyytimieheksi Multasniemen nuorisoseuran talolle tanhuharjoituksiin, joita ohjasi temperamenttinen Aili Tiilikainen. Siellä hoikka ruskeatukkainen ja suurisilmäinen tyttö vangitsi olemuksellaan kyyditsijän katseen. Monen tasoisten harjoitusten aikana jokin hänen katseessaan herätti kiinnostusta. Tarkkailijan silmät olivat tutkineet häntä liiankin kiinteästi, sillä kotiin palattaessa ei kiusoittelusta tullut loppua.

Seuraavien viikkojen aikana ohjaajat saivat houkuteltua kyytimiehen mukaan harjoituksiin uudelleen ja uudelleen, ja siitä alkoi kahden hiljaisen, ujon ihmisen vaellus. Nyt, vuoden päättyessä olisi tehtävä ratkaisu. Päästääkö seurustelu vakavammaksi, vai luopuako leikistä. Asia oli vaikea suoralta kädeltä ratkaistavaksi. Syksyn aikana oli ilmennyt yhdistävien tekijöiden lisäksi joitain mieltä kiusaavia asioita. Joulun alla asia vaivasi mieltäni siinä määrin, että tuumin pienen mietiskelytauon olevan tarpeen.

Uudenvuodenaattona, kun toiset nuoret hakeutuivat ajatuksissaan ystäviensä luokse illanviettoon, suunnistin Volkkarin keulan kirkonkylälle, mistä oli tarkoitus jatkaa välittömästi Ouluun. Huoltoasemalla laitoin tankin täyteen ja rengaspaineet kohdilleen. Päätän vielä kiireesti käväistä tervehtimässä isääni toimistolla. Kurvaan Ouluntieltä Vienantielle ja kiihdytän nopeutta, koska tie on tyhjä ja ensimmäinen risteys on parinsadan metrin päässä. Oikealta peltoaukealta ei tule ketään, vasemmalta tulevat varokoon - saakeli, tuleeko tuo Volvo päälle!

Sitten takapäähän rysähti, auto pyörähti rattaillaan pari kierrosta ympäri ja pysähtyi oikeaoppisesti tien oikeaan reunaan. Toinen osapuoli oli jäänyt autoineen keskelle risteystä poikittain. Kuski istui paikoillaan, puristaen rattia rystyset valkoisena. Kömpii hetken kuluttua ulos autosta ja sanoo ääni vavisten: - Kuinka sitä tuolla tavalla ajetaan. Sinä ajoit päälle!

- Enpähän ala kinastelemaan, mennään tuohon isän toimistoon Kitkantielle selvittämään asia ja kutsutaan vakuutustarkastaja paikalle, sanoin.

Aikansa kinasteltuamme laitoimme nimet piirustuksen alle ja vahinkoilmoituksiin, sekä sovimme seuraavalla viikolla tapahtuvasta korjauksesta. Aikanaan sitten hänen kanssaan sukuseurahommissa tavattiin useastikin, eikä se kolari meidän välejä haitannut.

Kun sitten uudenvuoden päivän iltapäivällä ajelin Oulusta myrskyisessä myötätuulessa +8 asteen lämmössä Kuusamoon päin, olin tehnyt ratkaisuni. Tällä uralla pysytään ja tulen katsomaan tämän tien niin pitkälle, kuin velvollisuuteni vaatii. Samanlaista kieli keskellä suuta kulkemista se varmaan olisi, kuten nytkin autolla ajaminen sileällä, märällä jääpinnalla olevalla tiellä, jossa myrskytuulen puuskat nujuuttavat autoa milloin minnekin päin.

Tuomarniemen Metsäopisto

- Te olette ensimmäinen nelivuotisen metsäopiston käyvä kurssi. Se mikä teidät erottaa metsätyömiehestä on, että teidän tulee pitää kynsien aluset puhtaina. Muuten teidän tulee olla valmiita kaikkiin eteen tuleviin töihin, sanoo rehtorimme Kauko Leiwo tervetulopuheessaan. Hän oli viimeistä vuotta töissä ennen eläkkeelle jäämistään.

Pienet laskimet tulivat markkinoille 1973 syksyllä. Ensimmäinen peruslaskutoiminnot tekevä laskin maksoi silloisen miehen kahden kuukauden palkan verran. Vuoden kuluttua niihin oli lisätty jo useita toimintoja, ja hinta oli pudonnut alle puoleen. Meidän koulutuksessa painotusta teoriaopintoihin lisättiin huomattavasti, koska keskikoulu oli perusvaatimuksena ja kolmasosa oli jo ylioppilaitakin. Konehallilla olimme innokkaita korjailemaan autoja. Perusvaatimus oli, että autoon tullut vika pystytään korjaamaan tien päällä mukana olevilla osilla, koska siihen aikaan toimimme usein jopa kymmenien kilometrien päässä lähimmistä asumuksista ja puhelimista.

Ähtärin isännille urakoimme tuhottoman määrän taimikonhoitoa ja metsänviljelyä. Ostinkin raivaussahan heti ensimmäisenä kesänä ja sillä pääsi hyville palkoille, kun taksat olivat vesurimiehen tuotoksen mukaan. Metsälautakunnan metsänhoitaja vinoili, että noina vuosina Ähtärin pitäjässä tehtiin taimikonhoitotöitä niin paljon, että se vastaa kolme kertaa pitäjän koko metsäpinta-alaa. Oppilaskunta hoiti ruokavarojen hankinnan ja sitä varten se sai Ammattikasvatushallitukselta määrätyn summan henkeä kohden/päivä ruokavarojen hankintaan. Koulu kustansi lisäksi keittiöhenkilökunnan ja kalusteet. Aloitimmekin heti maataloustuotteiden oston suoraan maatiloilta. Tällä tavalla saimme merkittävät säästöt kustannuksiin, koska kaupan kulut jäivät välistä pois. Se ja urakointitulot mahdollistivat ensimmäisenä kesänä parin viikon kiertomatkailun ympäri Suomea.

Toisena kesänä pariviikkoinen tutustuminen metsätalouteen tehtiin Unkariin ja Itävaltaan. Se motivoi jo kieltenkin opiskeluihin, ja antoi näkemystä metsätalouden harjoittamisesta erilaisissa olosuhteissa. Ähtärissä oli tuolloin aluesairaala ja sairaalan johtaja teki strategisen virheen kutsuessaan Metsäopiston oppilaat pikkujouluihin ensimmäisenä syksynä. Kuusi meistä aloitti sairaalan naistyöntekijöiden kanssa seurustelun ja neljä niistä johti syksyyn mennessä avioliittoon. Pelko heidän sairaanhoitajiensa siirtymisestä muualle kasvoi. Sen jälkeen pikkujoulukutsuja, eikä lupiakaan osallistumiseen tullut.

Meidät Liisan kanssa puolestamme vihittiin joulun 1973 aikaan Kuusamossa, ja Liisa muutti Ähtäriin vuodenvaihteessa. Samalla muutin asuntolasta Ähtäriin vinttihuoneeseen vuokralaiseksi aloittelemaan perhe-elämää. Suhteet metsänhoitoyhdistyksen neuvojan Juha Mantereen kanssa olivat hyvät, kun muutimme asumaan hänen kotitalonsa yläkertaan, jonka oli rakentanut hänen isänsä, Mannerheim-ristin ritari N:o 13 Onni Mantere. Vuonna 1975 syntyi poikamme Janne.

Ähtärin kunnalta on tullut kysely, että voisiko tämä kurssi tehdä suunnitelman eläinpuiston alueelle. Siihen tulisi suunnitella tiestöt ja eläinhäkkien paikat alustavasti maaston mukaan. Tärkeintä on saada kohteet sijoitettua maastoon siten, että mahdollisimman paljon alkuperäistä luontoa jää näkyviin, kysyy opettajamme Pauli Teivaanmäki toisen vuoden keväällä.

Asiaa pohdittiin ja me lupauduimme suorittamaan sen kesän harjoitustyönä suunnittelun.

- Hyvä, tulevalla viikolla on kunnanvaltuuston kokous, jossa päätetään puiston perustamisesta. Hankkeelle on kuulunut vastustavia ääniäkin, joten kokous voi olla mielenkiintoinen. Olette sinne tervetulleita yleisönä kuunteleman, miten valtuusto päättää, Pauli sanoo.

Meitä menee puolenkymmentä kaveria kuuntelemaan, miten kunnallinen demokratia pelaa. Valtuuston puheenjohtaja esittelee asian todeten, että metsäopisto tekee alustavan suunnitelman. Sitten hän julistaa keskustelun avatuksi - ja saman tien päättyneeksi ennen kuin kukaan ehtii kättään nostaa.

- Kunnanvaltuusto on yksimielisesti päättänyt perustaa eläinpuiston Ähtäriin ja antaa suunnittelun Tuomarniemen Metsäopiston hoidettavaksi, puheenjohtaja toteaa. Nuija pöytään ja asia oli selvä. Jälkijupinaa kyllä kuului myöhemmin.

Työnjohdon opettajamme Lasse Saramäki synnytti kiinnostuksen ihmismielen saloihin. Niinpä tutkin kaiken mahdollisen käsiini saamani kirjallisuuden siitä, mitkä voimat saavat ihmisen toimimaan siten kuin hän toimii. Seminaarityön tein Suomen metsäopistojen henkilökunnalle ja oppilaille suunnatulla kyselyllä, jolla pyrin selvittämään sen, mikä motivoi heitä toimimaan missäkin tilanteessa toivotulla tai ei-toivotulla tavalla.

Tiedot käsittelin sen ajan ATK:lla, eli reikäkorteille vastaukset leikkelemällä. Sitten sukkapuikoilla kortteja nostelemalla määrittelin vastausvaihtoehtojen edustavuutta kyselyssä. Tuloksien merkittävin oivallus oli se, että riippumatta koulutustasosta tai asemasta toiminnan tärkeimpänä motiivina oli se, kokiko henkilö epävarmassa tai tiukassa tilanteessa tekevänsä esimiesten hyväksymää työtä. Jos tässä syntyi epävarmuutta, tuloksena oli selkeästi puolella teholla työskentely virheiden ja moitteiden välttämiseksi.

Perimässämme oleva itsesuojeluvaisto käskee vetäytymään piiloon. Vasta, kun väistämismahdollisuutta ei ole, käydään taisteluun tai alistutaan. Muutama poikkeushenkilö oli tosin aina valmis käymään heti ensimmäisestä moitesanasta taisteluun. Työyhteisössä kehittäminen, siis toiminnan parantaminen pitäisikin perustua aina tehtyyn hyvään, kelvolliseen osaamiseen. Jos teet hyvää jälkeä 95-prosenttisesti, kehuttakoon ensin sitä ja sitten katsotaan yhdessä miten korjataan virheellinen tai kehittämistä vaativa 5 prosenttia. Useimmiten työn tekijällä on siihen jo alitajunnassa valmis ratkaisu, anna hänen oivaltaa se. Tämä ajatusmalli puuttui sen ajan työyhteisöistä, kuten usein vielä 2000-luvullakin.

Opiskelu Tuomarniemen metsäopistossa päättyi huhtikuussa 1976. Olimme tulossa muuttokuorman kanssa Kuusamoon päin. Kevättalvisen auringon paisteessa hohtava kirkkaanvalkea lumi häikäisi silmiini saapuessamme pitäjän rajan yli. Tunne oli verrattavissa ensimmäiseen rautaesiripun ylitykseen viitisen vuotta sitten. Rajan paikan tiesi ja näki, rajantakaisesta alueesta oli tietävinään paljon. Muutokset totutusta elämänpiiristä olisivat suuria. Mutta kaikki perustui sittenkin toisten antaman tietoon. Omia kokemuksia ei ollut. Ja se toi epävarman olon.

Etelässä vietetyt vuodet olivat tienvarsinäkymien vaikutuksesta omiaan nostamaan kaasujalkaa, ja antamaan näin ajatuksille tuokion totutteluaikaa ennen perille tuloa. Maisemat olivat todella metsämiehelle tunteita herättäviä. Vaarojen kyljet hohtivat suurimmaksi osaksi puuttomina, laakeina lumiaavoina. Paikoin kohosi metrisen hangen alta harvakseltaan taimiryhmiä. Siellä täällä näkyi metsäsaarekkeita, jotka koostuivat maahan saakka oksaisista kuusista, jotka tykky oli käärinyt vaippaansa ja kääntänyt latvat etelää kohden taivuksiin, ikään kuin tervehtimään tulijaa.

Aika näyttää, tuliko tehtyä oikea ratkaisu. Etelään jäi monia hyviä muistoja, ystäviä. Täällä ei nuoruusvuosien jäljiltä olisi kovin kummoisia kiinnekohtia. Lähes yhtä tyhjästä olisi aloitettava, kuin vanhemmillani sodan jälkeen. Jostain vatsanpohjasta kumpuili pelonsekaista jännitystä. Tulevaisuus olisi arvaamaton. Miten pitäjäläiset ottaisivat meidät takaisin. Sillä olisi viihtymiselle ratkaiseva merkitys, koska työni olisi päivittäin heidän ongelmiensa ratkomista. Kuinka kykenisin soveltamaan etelässä saamani opit pohjoisen olosuhteisiin. Pitäisikö tehdä, kuten kaverit etelässä sanoivat: ”Ota meidän ohjeista puolet pois ja loput harvenna, mutta aukkoja älä enää tee. Niitä on siellä jo tarpeeksi”.

Olin saanut ensimmäisen työn tutkimusteknikkona Metsäntutkimuslaitoksen hakkuupoistumatutkimuksen suorittajana Pohjois-Suomessa.

- Teidän on luotava luottamuksellinen suhde metsänomistajaan ennen varsinaisen haastattelun alkua, silloin haastateltava muistaa paljon paremmin mitä on metsästään edellisen vuoden aikana hakannut, sanoo tohtori Erkki Salo Metsäntutkimuslaitoksen koulutustilaisuudessa Rovaniemellä.

Meitä oli kymmenkunta metsäteknikkoa lähdössä haastattelemaan metsänomistajia ympäri Suomea, kukin omalle alueelleen. Minun alueenani oli Lokan tekoaltaalta Kuhmoon ulottuva itäkairan alue. Soittelin iltapäivällä seuraavana päivänä haastateltavalle isännälle Pelkosenniemellä.

- Sinun on parasta tulla siihen kaupalle, niin vanhaisäntä tulee hakemaan sinut veneellä joen yli kauppareissullaan, muutoin joudut kiertämään lähes 50 kilometrin mutkan sillan kautta, sanoo talon asioita hoitava noin 50-vuotias nuorempi isäntä ohjeeksi.

Aamulla tapaamme kaupalla, ja jutustelu alkaa melkein kuin vanhojen tuttujen kesken. Ylitämme joen veneellä ja nousemme jokitörmällä olevalle, hyvin hoidetun näköiselle talolle.

- Mistä päin sinä olet kotoisin, kysyy vanhaisäntä.

- Kuusamosta olen lähtöisin, ja nyt olen ollut kolme vuotta Ähtärissä metsäopistossa, vastaan.

- Eikös se Kuusamo ole nykyisin melko vilkas paikka, hän jatkaa kyselyään.

- Onhan siellä aika paljon sahalaitoksia ja meijeri ja matkailu alkaa nostaa päätään vilkastuttaen elämää. Maatalous on kuitenkin edelleen vahva työllistäjä, vastaan.

- Oli ne kovia savottamiehiä silloin aikanaan heti sotien jälkeen. Se oli meidän kannalta itse asiassa paha juttu. Me emme tykänneet siitä, että ne polkivat taksat sillä hurjalla työtahdillaan. Se jäi meille vähän hämäräksi, mikä niitä työhulluuteen riivasi, kuten me keskenään puhuimme silloin, hän pohtii.

- Meillä Kuusamossa isojako päättyi vasta 1960, jolloin valtaosa isännistä sai omistusoikeuden metsiinsä. Siihen saakka ne olivat jakokuntien hallinnassa. Metsänmyyntiin olivat oikeutettuja vain 1930-luvulla erotettujen pientilojen omistajat. Manttaalitilalliset pääsivät heille töihin savotoille, tai sitten he tulivat tänne pohjoiseen. Se lienee pannut miehiin vauhtia, vastaan.

- Niistä ajoista on kuule jäänyt meille vanhoille semmoinen tietynlainen epäluulo kuusamolaisia ja heidän tarkoitusperiään kohtaan, ja olemme näköjään huomaamatta siirtäneet sen jälkeläisillemme. Se sinun kannattaa ottaa huomioon, kun alat keskustelemaan nuoren isännän kanssa, vanhus ohjeistaa.

Käymme isännän kanssa läpi kyselykaavakkeet, ja muistelemme edellisen vuoden puunkäytöt aina polttopuiden määriä myöten. Haastattelu sujuu yhteisymmärryksessä loppuun saakka.

- Vaan tuntuu tämä nykymeno masentavalta, kun nuoret ihmiset joutuvat jättämään kotinsa ja lähtemään Etelä-Suomeen tai Ruotsiin, hän huokaa.

- Metsissä on vielä miehille työtä, mutta taitaa ne sinnekin koneet olla tulossa miesten tilalle. Maataloudessakin alkavat traktorit ja aina vaan suuremmat ja tehokkaammat tilat vallata sijaa, vastaan.

- Poissa on se 10-20 vuotta sitten ollut innostus. Silloin oli kylillä elämää, kisailtiin urheilussa ja kylillä pyörivät tanssit ja muut harrastukset. Nyt seurojentalot sulkevat ovensa yksi kerrallaan, hän vajoaa mietteisiinsä.

- Näettekö mitään mikä voisi saada maaseutupitäjän elämän jälleen nousun tielle, kysyn häneltä.

- Jos me oppisimme jalostamaan pidemmälle maitoa, lihaa, puuta ja kalaa omalla paikkakunnalla, se auttaisi nuoria työllistymään. Mutta meiltä puuttuu tietoa, taitoa ja rahaa. Saattaa se yhteistyökykykin olla hukassa, hän pohtii.

- Toivotaan, että edes jokin näistä alkaisi viriämään ja herättämään nämä seutukunnat taas eloon, päätän haastattelun jälkikeskustelun.

Samanlaiset keskustelut nousivat lähes kaikilla kylillä esille Lokan tekoaltaalta aina Kuhmoon saakka, minne päätin oman haastattelukierrokseni.

Seuraava työpaikka oli Kiihtelysvaarassa Pohjois-Karjalassa Metsälautakunnan metsäneuvojana 1977 -1978. Muuttokuorma Kuusamosta Kiihtelysvaaraan rivitaloon vietiin Multasniemeltä vaimon kotoa, missä olimme asuneet kesän ajan.

Kiihtelysvaaran Metsätalo oli oman aikansa kummajainen. Rivitalossa asuivat kolmen yhtiön ostomiehet, metsänhoitoyhdistyksen mies sekä minä metsälautakunnan lainvartijana perheineen ”sulassa sovussa”. Kunkin toimistotilat olivat viereisessä rivitalossa. Muut toimihenkilöt olivat 50 -60 vuotiaita, joten nuorena miehenä kaikki mahdollinen talonmiehen tehtävistä aina yhteistoiminnan sihteerin tehtäviin lankesi automaattisesti nuorimmalle asukkaalle. Vanhat jermut päättivät kokeilla heti minua uutena tulokkaana esittämällä uudenlaista puukaupan kokeilumallia.

_- Olemme poikien kanssa tuumineet, että voitaisiinko kokeilla semmoista koko pitäjän yhteismyyntiä, jossa yhtiöt tarjoaisivat vain siitä puutavaralajista, jota he käyttävät. Hakkuun suorittaisi työvoimavuokrauksena kukin yhtiö omilla kyläkunnillaan, ja puutavaralajit sitten kuljetettaisiin parhaan tarjouksen tehneen laitoksille. Olemme ajatelleet, että sinä viranomaisena voisit olla hyvä hoitamaan tarjousmenettelyn puolueettomasti, esittelee ajatusta metsänhoitoyhdistyksen neuvoja Oiva Ovaskainen.

- Tuota asiaa on kysyttävä esimieheltäni Pentti Hakuliselta, vastaan.

- Olemme jo varmistaneet asian Pentiltä, ja hän lupasi tulla puoliltapäivin tänne asian valmisteluun, Oiva sanoo.

Parisen kuukautta tehtiin leimikoita, jotka sitten laitettiin tarjouspyyntökierrokselle. Tarjoukset avattiin kaikkien läsnä ollessa. Lajittelimme esimieheni Pentin kanssa tarjoukset puutavaralajien mukaisiin nippuihin. Siitä sitten paras tarjous kullekin puutavaralajille. Ostajan tarvitsemat määrät kohdistettiin leimikoittain sille alueelle, jonne kyseisen yhtiön korjuutoimintakin tulisi. Tällä tavalla muutaman tunnin selvittelyn jälkeen olimme selvillä siitä, kenelle menisivät minkäkin leimikon puut, kuka korjaisi kyseisen kylän leimikot ja niin edelleen. Erikoispuun ostajat halusivat vielä käydä metsässä leimaamassa itse pylväät ja muut erikoispuut hakkuuta varten.

Samalla sovittiin toimijoiden kesken työvoiman vuokrauksesta tulevina vuosina. Talvella hakkuuaikana mhy:n ja metsälautakunnan miehet menivät yhtiöille, ja kesällä viljelyaikaan yhtiöiden miehet yhdistykselle ja metsälautakunnalle. Kukin vastaa koulutuksesta omaa työtehtäväänsä varten. Yhteistyö toimi olosuhteisin nähden hyvin. Myöhemmin en moista toimintamallia ole kohdannut. On vaikea sanoa saatiinko tällä muutetulla toimintamallilla sitä taloudellista hyötyä, joka olisi korvannut lisääntyneen työmäärän. Metsureille tällä oli varmaankin työllisyyttä parantava vaikutus. Puun hinnassakin rationalisointihyödystä osa siirtyi metsänomistajille. Kokonaisuutta ei tuolloin tainnut laskea kukaan.

On arvoitus, pohjautuiko tämä kokeilu vuonna 1978 perustetun Teollisuuden Puuyhdistyksen (TPY) taustoittamaan toimintamalliin. Tässä toiminnassahan olivat mukana kaikki muut suuremmat puunjalostajat, paitsi Metsäliitto. Virallisena tavoitteena sillä oli puun ristiin kuljetusten välttäminen, sekä mahdollisimman vakaa ja oikeudenmukainen hintakehitys. Se johti aika pian keskitettyihin hintasuositussopimuksiin Maataloustuottajain Keskusliiton (MTK) ja TPY:n välillä, joiden mukaan puukauppaa käytiin lähes koko 1980-luku.

Vuonna 1992 kilpailulainsäädäntö lopetti yhteistyön, joka 2000-luvulla päättyi Markkinatuomioistuimen määräämiin sakkoihin. Alkunsa tämän tyyppinen yhteistyö sai vuonna 1943, jolloin valtio määräsi pitämään ostohinnat suositusten mukaisina ja määräsi metsänomistajille puunmyyntivelvoitteet. Niiltä ajoilta saakka toiminta jatkui vaihdellen tiiviistä "savujaosta" ja hintasopimisesta aina hyvinkin ristiriitaisiin tilanteisiin johtaneisiin välistävetoihin. Sahoja selluteollisuus kuritti sahahakkeen ostojen määrillä ja hinnoilla pelaamalla.

- Minulla olisi täällä semmoinen luvaton ojankaivuu naapurissa, sanoo miesääni puhelimessa.

- Mitä siellä on tapahtunut ja missä päin se työmaa on, kysyn mieheltä, joka ei suostu esittelemään itseään.

- Ne veljekset on viikkotolkulla kaivaneet omalla kaivurillaan ojia tuonne nevalle, eikö siihen pitäisi olla lupa ja suunnitelmat, hän puhuu mielensä pahoittaneena.

- Kerrohan minulle millä kylällä ja millä tilalla se ojitus on, ja mielellään omistajan nimi. Muutoin en voi asialle mitään, sanon.

Sijainti löytyy, ja keskusteltuani esimieheni kanssa lähden tarkastamaan tilannetta. Saavun talon pihaan, esittelen isännälle itseni ja asiani.

- Se perkeleen äijänketku on tietenkin taas soittanut, se ei itse kehtaa tehdä mitään muuta kuin vahdata naapurien tekemisiä, isäntä tuntuu tietävän soittajan.

- Sopiiko, että käymme katsomassa työmaan, ja mietitään sitten miten toimitaan, teen esityksen.

- Mikäpä siinä, velipoika on siellä parasta aikaa viimeistelemässä ojitusta, hän vastaa.

Tarkastamme ojitusalueen. Työ on tehty erittäin hyvin, ojat suunnattu oikein korpialueella. En löydä asiasta mitään huomautettavaa, paitsi, että varsinaista lupaa ja suunnitelmaa työlle ei ollut. Vesien pois johtaminenkin oli hallinnassa, sillä alapuolella oli vielä reilut puolisen kilometriä veljesten maita.

- Tämä on moitteettomasti tehty, ja esitän esimiehelleni, että tätä ei viedä sen pidemmälle. Toivoisin kuitenkin että, seuraavalla kerralla olkaa ennen työn aloittamista yhteydessä metsälautakuntaan, niin ei tule mitään yllätyksiä, sanon.

- Meitä on niin paljon risonut tämä pyrokratia metsähommissa, että nyt päätimme tehdä tämän omin päin. Emme ole vailla mitään avustuksia ojitukseen. Voimme luvata, että jatkossa ainakin soitamme ennen aloitusta, isäntä vastaa.

Menemme pihaan ja emännän tarjoamien kahvien jälkeen eroamme hyvässä yhteisymmärryksessä. Kotipihalla purkaessani kamppeita peräkontista huomaan kaksi litran pulloa pontikkaa, jotka sitten tuhottiin porukalla Metsätalon pikkujoulussa.

Palkka Kiihtelysvaarassa ei tuntunut riittävän perheen tarpeisiin, joten hain opettajan työtä Kuusamon Ammatillisessa Kurssikeskuksessa.

Kuusamon Ammatillinen kurssikeskus

Tuovisen Matti toivottaa rehtorina tervetulleeksi taloon. Teemme kierroksen tutustuen eri osastoihin ja opettajiin. Menemme alakerroksen hallitiloihin, missä sijaitsee sähköpuolen, metallipuolen ja metsäosaston toimitilat. Siellä tapaamme Jouni Suopangin, joka istuu hallin nurkkaan tehdyssä pienessä opettajien toimistossa.

- Tässä ovat teidän opettajain tilat, Matti sanoo.

- Tervetuloa, meillä ei ole kovin paljon aikaa hukattavana, sillä huomenna tulee ensimmäinen työllisyyskurssi metsureita koulutukseen, Jouni toivottaa tervetulleeksi.

- Taitaa tulla aikamoinen kiire sitten, onko teillä valmista oppimateriaalia jossain, kysyn.

- Ei ole mitään valmiina. Nämä ovat niin yksilöllisesti räätälöityjä kursseja, joista on vain runko ranskalaisilla viivoilla valmiina. Ajattelimme, että sinä olet äskettäin suorittanut metsäopiston ja sinulla olisi muistiinpanot tallella oppimateriaalia varten, Jouni sanoo.

- Onhan tämä tietenkin vähän nopea aloitus, mutta kun sinut on palkattu tuntiopettajaksi, saat korvauksen vain pitämistäsi oppitunneista, Matti selventää.

- Onneksi tallensin kaikki muistiinpanoni mappeihin ja kirjatkin säilytin, vastaan.

- Jouni on ollut parisen viikkoa hankkimassa varusteita ja valmistelemassa työtiloja, Matti sanoo.

-Joudunko siis palkatta omalla ajalla valmistelemaan oppimateriaalin ja tunnit, kysyn.

- Näin se on järjestetty, mutta tuntihinta on sitten sen mukainen ja hienointa tässä on se, että sen osaat minkä opetat, Matti sanoo.

- Paljonko tunteja voin viikossa tehdä, kysyn.

- Viikkotuntimäärä voi olla kolmestakymmenestä aina neljäänkymmeneen tuntiin, Matti sanoo. Saatte Jounin kanssa suunnitella sen melko vapaasti. Jounilla on 15 tuntia viikossa suunnittelutunteja, joten sinulle kyllä jää riittävästi opetustunteja, varsinkin kun näyttää, että parin kolmen viikon kuluttua aloittaa jo toinenkin kurssi.

Katselemme pienen kopin nurkkapöydältä tilan työskentelyyn ja pohdin itsekseni, että taas on pää työnnetty pari numeroa liian pieneen hattuun. Tulevat viikot ovat työtä vuorotta ja vielä pitäisi samalla saada perhe sijautumaan uusiin olosuhteisiin.

Siitä alkoi opetustyö kolmen kuukauden työllisyyskursseilla. Ensimmäinen kuukausi meni yleensä sopeutumisessa aikataulutettuun elämään. Monilla kun oli pitkistä työttömyysjaksoista johtuvia päihdeongelmia. Huomasinkin pian, että vaikka aloitimme seitsemältä joka aamu, aamun lehdestä kaivelemani tuoreimmat uutiset olivat se, joka sai miehet kiinnostumaan ja kuuntelemaan muutakin opetusta. Kuri oli sikäli ankara, että humalassa tunnille ei saanut tulla, sillä poistaminen tunnilta seurasi välittömästi. Ja merkintä asiasta päiväkirjaan tarkoitti, että työvoimatoimisto ei maksanut siltä päivältä korvausta.

Koulutuksessa oli yksi kolmasosa yleistä yhteiskuntaan liittyvää opetusta, kolmasosa ammattiin liittyvää teoriaopetusta ja yksi kolmasosa käytännön metsätyötä hakkuulla tai metsänhoitotöissä. Oppilaita oli Kuusamosta, Sallasta, Taivalkoskelta ja Pudasjärveltä.

Harjoitustyömaat olivat pääasiassa Kuusamon Yhteismetsän mailla. Eräällä kerralla olimme Särkelän tienvarressa Kahlesuolla hakkuutyömaalla. Mies kaataa suuren tukkipuun, jossa näkyy olevan variksenpesä. Huomaamme, että pesästä lentää ulos orava, joka lähemmin tarkasteltuna osoittautuu liito-oravaksi. Eläin on tajuton. Laitan sen pahvilaatikkoon, johon teen reikiä. Vien sen Kuusamoon palattuamme Erik S. Nyholmille, jonka tunsin oppikouluajoilta.

- Laitetaan se pöydälle sanomalehden päälle ja keitellään kahvit. Siinä meillä on aikaa samalla vaihtaa kuulumisia. Jos eläimestä lähtee poistumaan pieneläimiä, se on merkki siitä, että sen lämpötila laskee ja se tulee kuolemaan. Kirput jättävät aina laivan ensimmäisenä, hän sanoo tutkijan kokemuksella. Varttitunnin jälkeen katsomme eläintä uudelleen, ja paperin päältä löytyy lukuisia pieneläimiä poistumassa etäämmälle liito-oravasta.

- Kokemukseni perusteella tämä tulee kuolemaan, emme anna sen kärsiä pitempään. Laitan sen tuonne eläinpakastimeen ja tutkin sen myöhemmin tarkemmin, hän toteaa.

Keskustelimme metsien käsittelyn vaikutuksista riistalle. Hänen mukaansa karhu sopeutuu hyvin nopeasti avohakattuihin alueisiin. Varsinkin nuoret karhut saattavat tehdä talvipesän auratulle alueelle juurakon alle jo seuraavana talvena.

Muutaman vuoden kuluttua sain siitä käytännön esimerkin. kun kohtasin hänet Papuvaaran selkosella. Hän sanoi aurausalueella olevan kolmen karhun talvipesät. Emokarhun pesässä hänellä oli kamera seuraamassa talvehtivaa eläintä ja kahta vastasyntynyttä pentua.

Yleisesti väitettiin tuolloin avohakkuiden karkottavan kaikki luonnoneläimet vuosikymmeniksi alueelta. Teeret, metsot ja koppelot taas tulevat taimikoille marjojen perässä syksyisin. Kaikkien luonnoneläinten tärkein ravintokasvi on mustikka. Vahvistin olevani kokemukseni perusteella aivan samaa mieltä.

Aikanaan ensimmäiset kurssilaiset palasivat työelämään ja meille alkoi tulemaan viestejä, että te koulutatte metsurit liian pitkälle työehtosopimusten tulkinnoissa, meidän työnjohto alkaa olla niin sanotusti "kusessa" näiden kurssin käyneiden kanssa. Vastasimme, että järjestämme työnjohdolle mielellään kurssin, kunhan vain tilaatte sen työvoimatoimistolta. Näin pääsi työnjohtokin ajan tasalle tulkinnoiltaan erittäin vaikean metsureiden työehtosopimuksen käytäntöön soveltamisen kanssa.

Ja kun työnjohto oli saatu koulutettua, seurasi mittamiesten kouluttaminen. Sen aikana huomasin, että perustiedoissa oli useimmilla vanhoillakin kavereilla paikkaamisen tarvetta.

Kaikkiaan kursseilla kävi satoja henkilöitä, joista osa tuli vielä vuosienkin päästä kertomaan kuulumisiaan. Parisen vuotta jaksoin pyörittää neljänkymmenen opetustunnin viikkoja ja sen päälle oppimateriaalin ja oppituntien valmisteluja. Siinä alkoi joskus illan pitkinä tunteina tulla kaipuu käytännön töihin.

Kuusamon metsänhoitoyhdistys

Kuusamon mhy:n ensimmäisenä puheenjohtajana toimi Taneli Kyhälä 1951 -1964. Hänen aikanaan toteutui isojako. 1960-luvun alussa tehtiinkin erittäin suuria hakkuita tilojen päästessä myymään metsiään. Sahatukin kysyntä oli hyvää paikallissahojen ansiosta. 1950-luvulla latvatukkeja sahattiin palstoilla laudoiksi ja lankuiksi. Tyvitukit menivät pyöreänä vientiin. Erkki Siikaluoma jatkoi vuodesta 1964 seuraavat kaksi vuosikymmentä puheenjohtajana. Vuonna 1980 valittiin toiminnanjohtajaksi Jorma Jaakkola, jolloin myös toimihenkilömäärää lisättiin aina yhteentoista, kun Metsälautakunta luopui taimikonhoito- ja metsänviljelytöistä. Hallituksen puheenjohtajina toimi 1984 -1994 Unto Kotipalo, joka vaikutti myös Metsäliiton hallinnossa ollen hallituksen jäsenenäkin. Aimo Kämäräinen oli puheenjohtajana 1995 -2004. Tuolloin toteutettiin Kuusamossa 1990 -luvun laajat kehityshankkeet Anne Polojärven ollessa toiminnanjohtajana.

Metsänhoidonneuvojien ajan vei aina 1970-luvulle saakka leimaustoiminta, koska tukkipuut leimattiin kirveellä yksitellen. Sen jälkeen leimikot pelkästään rajattiin ja puusto arvioitiin silmämääräisesti metsänviljelytöiden suunnittelun yhteydessä. Koneellisten korjuuketjujen yleistyessä kesä- ja talvileimikot täytyi erotella tarkemmin. Samoin muiden korjuuteknisten seikkojen luokitteluun oli kiinnitettävä huomiota leimikoiden rajauksissa. Näiden asioiden huomioiminen on sittemmin jäänyt vähemmälle, kun leimikoita on alettu valmistelemaan metsävaratietojen kuvioiden pohjalta. Osuus viljelyistä oli 1960-luvulla noin viidennes, ja 1980-luvulla metsälautakunnan vetäytyessä toteutusvastuu siirtyi kokonaan yhdistykselle. Kuokkalaikkuun kylvö ja istutus päättyivät 1960-luvulla ensin laikkurien, ja vuosikymmenen lopulla metsäaurauskaluston kehittyessä.

Metsänuudistaminen oli lapsenkengissä, koska paikallista siementä ja paksukunttaisille maille sopivaa, riittävän tehokasta muokkausmenetelmää ei ollut. Pääosa taimista tuotiin Metsälautakunnan Ketolan taimitarhalta Kemijärveltä. Kuusamossa perustettiin yksityisiä kennotaimitarhoja ja niitä oli 1980-luvun lopulla 8 taimitarhaa ja ne tuottivat kennotaimia pitäjän oman tarpeen verran. Taimituottaja Tommi Karjalaisen kanssa kokeilimme istutusalueen paikallisen sienirihmaston "ymppäystä" kennoon kastelemalla kennot istutusalueen valumavesillä. Huolellinen "uitto" paikallisessa vedessä nopeutti selvästi juurtumista ja neulaset olivat selvästi tuuheampia ensimmäisinä vuosina istutuksen jälkeen. Pohdimme jatkuvasti metsittymisen onnistumiseen vaikuttavia tekijöitä poistaen esteet, sikäli kuin se oli meidän vallassa.

1980 – luvun alussa Metsälautakunnalla oli metsäneuvojina kymmenkunta toimihenkilöä, jotka 1980 siirtyivät osa yksityismetsälain vartijoiksi ja aluesuunnittelijoiksi, osa Tapion tienrakennus- ja ojitustoimiin. Puutavarayhtiöissä oli vielä tuolloin miehitystä niin paljon, että metsämiesten ja -naisten pikkujouluihin Rukalle mentiin kahdella täydellä linja-autolla "sulassa sovussa".

Viljelyä vaivasi eräs virheellinen ohje: "Kuusikot on uudistamisen yhteydessä muutettava männiköiksi". Kaavamaisesti toteutetut männynviljelyt eivät vaara-alueiden raskasperäisillä mailla kuitenkaan onnistuneet. Kun kuusentaimet hyväksyttiin avustuskelpoisiksi 1980-luvun puolivälissä, saatiin vaara-alueidenkin uudistamiset onnistumaan. Kuusenviljelyä tosin vaivasi huomattavasti männyntainta tarkempi istutuspaikan valinta, jossa tehdyistä virheistä aiheutui kuusitaimikoiden "juromista". Tämän johdosta parikymmenvuotisten kuusentaimien pituuserot vaihtelivat alle metristä kuuteen metriin riippuen istutuspaikasta muokkausjäljessä.

Kun maaperässä on hienoainesta yli 30 prosenttia, esiintyy keväisin ja syksyisin tapahtuvan, vuorokautisen lämpötilanvaihtelun ja yöpakkasen seurauksena jopa 5-20 cm pitkää jääpilliä eli roustetta. Se murjoo kuusen pinnallisen juuriston ja nostaa pienen männyntaimenkin maan pinnalle. Palteeseen istutettaessa tätä ongelmaa ei ole, koska vesi pääsee valumaan alas. Kuivassa ja karkeassa maassa ei roustetta esiinny, ja siellä käytetäänkin männyntaimia, joille istutuspaikka on lähes vapaasti valittavissa äestys- tai piennaraurausjäljessä.

Kuusamon keskilämpötila on nollan tienoilla, vaihdellen +30 ja -45 asteen välillä. Vuotuisesta sademäärästä 40 % sataa kesällä. Keskikorkeus on 280 metriä merenpinnan yläpuolella, vaihdellen 142 metristä 500 metriin. Paksu, lähes metrinen lumipeite suojaa toisaalta pakkasilta, mutta myös rasittaa metsiä puihin kertyvän tykyn muodossa. Soiden osuus on noin 30 %. Metsämaille on luonteenomaista ilmaston humidisuudesta johtuva kunttaantuminen, toisin sanoen puuston kasvuvoiman heikentyessä sen veden haihduttaminen pienenee ja sammalkerroksen paksuuntuminen nopeutuu.

Esko A. Pesonen, metsäteknikko, Kuusamon Metsänhoitoyhdistys

Jorma Lohi, metsäteknikko Koillis-Suomen piirimetsälautakunta

Seuraava juttu julkaistiin Metsäliiton Viestissä N:o 2 vuodelta 1981, kirjoittajana Metsäliiton metsäteknikko Jouko Mäkäräinen. Jutun yhteydessä oli kuva Kuntivaaran luoteisrinteellä sijainneesta hakkuutyömaasta. Toimialueeseeni kuuluneella työmaalla kasvoi tuolloin suuria kuusia, joista tehtiin viisi normaalipituista tukkia ja kuidut päälle. Puuta oli noin 300 kiintokuutiota hehtaarilla.

Kuusamo on kunta Oulun läänin koillisosassa, kuuluisa kahlitsemattomista koskistaan, kirkasvetisistä järvistään ja jylhistä vaaroistaan. Kuusamon pinta-ala on noin puolet Uudenmaan läänistä. Asukkaita tässä suuressa kunnassa on noin 17 000. Tärkein elinkeino on maa- ja metsätalous. Monet kuusamolaiset saavat elantonsa tai lisätuloja myös poronhoidosta. Teollisuudesta mainittakoon kaksi sahaa, osuusmeijeri ja uistintehdas. Matkailu antaa myöskin tuloja useille kuntalaisille. Rukan talviurheilukeskus on tuttu monelle hiihdon ja laskettelun harrastajalle.

Metsäliitto oli aloittanut puunoston Kuusamossa 1950-luvulla, jolloin puu vietiin ulos pääasiassa pyöreänä. Viennin tyrehdyttyä puunosto supistui ja toiminta vilkastui vasta 1970-luvun lopulla, kun Metsäliiton omistus Kemi Oy:ssä lisääntyi ja Kuusamon Osuusmeijerin omistaman Vuotunki Oy:n puunhankinta siirtyi Metsäliiton tehtäväksi. Sahan tuotanto on 25 000 m3 vuodessa, josta vientiin menee yli 90 %. Kotimaan myynti tapahtuu Metsäliiton myyntikonttorin kautta.

Metsäliitolla on Kuusamossa aluetoimisto, jossa työskentelee alueteknikko Mauri Määtän lisäksi kaksi työnjohtajaa ja aluekonttoristi. Kuusamon metsänhoitomaksua maksavista metsänomistajista on 47 % eli 1041 jäsenenä Metsäliitossa, jäsenpinta-alan ollessa 92 000 hehtaaria. Näin mitaten Kuusamo on Metsäliiton suurin kunta.

Kuusamon metsänhoitoyhdistyksellä on ollut hankintapalvelusopimus vuodesta 1969 alkaen. Yhdistyksen toiminnanjohtajana toimiva Jorma Jaakkola kertoo, että yhdistyksen palveluksessa on kolme metsäteknikkoa, yksi työnjohtaja ja toimistonhoitaja. Toiminnan kustannuksista metsänhoitomaksut kattavat 26 % ja hankinta- ja puukauppapalvelut 19 %. Lumettomaan aikaan tehtävät leimaus- ja metsänhoitotyö vaativat vähintään nykyisen suuruisen henkilömäärän. Talvikautena tarvitaan muuta työtä. Tällöin hankintapalveluun liittyvät työt, puunkorjuu ja vastaanottomittaukset ovat sopiva työkohde. Samalla metsänomistajille voidaan tarjota puukaupallisia palveluja.

Kuntivaaaran yhteistyöalueen puheenjohtajana toimiva Aimo Kämäräinen kertoo, että lisämaista muodostetussa alueessa on 26 osakasta ja 2640 hehtaaria metsämaata. Vuotuinen hakkuumäärä on noin 8000 m3. Vuotungin sahalle on matkaa noin 20 kilometriä. Koko toiminnan ajan kaikki leimikot on myyty Metsäliitolle, joka on toimittanut kaikki tukit Vuotungin sahalle. Metsäliitto on tärkeä työllistäjä alueella, ja saha on hintapiste lähellä entisiä nollahinnan alueita.

”Metsättömän” pitäjän metsänhoidonneuvojana aloitin syksyllä 1979. Metsälautakunta oli päättänyt luopua metsänviljelytöistä 1970-luvun lopulla. Yhdistykset hakivat uusia metsäammattilaisia töihin. Siitä alkoi 20 vuoden urakka kuusamolaisen metsätalouden tuottavuuden hyväksi. Sillä taipaleella perinteiset neuvojan työt leimaukset, metsänviljelyt, taimikonhoidot ja koulutukset olivat sittenkin vain pieni sivujuonne.

Pääosan muodostivat aiemmin ratkaisemattomiksi jääneet ongelmat, kuten korkeilla alueilla sijainneiden ongelma-alueiden metsänviljelyiden uusimiset, erilaisilla ainespuuharsintahakkuilla vajaatuottoiseksi saatetut alueet, nuorten metsien hoito ja niiden korjuutekniikka, sekä yleensäkin puutteellinen tietous pohjoisten alueiden pienpuuston ominaisuuksista ja hyödyntämisestä.

Pitäjän eri puolilla tekemäni kierrokset vahvistivat saamaani vaikutelmaa. Puut oli hyvin laajoilta aloilta muutettu rahaksi. Tulevat vuodet näyttivät menevän metsänviljelyn ja taimikonhoidon merkeissä. Mielessä liikkuivat monet epävarmuutta aiheuttavat ajatukset. Kuinka eläisi maa- ja metsätaloudesta toimeentuleva väestö seuraavat vuosikymmenet? Kuka maksaisi hoitotöistä aiheutuvat kulut, kun arvopuusto on hakattu? Ja tulikohan tässä haukattua suulla suurella pelkkiä ongelmia? Poikkean tulevalla työpaikallani tervehtimässä, ja onnistun lämpimien tervetulotoivotusten ohella saamaan melkoisen annoksen itseluottamusta alkujärjestelyihin. Neuvojina olivat tuolloin Jorma Jaakkola ja Esko Pesonen, joka sodan käyneenä miehenä neuvoi, että ”elä hyvä mies ota sitten liian paljon itseesi näitä ihmisten vaikeuksia”. Työnjohtajana oli Aarne Jaakkola. Samaan aikaan aloitti myös toimistonhoitaja Maija Pohjola. Koulutuksessa maa- ja metsämies on opetettu uskomaan kaikkivoipaan kasvuun. Siihen on minunkin uskottava ja luotettava. Ehkä eniten siksi, ettei minulle ole jätetty vaihtoehtoja. Olo on kuin tupen pelaajalla, jolla on pikkunumeroilla varustetut kortit, ja vastapeluri pelaa ramia.

Toiminta-alueellani Kuusamon itäosissa Kitkajoelta Iivaaraan saakka meni metsänomistajien leimikoista valtakirjoilla myyntiin valtaosa, parhaimmillaan jopa yli 90 prosenttia. Yksityistilojen lisäksi tein Kuusamon Yhteismetsän leimikot ja vastasin viljelyiden toteuttamisesta. Sahojen lisäksi ostajina oli mm. Veitsiluoto Oy, Kajaani Oy, Rauma Repola Oy ja Metsäliitto Osuuskunta. Useimpien yhtiöiden nimet ovat muuttuneet ajan saatossa, osalla jopa useampaan kertaan. Leimikot ”ohjautuivat” useinkin tiesuunnittain yhtiöille. Oliko siinä taustalla jotain sopimista, vai oliko se vain ”järkevää” rationalisointia kustannusten säästämiseksi, ehkäpä hieman molempia. Se oli sen ajan normaalia toimintaa. Kauppa ratkaistiin aina metsänomistajan kokonaisedun mukaisesti

Keväällä 1980 aloimme rakentamaan omakotitaloa Tolpanniemeen. Viimeistään sen myötä vuodesta tuli niin raskas, että en jälkeenpäin muistanut syksyltä kahden kuukauden tapahtumia muutoin kuin päivyristä lukemalla.

Sailehdonahon tukkisavotan seuraukset sadan vuoden takaa selvisivät Suiningin Multasniemellä. 1980-luvun alussa pitäjän oli vallannut kuume. Nuoret miehet ottivat maatiloilla vetovastuun ja vanhemmat vetäytyivät eläkkeelle. Navetoita rakennettiin ja kakkosasuntoja nousi Kuusamon kirkonkylälle rakennettaviin uusiin kerrostaloihin. Rahoitus järjestyi usein metsiä hakkaamalla.

Tuolloin minulla oli Metsäliiton hankintapalvelutyömailla hakkaamassa reilut 40 metsätyömiestä Suiningin ja Kiitämäjärven kylien suunnalla. Isäntä, 70-vuotias vireä mies oli myynyt Metsäliitolle 500 kuutiometrin leimikon, jonka hakkautin miestyönä. Palkkasin miehet Multasniemeltä.

Elettiin viimeisiä vuosia kun hakkuut suoritettiin miestyönä. Puutavara ajettiin lanssiin metsätraktorilla. Puut olivat pinossa ja menimme mittaamaan ne. Jaakkolan Aarne oli apumiehenä ja isäntä oli mukana luovuttamassa puut. Katseltiin pinoja, ja Aarne kipaisi pinon päälle oikomaan ristissä olevia puita. Koneiden puomit olivat lyhyitä ja useimmiten pinon päällimmäisistä puista osa jäi ristiin, jolloin ne eivät näkyneet maahan korkeutta mitattaessa. Samalla pyrittiin päällimmäisten puiden ladontatiheys saamaan muun pinon kanssa samanlaiseksi. Silloin isäntä suuttui: - Vai on teillä sama malli kuin 1930-luvulla oli Lapin savotoilla. Pinot hypittiin läjään, jotta firma sai puut halvemmalla. Tämä loppuu nyt tähän, hän sanoi kiihtyneenä. Lepyttely kesti aikansa ja Aarne sai porttikiellon pinoharakan hommiin.

Puut mitattiin hyvässä yhteisymmärryksessä ja Aato alkoi muistelemaan: ”Vuosisadan vaihteessa tällä alueella kasvoi suuria petäjiä. Väliaikaiset lohkot olivat saaneet hakkuuoikeuden ja alkoivat myymään tukkeja venäläisille yhtiöille. Tällä alueella hakkasi satoja miehiä ja puuta ajoi lanssiin kymmeniä hevosia. Vanhemmat miehet kertoivat, että Multaslahti oli kevättalvella aivan täynnä halkaisijaltaan 30 -80 senttiä ja pituudeltaan 5-8 metriä olleita tukkeja. Lahti on puolisen kilometriä leveä ja kilometrin pituinen kooltaan. Puut uitettiin keväällä Varisjokea pitkin Vuotunkijärveen, Kuusinkijokea Paanajärvelle ja edelleen Vienan lahden rannalla olleille sahoille. Metsään jätettiin pienet kuuset ja 20 siemenpuuta hehtaarille. Kuuset eivät ole sen jälkeen paljoa kasvaneet, ja männyt on keräilty tarvepuiksi. Myöhemmin myyjän kanssa tapausta muisteltiin hymyssä suin. Hän tuumasi, että helposti hänelläkin se vanha kehno hyppäsi esille kymmenien vuosien takaa.

Samankaltaisia alueita 1980-luvulla uudistettaessa vaati etelän ”virallinen” metsätieto uudistamaan alueet kuuselle. Olin eri mieltä, koska tiesin alueiden olleen alkujaan männiköitä. Uudistin ne männylle auraukseen kylväen, ja osan istuttaen. Nykyään, vuonna 2019 Sailehdonahon alueella on yli 15-metrinen kasvatusmetsä, jossa puuta on hehtaarilla lähes kolminkertainen määrä tuolloin hakattuun verrattuna.

Sailehdonahon pinotavarakuusikkoa 80 vuotta tukkiharsintahakkuun jälkeen.

Kirjoittaja ja 1980-luvun maisemaa Papuvaaralta lounaaseen

Avara on maisema myös Palovaaralta pohjoiseen. Metsättömän maiseman hoitoon tässä on ajauduttu.

Erkki Siikaluoma, Anja Siikaluoma ja Metsälautakunnan piirimetsänhoitaja Erkki Tapaninen muistelevat 1990-luvun alussa yksityismetsätalouden kehitystä Kuusamossa kirjoittamaani yhdistyksen historiikkia varten.

Metsänhoitoyhdistyksen hallituksen puheenjohtaja Aimo Kämäräinen täytti 50 vuotta. Kuvassa ovat kirjoittaja, toiminnanjohtaja Anne Polojärvi sekä Aimo ja Sirkka Kämäräinen

Tohtori Eero Kubin esittelemässä porokoealaa Kuusamon Yhteismetsän palstalla Merenvaarassa, jossa aidatulla alueella kasvaa voimakkaasti vesoja taimien lisäksi. Ulkopuolelta kaikki koivunvesat on syöty.

Samaisella retkellä olivat myös tohtori Jukka Valtanen, yhteismetsän toiminnanjohtaja Martti Rautiainen ja Metsäntutkimuslaitoksen pääjohtaja Eljas Pohtila.

Kuntivaaran koettelemukset

Lisä-Juusolan palstan opetuksia luonnon voimista. Marraskuinen aamu on vielä pimeä, kun ajelen Hanhisuon tietä Kuntivaaraan päin. Tielle on satanut kymmenisen senttiä lunta ja ajaessa saa olla tarkkana, että ei luiskahda penkan puolelle.

Lähden hiihtämään 80-senttisen hangen puolivälissä, sillä lumi upottaa 30 -40 senttiä vaikka minulla on pitkät metsäsukset. Muutaman sadan metrin jälkeen alkaa paita kostua ja vauhtia on säädeltävä hiljaisemmaksi. Vajaan kilometrin jälkeen tulen tilan rajalle. Alan veistelemään leimikon rajauspilkotusta laajan kuusikkokuvion ympärille. Poikkean puustoarviota varten kuusikon sisälle. Hiihto on siellä jopa helppoa, sillä puista putoillut lumi on kovettanut jonkin verran hangen pintaa.

Metsä on lähes puhdasta kuusikkoa, noin 15 -20 metristä, tiheää hyvälaatuista tukkimetsää. Puuta on parhailla paikoilla noin 200 kuutiometriä hehtaarilla. Leimaustilauksen mukaan perikunta on halunnut laittaa myyntiin koko palstan puuston. Kiertelen tilan rajaa ja leimikoksi tulevien kuvioiden reunoja pilkoituksen sisään. Hieman puolen päivän jälkeen olen tilan perimmäisessä nurkassa, mistä maisema alkaa nousta Kuntivaaran laelle. Metsä alkaa huokailemaan, tuulenpuuskat tulevat raskaina idästä vaaran yli. Puolisen tuntia myöhemmin sataa sakeasti suuria lumihiutaleita.

Ennen kello yhtä on jo lähes pimeää. Karttaa ei pysty lukemaan. Vedän pilkotuksen rajaa myöten suon reunaan. Sitten on kiire ottaa suunta kompassilla autolle päin. Maisemat ovat kartan perusteella päässäni selkeinä, mutta kun et näe paljon suksen kärkiä pidemmälle, on käytettävä muita keinoja. Lähden hiihtämään siten, että pyrin valitsemallani suunnalla ohittamaan joka toisen puun oikealta ja seuraavan vasemmalta puolen, jotta en lähde kiertämään kehää. Selkeällä kelillä siitäkään ei olisi vaaraa, mutta nyt kova lumisade peittää varmasti jäljet tuossa tuokiossa. Käsikopelolla hiihtäen olen reilun tunnin kuluttua Hanhisuon tiellä, vain 50 metriä auton eteläpuolella. Ei hassummin.

Sitten paljastuu seuraava ongelma. Aamuinen 10 sentin lumikerros alkaa olla jo lähemmäs 20-senttinen. Auto on hieman normaalia henkilöautoa korkeampi maavaraltaan, ja etuvetoinen. Vuotunkiin on kahdeksan kilometriä matkaa. Tiedän, että edessä on hikinen urakka hiihdellen traktorin hakuun, jos tartutan auton tälle välille lumihankeen. Onneksi matkalla ei ole suurempia vastamäkiä ennen kuin kylän luona, ja siellä tie oli lingottu aamulla puhtaaksi. Ajan niin lujaa kuin uskallan ja auto seilailee lumessa välillä pahastikin, mutta pääsen Vuotungin tielle.

Illalla laskeskelen puumäärät ja teen leimauspaperit valmiiksi, sekä suunnittelen puiden ulosoton ja metsänviljelyn tarpeita varten kevyen tien teon palstan halki. Se tulee olemaan kaupan ehtona. Lasken, että tien teolla säästetään käytännössä leimikon 6000 kuutiometrin puumäärällä korjuukustannuksissa enemmän, kuin mitä tien teko tulee maksamaan. Leimikko myytiin Metsäliitto Osuuskunnalle ja sovimme Mauri Määtän ja Leino Poussun kanssa kaavailemani tien teon ennen hakkuuta seuraavana kesänä. Tie tehtiin kaivinkoneella ja ojamaista tuli tien rungon tarvitsema penkkamaa. Hakkuu suoritettiin syyskesän aikana ja puut voitiin ajaa autolla palstalle menevän tien kautta. Syksyllä tehtiin maanmuokkaus auraamalla alue.

Seuraavana keväänä juhannusviikolla menimme viemään taimikuormaa, reilut 70 000 kappaletta, istutusten aloittamista varten. Päivä oli aurinkoinen ja tien pinta oli kuivanut sopivasti, joten voimme tehdä kennotaimien levityksen palstalle autosta suoraan. Välikankaan Aarne oli poikansa kanssa tuonut kuorman Ketolan taimitarhalta Kemijärveltä, kuten oli tuonut tälle keväälle jo 17 kuormaa aiemmin. Hikikarpalot tippuivat nenän päästä, kun viimeiset taimilaatikot saatiin kuormasta palstalle levitettyä. Autoon jäi vielä vajaat 40 000 tainta vietäväksi yhdistyksen toiminnanjohtajan Jorma Jaakkolan työmaille Kirkonkylän liepeille. Kello oli sopivasti lähellä puolta päivää.

- Nyt me pidämme tauon, juokasemma kahvit ja purasemma palan leipää, tuumaa Aarne.

- Minä ajaisin kyllä auton tuonne sorastetun Hanhisuontien varteen ennen taukoa, sillä tuntuu, että tuulenhenki idästä on kostean oloinen ja voi räväyttää Kuntivaaran takaa pahankin kuuron. Kastuttuaan tuo tie on mahdoton kuljettavaksi, vastaan hänelle.

- Ei sieltä niin äkkiä mitään tule, Aarne toteaa alkaessaan availemaan eväslaukkua istahdettuamme ojan pientareelle niin, että auto jäi itäpuolelle.

Menee puolisen tuntia poristessa ja eväitä syödessä. Teemme karkeaa yhteenvetoa kevään taimitoimituksista. Laskelmat päätyvät noin kahteen miljoonaan taimeen pelkästään minun vastuualueellani, eli itäosissa pitäjää Kitkajoelta Iivaaraan saakka. Ja syksyllä pitäisi laittaa kasvamaan vielä reilu miljoona kappaletta. Sitten kuorma-auton takaa tulee raju yllätys. Ensin jyrähtää ukkonen Kuntivaaran päällä ja sitten alkaa heti satamaan kaatamalla.

- Voi perhana, nyt tulee kiire, tai paremminkin nyt saattoi kiire mennä ohi, sanon hypätessäni omaan autooni. Pahaksi onneksi autoni on kuormurin takana, joten en pääse edes hakemaan traktoria vetämään. Vesi tekee savisesta tienpinnasta erittäin liukkaan. Kuorma-auto juuttuu jo muutaman kymmenen metrin jälkeen paikoilleen. Kaivelemme kirveet esiin ja alamme karsimaan pienistä näreistä kuusenhavuja raiteille. Nelisen tuntia se havutus savotta kesti kunnes pääsimme Hanhisuon tien laitaan. Muistelimme tapausta Aarnen pojan kanssa Yaran lannoitusretkeilyllä 2017 Kuusamon Yhteismetsän mailla, missä hän oli juuri valittuna Kemijärven Yhteismetsän toiminnanjohtajana.

- Olihan se Jorma Jaakkola äkäsenä, kun pääsimme Kirkonkylille, mutta minkäpäs sitä luonnon-olosuhteille voi, hän totesi rauhalliseen tyyliinsä.

Perikunta myi aikanaan palstan, ja uudet omistajat kulkivat 1990-luvulla puolenkymmenen vuoden ajan harventamassa alueelle nousseita taimikoita. Sitten vuonna 2014 olikin jo harvennushakkuun aika.

Menemme isännän kanssa palstalle aikanaan rakennettua kevyttä tietä autolla ajaen. Metsä on yli 12 metriä pitkää ja noin 1600 -2000 runkoa hehtaarilla. Toteamme harvennushakkuun tarpeelliseksi, ja lähes puolet puista joutaa poistaa. Muistelen alueelta hakattua kuusikkoa ja toteamme, että maapohjassa näyttää riittävän voimaa puunkasvuun edelleen. Neuvottelemme Metsäliitolle kaupat ja Puumoto Ky:n koneet pääsevät töihin.

Menen hakkuun jälkeen katsomaan miltä metsä näyttää. Tiellä rapakon reunan liejussa huomaan karhun jäljet. Edellä näyttää juosseen poro koparat levällään. Hengenhätä sillä poloisella on ollut. Karhun jäljet ovat niin suuret, että mittaan ne. Pituus on suunnilleen paperiarkin verran ja leveys tarkalleen arkin leveys. Ne olivat suurimmat näkemäni jäljet. Karhuja olen metsissä nähnyt elävänä kaikkiaan 15 kappaletta. Joskus ne ovat olleet hyvinkin lähellä, vain muutaman kymmenen metrin päässä. En ole koskaan kokenut niistä varsinaista uhkaa olleen. Kunnioitusta ne toki ovat joka kerta herättäneet.

Samainen Kuntivaaran länsipuoli koetteli "Pekannoron painajaisella" muutaman vuoden kuluttua tammikuulla äärirajoille asti kykyä selviytyä hengissä hiihtoreissusta. Aamulla oli pakkasta viitisentoista astetta, kun lähden Kuntijärven itäpään kohdalta tieltä pohjoiseen. Ensin oli parin-kolmensadan metrin jyrkkä myötäinen järven pään kautta kohden pohjoista. Sitten hiihtelen ojitusalueen itäpuolelta arvioitavalle palstalle. Lumi upottaa vain noin kaksikymmentä senttiä.

Kiertelen tilan metsäkuvioita kohden pohjoista. Takarajalle päästyäni arvelen hiihtäneeni reilut puolenkymmentä kilometriä. Pakkanen tuntuu kiristyvän koko ajan, ja taivas on jo melkein pilvetön. Hiihtämisestä huolimatta alkavat vilunväreet ramahtelemaan hartioilla. Se ei tiedä hyvää, koska matka on vasta puolivälissä. Sen lisäksi alkaa lihaksiin hiipiä oudon voimaton olo. Nyt saattaa olla tosi kysymyksessä. Katselen reilun metrin korkuisen kuivan poromieskannon ja teen tulet.

Siinä lämmittelen ja levähtelen puolisen tuntia. Lämmin kahvi ja voileivät auttavat. Saan kuivateltua hikisen olon ja voimatkin alkavat hieman palautua. Suunnittelen paluumatkan mahdollisimman lyhyeksi, kuitenkin siten, että saan myös työni tehtyä valmiiksi. Muutaman sadan metrin välein on levähdettävä ja vilunväreet pahenevat koko ajan. Kuntijärven pään kohdalla lepään kunnolla. Jäljellä on 300 metrin jyrkkä nousu tielle.

Ensimmäinen, satametrinen loiva nousu menee kohtuullisesti. Lepotauko. Sitten viitisenkymmentä metriä jyrkkää nousua, missä latupohja ei meinaa kestää vaan päästää läpi, koska alla on ryynimäistä lunta. Pidempi lepotauko, puuskutan kuin höyryveturi. Seuraava hiihtojakso on enää kaksikymmentä metriä. Lihaksista on voimat poissa. Yritän lihaksia ravistelemalla estää lihaskrampin syntymistä, koska tiedän kokemuksesta, että silloin saattaa liikkuminen olla mahdotonta. Sitten alkaa jo kymmenen metrin hiihto tehdä tuskaa. Voimat tuntuvat kadonneen. Nojaan ladun vieressä olleeseen puuhun. Tunnen, että jos nyt kaadun lumeen, en tule pääsemään enää ylös. Nyt on varottava. Hiihdän muutaman askeleen kerrallaan ja pysähdyn lepäämään. Vastamäki onneksi jo loivenee ja auto näkyy viidenkymmenen metrin päässä. Monta pysähdystä täytyy vielä tehdä, mutta olen päättänyt selviytyä. Tielle päästyäni on odotettava jonkun aikaa, että jaksan nostaa sukset auton katolle. Avaan oven ja yritän saada auton käyntiin. Sormissani ei meinaa voimat riittää virta-avaimen kääntämiseen, jotta auto käynnistyisi. Lopulta se onnistuu, kun laitan avaimen nyrkissä olevan oikean käden etu- ja keskisormen väliin ja väännän molemmilla käsillä. Sitten lepään varttitunnin. Viimeiseen, muutaman sadan metrin nousuun on mennyt kolme varttia aikaa. Muistan levähtäessäni erään tutun metsänomistajan kohtalon hänen pudottuaan verkkoreissulla syksyiseen veteen. Pakkasta oli viitisentoista astetta. Hän pääsi autoon ja sai avaimet virtalukkoon, mutta ei enää pystynyt käynnistämään autoa. Siinä vaiheessa hän oli jo lähes tajuton pään nojatessa rattia vasten. Onneksi naapuri sattui paikalle ja pelasti miehen varmalta kuolemalta. Ajelen hiljalleen kotiin. Vaatteet vaihdettuani mittaan kuumeen, jota oli 38.5 astetta. Siinä oli selitys voimien katoamiseen. Siinä vaiheessa tajuan, kuinka lähellä olin jäädä metsään. Pakkasta oli kotiin tullessani jo yli 25 astetta.

1950 -luvun alussa käydyn Korean sodan aiheuttaman puutavaran kysynnän huippusuhdanteen jälkimainingit. Ajelen Kärpänkylään Koppelonperän tien varteen. Tien laidassa odottaa vanhempi herrasmies harmaan auton luona. Esittelen itseni hänelle.

- Olen Jantusen Unto, soittelin sinulle siitä Tolpanniemen metsien katselusta. Minulla on tuossa vene, pääsemme vähemmällä kävelyllä, kun ajamme sillä Tolpanniemeen, hän esittelee itsensä.

Kiertelemme pitkän päivän metsiä. Suot on ojitettu 1960-luvulla, taimikoista suurin osa harvennettu raivaussahalla, kasvatusmetsät ovat tulossa harvennusikään ja päätehakkuitakin olisi heikkotuottoisimpiin kohtiin tehtävä.

- Minkälainen menneisyys näillä neljällä tilalla lienee, kysyn, kun saavumme hänen majapaikkanaan pitämälle vanhalle talolle.

- Nämä ovat niitä 1930-luvulla erotettuja pientiloja, joilta omistajat hakkasivat Korean suhdanteen aikana lähes kaikki kuuset pois. Kun viranomaiset patistelivat viljelytöihin, he pakenivat Ruotsiin. 1960-luvulla sain tietää, että he olisivat halukkaita myymään maansa ja niin minusta tuli tämän viitisen kilometriä pitkän niemen omistaja. Ojitin heti nuo suoalueet ja ne ovat taimettuneet hyvin. Taimikoita olen harventanut aina kesäisin, kun olen ollut täällä. Se on ollut hyvää vastapainoa rakennusurakoitsijan työlle, hän vastaa.

- Töitä täällä näyttää lähivuosina olevan melkoisen paljon. Harvennushakkuut tulevat puolenkymmenen vuoden aikana kiireellisiksi ja suoalueiden taimikoitakin pitää harventaa. Ehdottaisin metsäautotien rakentamista niemeen. Tiedän, että isojakoaikana on ollut tiesuunnitelma Koppelon tien päästä Pitkänperän kautta Tauriaiseen, mutta sen tielinjan maat palautuivat vuonna 1980 maanomistajille. Voisin ottaa selvää, onko hanke vielä mahdollista toteuttaa, teen yhteenvetoa päivän kävelyistä.

- Tuota en ole tullut vakavasti harkinneeksi sen jälkeen, kun yritin kerran kyläläisiltä saada tien teko asialle kannatusta heikolla menestyksellä. Jos lähdet viemään asiaa eteenpäin, olen hyvin kiitollinen, hän vastaa.

- Kun otetaan huomioon valtionavustukset tien rakentamiseen, ja vaikutus puutavaran kantohintaan, uskon että nettokustannus maanomistajalle jää hyvin pieneksi. Voin selvittää hankkeen toteutuskelpoisuuden. Laitetaan sitten nämä hakkuu- ja hoitotyöt ajan tasalle, lupaan.

Asiaa lähti Metsäkeskuksen puolelta viemään eteenpäin Veijo Nivala ja seuraavana keväänä hankikelien aikaan hiihtelimme tielinjauksen ja arvioimme hakattavan puuston. Näimme niemessä talvehtimassa useiden kymmenien hirvien lauman, jotka olivat hakanneet suotaimikot piloille. Osa oli katkottu kaulalla vasoille, ja lyhyistä taimista oli syöty vihreät neulaset. Mikä pahinta, aikanaan selvisi, ettei luonnontaimikoiden tuhoja korvaa mikään. Näin ojitus meni suurelta osin hukkaan. Tie kuitenkin tehtiin seuraavan vuoden aikana ja tulevina vuosina teimme suunnittelemamme hakkuut.

Kaksi suosaareketta, joilla oli vajaatuottoinen puusto, uudistettiin kulottamalla ja kylvämällä. Kulotustyössä toteuttajana meillä oli Kuusamon Ammatillisen Kurssikeskuksen metsurikurssi, joita veti edelleen opettajakaverini Jouni Suopanki. Toinen saareke oli korkeahko kumpare ja hieman tyhmänrohkeasti sytytimme tulen saarekkeen reunoilta olettaen, että tuli sammuu kumpareen laelle turvallisesti. Kun palamaton saareke alkoi pienenemään, tuli synnytti valtavan imun ylöspäin. Tuuli oli myrskyluokkaa ja oli vaikeuksia pysyä paikoillaan tuulen voiman vuoksi. Jopa metrisiä latvuskarttuja nousi ilmanvirran mukana kymmenien metrien korkeuteen ja ne tippuivat neljän-viidenkymmenen metrin päähän. Sieltä niitä sitten kierreltiin sammuttelemassa.

Seuraavalla viikolla kiireisen metsänviljelypäivän kierroksella olin tulossa Ponselin tien päästä Kärpänkylän tielle päin. Silloin autona oli Passat, jossa oli radioantenni kuskin puolella etulokasuojaan kiinnitettynä. Tien varret olivat vesoittuneet aivan tien reunaan saakka. Iltapäivän aurinko porotti etuvasemmalta. Ajelen noin 80 kilometrin tuntivauhtia, kun kymmenen metrin päässä työntyy hirven etupää tielle vesakosta. En ehdi tehdä mitään.

Huomaan, että radioantenni iskeytyy hirven turpaan, ja hirvi nostaa rajusti päänsä ylös auton sujahtaessa hirven pään alitse eteenpäin. Paniikkijarrutuksella pysäytän auton. Polvet tärisevät, pumppu hakkaa ja tasaan ajatuksiani varttitunnin. Jos auton antenni ei olisi ollut edessä, olisi hirven pää tullut tuulilasin läpi suoraan minua päin. Taisi olla enemmän hyvää tuuria kuin taitoa tästä tilanteesta selviäminen. Muutama viikko meni sitten vähän varovaisemmin liikenteessä.

Raimo Palosaaren kanssa puutavaran kuljetus tehtaille ja sahoille on sujunut vuosikymmeniä luotettavasti aikataulujen mukaan. Hänen työtä jatketaan jo kolmannessa polvessa Metsäliitolle.

Vuotungin Laajalehdon siemenpuut olivat ylisuuria jo 1950-luvulla. 1980-luvulla niistä tehtiin järeää huvilahirttä Saksan vuoristoon. Kuormassa 91 tukkia, yhteensä 80 kiintokuutiometriä. Silloin ei ylikuormia usein mitattu. Tukit sahattiin pelkoiksi Martti Määttälän sahalla Taivalkoskella, ja veistettiin Parkanossa seinähirsiksi.

Tukin mitat ja laadut määriteltiin tienvarsivarastolla lavereissa. Kuitupuun kehysmitta todettiin mittaamalla pinon pituus ja korkeus 2 tai 3 metrin välein molemmin puolin pinoa. Pölkyn keskipituus mitattiin pinon päältä esimerkiksi joka viides pölkky mitaten. Kiintokuutiometrimäärä selvitettiin määrittelemällä ladontaluokka, pölkyn keskiläpimitta, oksaisuus ja mutkaisuus, jolloin saatiin kiintokuutioprosentti, jolla kehysmitta kerrottiin kiintokuutiotilavuuden selvittämiseksi.

Metsätalous siirtyy uuteen aikakauteen

Kun haluan saada isännät puolelleni, kerron asioista, mistä ja ennen kaikkea miten he haluavat ne asiat kuulla. Niitten lomassa syötän sitten haluamani muutokset, joita toivoin heidän toimintaansa syntyvän. Yleensä taktiikka toimi, mutta tuli parikin tilaisuutta, joiden tuloksiin en ollut tyytyväinen. Silloin päätin katsoa, kuinka paljon korvapuusteja metsänomistajat sietävät kerralla:

Paljas maa on kuin piironginlaatikossa lötköttävä raha. Se on siellä, ja se on minun. Se ei tuota mitään, mutta on siellä pahan päivän varalta käytettäväksi. Näin mietiskelijän sivusta katsomana molempien, niin maan kuin rahankin kohtalo on lohduton. Raha odottaa käyttäjäänsä. Maa on valmis vastaanottamaan uuden kasvun siemenen, idättämään sen ja ruokkimaan vedellä ja ravinteilla suureksi kasviksi.

Sonnisaaren hakkuualue Kiitämäjärvellä, palokujat ovat valmiina ja Jouni Suopanki antaa oikealla ohjeita kulotustyön suorittamiseen. Vasemmalla ovat etumieheni Ismo Määttä ja Unto Luukkonen. Oikealla valvon sytytystä.

Onnistuneen kulotuksen myötä ”kuntta” (sammalkerros) on palanut ja kannokko on noussut esiin. Seuraavaksi kuokkamies tulee istuttamaan taimet. Kosteimmilla paikoilla kulotus ei riitä, vaan vaatii lisäksi koneellisen maanmuokkauksen.

Hyödyntämätön omaisuus on kuin piironginlaatikossa lojuva raha. Se vaatii toimenpiteitä omistajaltaan. On tehtävä sijoituspäätös; kenen käyttöön raha annetaan ja millä korolla. Vai paneeko itse rahan poikimaan tuotannossa. Ensin pohdiskellaan, kartoitetaan vaihtoehtoja - ja sitten räväkästi toimeksi. Tietoa on helposti saatavissa ja tuotto liikkuu 5-20 % tuntumissa. Mutta ilman omistajansa hellää huolenpitoa ei omaisuus kartu, eikä hyödytä ketään.

Hypätäänpä koillismaalaisen lippalakkimiehen aivoituksia tarkastelemaan. Mitä tuumii hän omaisuutensa hoidosta, ja miten hän toimii? Hän sai vasta muutama vuosikymmen sitten maat nimiinsä ja silloin loppui naapuripitäjien savotoilla kulkeminen. Saatiin aloittaa omien metsien myynti ja tulojen täydennys sieltä. Viisaimmat hakkasivat talvet naapurien metsissä ja säästivät omansa. Silti taisivat tulot olla lähes samat.

Elämä oli kitkuttelua päivästä toiseen, aivan kuten pakkaskelillä reen veto. Toimeentulo vaati lähes ylivoimaisia ruumiillisia ponnistuksia. Kesät menivät karjan evästä touhutessa ja kotitanhuvia laitellessa, ja talvet savotoissa. Kun savotat sitten aikanaan siirtyivät yhtiöiden ammattimiehille, loppuivat isänniltä sivutulot ja leimikot suurenivat. Siitä seurasi hoitotöiden siirtyminen vieraille ja kiinnostuksen lopahtaminen metsäomaisuuden hoitoon.

Aiempien sukupolvien metsäluonnon lukutaito lähes katosi, ja tilalle tuli usko teknologian ja koneiden voimaan. Tuntuma syihin ja seurauksiin heikkeni ja siitä johtuu, että meillä ei osata laittaa metsämaata tuottamaan. Ei uskota, että maa metsässä vaatii samalla tavalla huolenpitoa tuottaakseen kuin pellollakin. Kukapa kylväisi siemenen maahan ja pelkästään odottelisi mitä syksyllä olisi maalta korjattavana? Ei kukaan. Tehdään sen tuhannet temput lannoilla ja koneilla, jotta suuri sato varmistettaisiin. Mutta kun tämä kunnon kansalainen, tämä ikioma lippalakkimiehemme viljelee uuden metsän, niin katso kummaa, hän toimii täysin vastoin peltoviljelyssä omaksumiaan periaatteita. Hätäisesti hän ottaa siemenpussin tai taimet vastaan. Paljasjuuritaimet hän viskaa lähimpään vesilorakkoon muka valeistutukseen. Kiikuttaa ne hätäisesti muutaman päivän tai viikon kuluttua metsään, jos muistaa. Iskee vihan vimmassa puolentoista tuhatta tainta mullan sisään päivässä ja ihmettelee, miksi ne eivät lähde kasvamaan!

Mikä pirulainen tätä tunnollista koillisen miestä vaivaa? Hän tietää temput millä maa saadaan tuottaman. Mutta hän ei jostain syystä osaa tai jaksa soveltaa maalaisjärkeä metsään. Metsämaan tuoton varmistamisen eteen hän ei ole valmis hikoilemaan. Vuosisatojen kasvun hän korjaa niin nopeasti kuin laki ja häveliäisyys sallivat. Siitä eteenpäin hän antaa asiat vieraiden hoidettavaksi. Mutta ei sen pidemmälle kuin pakolliset toimet. Tekee, tai teettää vähimmän lain vaatiman metsityksen ja jättää loput herran haltuun.

Tämä mallikelpoisena pitämämme kansalainen pesee hienon autonsa aina kun vähän rapaa on roiskahtanut sen hohtaville kyljille. Käsi viistää puhdasta konepeltiä, ikään kuin hevosvoimia hyväillen. Jopa talonsakin hän maalaa määrävuosin, samoin kunnostaen pintaremontein sisätilat. Luo talvisin lumet kauniiksi muodostelmiksi pihan molemmin puolin. Juoksee tai hiihtää 2 -3 kertaa viikossa itsensä väsyksiin, koska muutkin tekevät niin.

Lieneekö niin, että tämä ystävämme onkin laumasielu, joka menee sinne minne muutkin ja tekee juuri kuten mainoksissa käsketään. Eikä sitten muuta. Kun kukaan ei käske hoitamaan sitä puujalkaa, josta hän on vaurautensa ammentanut. Niin ei tämä poloinen osaa omilla aivoillaan lastensa hyväksi mitään tehdä. Sillä totisesti niin on, ettei hän itse niitä kasvattamiaan puuhedelmiä nauttisi, vaan lapsensa ja lastensa lapset ne hyödykseen käyttäisivät.

Muljahtaapa mieleeni ajatus, että hän, vaatimattomista oloista sodan jälkeen lähtenyt ja nyt paljoon tottunut onkin pelkästään kademielinen. Jos hän ajatteleekin, että te riivatut, joka käänteessä isäänne vastaan kääntyvät kakarat ette minun kasvattamiani hedelmiä nautiskele! Kasvakoot mitä kasvaa, mutta minähän en sen eteen hikoile. Kukin tienatkoon roponsa!

Silloin hän unohtaa itse tehneensä sen pahimman perisynnin. Hän itse on ehkä käyttänyt kokonaan sen karun pohjoisen maan antaman peruspääoman uhraamatta ajatustakaan jatkuvuudelle. Hän on tässä voimakkaan kehityksen oravanpyörässä unohtanut elämän perusasiat. Hän on luottanut kovaan suureen tekniikkaan ja sen voittoon luonnosta. Hän ei muista, että näillä selkosilla elävän on aina oltava sulassa sovussa luonnon kanssa. Muutoin karu luonto opettaa kovalla kädellä.

Meidän tulisi luonnon kanssa pelatessamme olla ja toimia kuten kunnon koroilla eläjä. Pääomaan ei kosketa ja koroistakin saa käyttää elämiseen vain inflaation ylittävän osan. Silloin tuottavan pääoman arvo säilyy ennallaan. Metsässä periaate tarkoittaa tämän päivän lakien mukaan yksinkertaistettuna seuraavaa: Kun on sata hehtaaria metsää, sen saa uudistaa 150 vuodessa. Aukkoa saa tehdä puolisen hehtaaria vuodessa.

Mikäli kasvatus vaatii harventamista, sieltä tulee tuloja, mutta muuhun ei kosketa. Metsänviljelyt ja taimikonhoidot on tehtävä ajallaan ja kunnolla. Näin omaisuuden reaaliarvo säilyy ajan puristuksessa. Ja mikä parasta, maha ei kasva tuppivyön päälle, kun teemme kaikki työt itse.

Tuntuuko oudolta? Tuohon toimintatapaan siirtyminen vie kymmeniä vuosia. Ensin on saatava ammattimiehet tajuamaan nykymenon seuraukset. Sitten on rakennettava esimerkkejä ympäri pitäjää ja sitä kautta uuden metsällisen elämäntavan läpiajo kaikkien maanomistajien korvien väliin. Tällä välin lippalakkimiehemme sairastaa monta pahaa krapulan päivää. Ohi ovat helppojen metsärahojen päivät. Nyt jokainen markka on tienattava hiellä. Ja niistäkin on puolet sijoitettava takaisin metsään. Muistammehan inflaation ja tuottovaatimuksen.

Maanomistus ei todellakaan näytä ruusuiselta sohva-video -akselilta katsottuna. Mutta jospa hän ottaisikin sen elämäntapana. Tarkastelisi kokonaisuutta pururadan vaihtoehtona ja ottaisi monipuolisen kuntoilun metsästä. Hakkaa ja hoitaa metsänsä itse, kerää marjat ja sienet perheensä kanssa. Nauttii kättensä töistä, antaen näin toimien myös lapsilleen paljon arvokkaamman henkisen ja aineellisen perinnön.

Edellinen, kelpo tovin kestänyt synkähkö yksinpuhelu poiki vähän yllättävällä tavalla toimintaa. Naiset tulivat kiittämään ja aikoivat laittaa ukkojensa kinttuihin vauhtia. Lopputulos oli siis sittenkin toivottuun toimintaan kannustavaa, vaikka hiukkasen pelkäsin pienen protestiaallon nousua.

Luonnonsuojelun näkökulmia. Metsäalue oli elänyt hiljaiseloa viimeiset 90 vuotta tukkiharsintahakkuun jälkeen. Sen kehitys kulki luonnonjärjestyksen mukaisesti: vahvempi tuhosi heikomman ja lahottajasienet ja bakteerit hoitivat maahan sortuneen luonnon kiertokulkuun.

Tuli aika, jolloin opiskelijat eivät saaneet harjoittelutöitä tarpeeksi. Keksittiin, että heitä voidaan käyttää tutkijoiden apulaisina tiedonkeruussa. Näin luotiin verkosto, joka kahlasi tämänkin alueen läpi, tavallaan... Oli heinäkuun lämmin päivä, kun pojat saapuivat alueelle. Tultuaan kuusikkovaltaisen korpialueen läpi mäntykankaalle he laskeutuivat pienen salojärven rantaan. Kävivät uimassa ja perustivat leirin niemen kärkeen.

Tämän jälkeen kaivettiin esiin rauhoitettujen kasvien luettelo ja alettiin sijoittelemaan sopivimpia yksilöitä alueelle. - Kyllä meillä on perusteet 1500 hehtaarin suojelulle, he totesivat, kuten tunnolliset opiskelijat ovat kautta aikain tehneet. Vain piirros kartalle ja viikon työt oli tehty. Lomailu voi alkaa.

Tutkijat koostivat aineiston ja lähettivät esimiehilleen ja he taas edelleen. Lopuksi valtioneuvosto teki tieteellisesti tutkitun aineiston perusteella Soidensuojelun perusohjelman mukaisen suojelupäätöksen. Tämä päätös tuli sitten jälkikäteen metsänhoitoyhdistykselle postissa.

Metsänomistaja tilasi aikanaan leimaajan, joka erotti alueen heikkotuottoisimmalta kankaalta 15 hehtaaria uudistushakattavaksi. Suunnitelma lähetettiin hyväksyttäväksi metsälautakuntaan. Silloin taivas repesi. Paperit palautettiin saatteella: "Alue suojeltu valtioneuvoston päätöksellä numero se ja se, saa hakata vain Lääninhallituksen lausunnon jälkeen."

Isäntä tilasi koneet töihin välittömästi. Tieto kulkeutui viranomaisille. Seurauksena toimenpidekielto. Hakkuut keskeytettiin. Jouduin lääninhallituksen tarkastajan oppaaksi alueen tarkastukseen. Koko suojelluksi merkitty alue käsitti 450 hehtaaria, josta suota oli vain 10 -20 %. Tutkimme aluetta kävellen pitkän päivän etsien luetteloon merkittyjä kasveja. Sanoin jo liikkeelle lähtiessämme, että tiedän alle 5 hehtaarin alueen, joka on suota ja jolla on näitä kasveja, mutta muualta me niitä tuskin löydämme. Mutta, kun oli jo syksy, emme niitäkään löytäneet. Viisaat miehet ympäristöministeriössä päättivät, että alue tarkastetaan keväällä. Isäntä kysyi, että millä maksan lainani pois? Ei ole meidän ongelma, virkamiehet sanoivat. Vuosi vaihtui, lainat hoidettiin. Alueelta oli löytynyt maailman markkinoille tarvittava määrä puuta. Keväällä soppa alkoi kuplia...

Yliopistolla tapahtuma sai uudet mittasuhteet. Kesätöitä piti saada. Taululla pyydettiin vapaaehtoisia ilmoittautumaan järjestötehtäviin ainutlaatuisen luonnon puolesta. Kulut korvataan, kunhan toimitaan järjestön päämäärien hyväksi. Siispä kerättiin bussi täyteen, ja lähdettiin kehittelemään näyttävää mediatapahtumaa.

Pahaa aavistamaton isäntä karsi hakatun alueen jätepuita polttopuiksi ja monitoimikone teki parin hehtaarin kesälohkoa, kun alue vallattiin. Isännän piiritti kymmenen nuorta ja moton kimppuun kävi hieman enemmän lakanoita kantavia nuoria. Videokamerat surisivat ja kuvaa syntyi. "Uutiset" toimitettiin lehdille ja television uutispätkä löysi lähetysaikansa.

Suojelurikos oli tiedostettu. Lausuntoja annettiin, hakkuut kiellettiin. Sitten joku keksi vetää kansainväliset suojelujärjestöt nimenä mukaan. Piti saada laajuutta, näyttävyyttä. Ja tietenkin piti saada talveksi tarinoita yliopistolle kerrottavaksi. Aikanaan kansainvälisen järjestön edustaja havaitsi tapahtuman ja lähetti alueen yrityksille pankkisiirtolomakkeet, jolla he voisivat päästä irti kiistasta. Se olisi todella halpaa ja ajan hengen mukaista kuvaa yrityksestä antava teko, kun maksaisi muutaman tuhatlappusen tilille. Kesä eteni ja alue tutkittiin. Olihan se rehevää kasvustoa, kuten seutukunnan kalkkikivialueen metsät yleensäkin. Mutta jos tämä suojeltaisiin, pitäisi suojella lähes kaikki muutkin alueet. Sitten keksittiin, että pitää suojella 10 % kaikista metsistä! Joten kun on suojeltu 2 % koko maassa, niin suojelun kirjoihin mahtuu vielä.

Lopulta alueelta suojeltiin aikanaan se 5 hehtaaria, jonka olin jo ensimmäisellä maastokäynnillä tarkastajalle osoittanut, loput 445 hehtaaria vapautettiin metsätalouskäyttöön. Hiljalleen asia haudattiin viranomaisten puolella. Ei annettu julkilausumia, ei myönnetty virheitä tehdyn, eikä muistettu mistä kaikki sai alkunsa. Kukaan ei ollut vastuussa tapahtuneesta, kun isäntä joutui suurempien voimien kynnysmatoksi. Mitenpä ne opiskelijapojat olisivat tulevan arvanneet. Ja tutkijathan käsittelevät vain saamaansa aineistoa.

Syyskuun toisena päivänä 1982 kaatoi Mauri-myrsky Pohjois-Suomessa noin 3 miljoonaa kuutiometriä puuta. Suurimmat tuhot tulivat Perämeren pohjukasta Rovaniemen suuntaan. Kuusamossa tuhot olivat enemmän paikallisia.

Olin Vuotungissa leimikon teossa, kun metsässä alkoi tuulen voimistuessa kaatumaan yksittäisiä puita. Päätin lähteä pois, koska kaatuvia puita ei pysty ennakoimaan ja pelko oli myös tien tukkeutumisesta myrskyn vuoksi. Tullessani Saapunkijärven pään mutkaan kova tuulenpuuska iski Saab 99:n kylkeen ja siirsi autoa lähes leveytensä verran sivuun. Tunne oli samanlainen, kuin vesiliirtoon joutuessa. Silloin voi vain odottaa mihin joudutaan. Turhia ohjausliikkeitä tekemättä pystyin jatkamaan matkaani, kun renkaiden pito tiehen löytyi.

Löimme kättä päälle karhun kanssa. Syyskuu oli vielä pehmeän lämmin. Lähdin Katosvaaran tienpäästä vajaan kilometrin päässä olevalle palstalle leimikontekoon. Alue oli 1970-luvulla siemenpulan vuoksi hakattu kaistalehakkuulla. Hakatut alueet oli aurattu ja taimettuneet kohtalaisesti. Lähdin merkkaamaan metsäkaistaleita kirvespilkoituksella samalla puustoa arvioiden. Huomasin varisten seuraavan minua sadan-parinsadan metrin päässä. Jäin katsomaan tulosuuntaan. Jälkiäni seurasi keskikokoinen karhu. Se nousi jokaisen pilkotetun puun kohdalla pystyyn ja haisteli tarkasti pilkan kohdan ihmetellen varmaan, että mitä tuo ukko puista hakee. Tuumin rauhallisesti ääneen karhulle, että jos nyt tänään annat minun tehdä työni rauhassa, lupaan että saatte puolestani kulkea täällä selkosilla häiritsemättä. Tätä jatkui koko päivän. Aina kun jäin odottamaan, karhu pysähtyi vajaan sadan metrin päähän. Juttelin sille tasaisella rauhallisella äänellä. Iltapäivällä palatessani autolle, karhu tuli noin 50 metrin päähän autosta ja aikansa katseltuaan kääntyi metsään. Omalta puoleltani olen sopimuksen pitänyt ja kaikki näkemäni 15 karhua ovat noudattaneet sopimustamme.

Vuonna 1982 säädettiin määräaikainen laki Lapin vajaatuottoisten metsien kunnostamisesta Lapin läänissä ja Kuusamon kunnassa. Se mahdollisti aiemmasta metsien käsittelystä johtuvien, vajaapuustoisten ja huonokasvuisten alueiden kunnostamisen valtion varoilla. Lain tavoitteeksi asetettiin alueellisen suunnittelun toteuttaminen ja sen pohjalta vajaatuottoisten alueiden metsittämisen edistäminen. Lain mukaan kaikki kustannukset maksetaan verovapaana avustuksena valtion varoista. Maanomistajalle jää 20 vuoden hoitovelvollisuus. Lisäksi ehtona oli, ettei vajaatuottoisuus saa johtua yksityismetsälain vastaisesta hakkuusta. Varoja ohjattiin alueellisen suunnittelun avulla puuntuotannon kannalta edullisimpiin kohteisiin. Näissä metsiköissä oli lukuisten harsintahakkuiden jälkeen puustoa 20 -60 kuutiometriä hehtaarilla, joka usein oli edellisestä hakkuusta jäänyttä, 100-250 -vuotiasta alikasvoskuusikkoa. Se ei liioin koskaan olisi kasvanut tukkipuun mittoihin. Myyntituloa tällaisesta puustosta kertyi suurin piirtein viljelykustannusten verran, joten oli ymmärrettävää, etteivät metsänomistajat mielellään näitä metsiään myyneet. Lapin lain voimaantulon jälkeen osunut pitkä korkeasuhdannekausi mahdollisti kuitenkin puuston myynnin hyvään hintaan, ja alueiden kunnostamisen edullisesti. Korkeilla vaara-alueilla heikosti onnistuneiden männynviljelyjen täydentäminen ja/tai uusiminen kuusentaimilla saatiin myös käyntiin vuonna 1985.

Vajaatuottoisten alueiden metsittämisessä oli kesäisin päätyönä metsänviljelytyön opastaminen sadoille istuttajille. Kirjoittaja opastaa taimivakan täyttöä. Ohje oli: jos istutat erittäin hyvin ohjeen mukaan, saat reilun taksan, hyvästä työstä tulee normaali taksa, huonon työn joudut korjaamaan ja hylätyn työn jälkeen joudut korvaamaan taimet isännälle. Ja kuusen taimet istutetaan aina palteeseen! Jätkänpolulla "roustanne" (lämpötilan vaihtelu vuorokauden aikana -10 - +5 asteeseen) murjoo taimen juuret vuosittain. Näillä evästyksillä hommat toimivat hyvin.

Lapin lain tulkintaa käytännössä

Vajaatuottoiset alueet olivat syntyneet edellisen sadan vuoden aikana sahapuiden harsintahakkuiden myötä. Tukkihakkuut kohdistuivat järeimpiin puihin. Porokasket valittiin metsän naavaisuuden perusteella. Polttopuuna poltettiin 120 -150 pinokuutiometriä vuodessa taloa kohden, osin porokaskilta karsittua puuta, osin lehtimetsästä karsittua runkopuuta. Honkia ajettiin keväthangilla kilometrien päästä.

Toisen maailmansodan aikana hävitetyille asuinsijoille palattiin evakosta 1945. Jälleenrakennustoimintaan metsistä jouduttiin edelleen hakkaamaan seinähirsi ja sahauskelpoista puuta. Maanviljely ja karjanhoito nousivat ensimmäisinä vuosina sodan jälkeen uuteen kukoistukseen. Soita kuivattiin ja korpia raivattiin. Elinkeino muuttui rajusti laaja-alaisesta selkostalonpojan elämästä maanviljelystalouteen. Metsiin syntyi pienialaisia "ladonhirsi"-jätemetsiä, joista parhaat puut oli poistettu rakennustarpeiksi. 1950-luvun lopulla isojako saatettiin loppuun. Kun jakokunnan jako valmistui, alkoivat ensimmäiset isännät myymään metsiään. Siihen saakka tarvepuut otettiin sieltä mistä ne helpoimmin sai. Tällä vuosikymmenellä saatiin Hännisen kylästä tieyhteys Kärpänkylän tielle Säynäjään. Siihen saakka matkattiin kesäisin veneellä Kiitämäjärven selkää ja talvella jäitä pitkin.

Samaan aikaan käytiin Kuusamon koskisodat. Kun tilat oli erotettu ja jakokunnan maa-alueet eivät riittäneet kaikille manttaalinmukaiseen pinta-alaan, annettiin valtion maista manttaalinkorotuksena lisämaita. Metsänviljely oli Kuusamossa aloitettu 1956. Hakatut alueet laikutettiin kuokalla ja istutettiin kankimenetelmällä kolmevuotisilla männyntaimilla vuonna 1959. Voimakas kannustin työn tekemiselle oli se, että Metsänhoitolautakunta pidätti viljelyä varten noin kolmasosan puun myynnistä saaduista varoista. Näinä vuosina savotointi antoi talvisaikaan huomattavat lisäansiot ja omista metsistä ei polttopuiden lisäksi hakattu juurikaan muuta.

Hännilän tilalle lisämaat tulivat 25 kilometriä tilalta pohjoiseen sijaitsevaan Kuntivaaraan, jonne maanteitse oli matkaa 50 kilometriä. Lisämaat sijoittuivat kauas sen vuoksi, koska jakokuntien maat eivät lähialueilla riittäneet manttaalinmukaiseen pinta-alaan. Heti jaon tultua voimaan vuonna 1958 alkoi tilipuiden hakkuu, jolla tasattiin tilojen puustoa. Tilalla hakattiin tilipuina Valtiolle tuloutettavaksi 8 hehtaarin avohakkuu ja omaan myyntiin meni 10 hehtaaria. Sahatukit myytiin noin 10 kilometrin päässä toimineelle Vuotungin sahalle. Pinotavara myytiin puolipuhtaaksi kuorittuna Kemi Oy:lle suurin piirtein työpalkkojen hinnalla.

Eero Hänninen tuli isännäksi vuonna 1962. Seuraavina vuosina toteutettiin vanhojen niittyjen, korpien ja soiden laajamittainen metsäojitus keskusmetsälautakunta Tapion toimesta kyläläisten yhteishankkeena.

Maatalous eli vuonna 1959 perustetun Kuusamon Osuusmeijerin myötä voimakasta nousua. Vuonna 1966 uusittiin navettarakennus. Samalla ostettiin ensimmäinen traktori. Rakennuspuut hakattiin Papuvaaran palstalta ja lisäksi hankkeiden rahoitukseen myytiin yhteensä 14 hehtaarin alalta puuta omana hankintana. Maanpinta käsiteltiin konelaikkurilla, ja laikkuihin istutettiin kuokalla 3-vuotisia männyntaimia. Rahoitukseen saatiin metsänparannusavustusta. Kotitarvepuuna käytettiin vähäarvoista pienpuuta, jota karsittiin ja ajettiin syyskaudet.

1970-luvulla hakattiin Lehtolammin ahosta huhtaviljelyn jäljille 1830-luvulla syntynyt mäntyvaltainen metsä. Konelaikutus ja istutus suoritettiin osin metsänparannusvaroilla. Vuosikymmenen lopulla suoritettiin Koillis-Suomen Metsälautakunnan toimesta työllisyystyönä Papuvaarasta vuonna 1965 hakatulle alueelle syntyneen taimikon perkaus ja harvennus. Maanomistaja suoritti oman 20 prosentin osuuden työnä.

Lapin lain tultua voimaan lähdimme yhdessä metsänomistajan kanssa karttojen ääressä kartoittamaan tilan metsien ja taimikoiden kuntoa. Tuolloin ei tilalla ollut vielä metsätaloussuunnitelmaa. Tarkempi tarkastelu tehtiin maastossa. Lain sovellutuksen piiriin kuuluvia töitä löytyikin merkittävästi. Kuntivaaran alueella todettiin tilipuuhakkuualueen 8 hehtaarin alalla metsitys epäonnistuneeksi. Alueet aurattiin ja istutettiin kuusentaimilla. Metsänomistaja vastasi istutustyöstä. 1986 jatkettiin vajaatuottoisten alueiden uudistamista Palomäenlehdossa 8 hehtaarin alalla, sekin oli vanha huhta-alue. Maanpinta käsiteltiin lautasäkeellä. Maivajoen pohjoispuolen vanhat niittysaarekkeet 6 ha uudistettiin 1988. Ne olivat olleet kautta aikojen polttopuun hakkuupaikkoja. Maanmuokkaus suoritettiin 1991 metsänviljelyauralla ja kaivurilla tehtiin ojitusmätästys soistuneille alueille. Samalla perattiin ja harvennettiin Palomäenlehdon vuonna 1975 kylvetty hyvä männyntaimikko, johon työhön saatiin 70 % metsänparannusavustus.

1990 tilan tuotantosuunta muuttui, lypsykarjan pito lopetettiin ja päähuomio maatilalla kohdistettiin metsätalouteen ja taksiyritykseen.

Hännilän tilalla, kuten kaikilla Kuusamon vanhoilla kylillä on Lapin lain merkitys ollut hyvin suuri. Olisi ollut kohtuutonta edellyttää aikanaan olosuhteiden pakosta vajaatuottoiseen tilaan saatettujen metsien kunnostamista nykyisten maanomistajien varoin. Valtiovallan kädenojennus on otettu erittäin myönteisesti vastaan ja rahoitusta on käytetty esimerkkitilan mukaisesti hyvin tehokkaasti. Metsänomistajien valmius suostua laajamittaisiin metsänviljelyihin on ymmärrettävä arvokkaana luottamuksen osoituksena suomalaista metsänhoitoperinnettä kohtaan, joka täälläkin ongelma-alueilla on monien kokeilujen jälkeen saavuttanut merkittäviä tuloksia metsänuudistamisen alalla.

Tupaillan tuomaa tuskaa

Metsänviljelytoiminnan käynnistäminen vajaatuottoisilla alueilla vaati lukemattomia koulutustilaisuuksia. Ne toteutettiin sivukylillä pidetyillä tupailloilla. Siellä kerrottiin uudesta mahdollisuudesta ja kaikista muistakin muutoksista, joita metsätalouden säädöksiin oli tehty. Usein teimme yhteistyötä myös maatalouden neuvontajärjestöjen kanssa. Sillä tavalla saimme osanottajamääriä kasvatettua. Olihan se myös isäntien ja emäntien kannalta tehokkaampaa. Samalla kustannukset saatiin jaettua useammalle toimijalle.

Illanistujaiset olivat menneet hyvässä seurassa ja ”vähillä juomilla”. Siitä huolimatta seurustelu oli jatkunut puolille öin. Oli tarinoitu kaikenlaista maahan ja metsään liittyvää, politiikan alueellekin olivat muutamat aiheet edenneet. Illan aikana esiin tulleet uudenlaiset ajatukset ja tiedot risteilivät aamulla sekavana vyyhtenä aivoissa, eikä yksittäisen aiheen pohdiskelu onnistunut. Menen seuraavana päivänä luovuttamaan valmistuneen metsätaloussuunnitelman Ritvan perintömetsäpalstalta. Alamme käymään paperia läpi emännän kanssa keittiön pöydän ääressä.

- Taitaa naapurin Kaukolla olla sama ongelma, kun astelee päiväkahvin toivossa pihaan, tuumii Kari pirtin pöydän luota keittiössä askartelevalle emännälleen Ritvalle.

- Vieläkö niitä ratkaisemattomia asioita olisi eilisen illan jälkeen jäänyt, emäntä aprikoi enemmän itsekseen pyyhkiessään ruoantähteitä aamuruokailun jäljiltä.

Porstuasta kuuluu kenkien kopinaa ja Kauko astuu pirtin puolelle toivotellen hyvät päivät, istuu keinutuoliin iskien karvahatun polven päälle ja ähkäisten ajatuksiaan kahlinneen tulpan hengityksensä mukana ulos ja aloittaa:

- Tulihan sitä illalla vähän mietittävää, se kun alkoi tämä lama-ajan touhu jo tuntumaan, etten sanoisi helpommalta, kun ei tarvitse niin mahdottomasti hosua joka paikkaan. Kuitenkin nyt tuntuu, että illalliset puheet jäivät vähän kaivelemaan.

- Mikähän tuo niin hyvin maaliinsa osui, Kari kysyy, tuntien samalla suurta tyytyväisyyttä naapurin isännän tehtyä aloitteen keskustelulle, sillä illalliset puheet olivat hänenkin ajatuksiaan jääneet vaivaamaan.

- Sekin kun se Osuusmeijerin mies kertoi, että se on meistä maidontuottajista kiinni, kuinka kauan meijeri Kuusamossa toimii. Tuotettava maitomäärä ratkaisee kuinka käy. Kova kato on käynyt maidonlähettäjien parissa. Kymmenkunta vuotta sitten oli meitä Kuusamossa tuhannen kappaletta, mutta nyt enää hieman yli kaksisataa, Kauko sanoo.

- Onhan tässä monet yritykset tehty valtiovallan taholta maatalouden lopettamiseksi pohjoisessa, milloin mitäkin lehmäntapporahaa ja pellonmetsityspalkkiota, Kari jatkaa.

- Nyt jos saataisiin ne käyttämättömät maidontuotantokiintiöt vapaasti jaettavaksi semmoisille tiloille, jotka näitä tarvitsevat, korjautuisi monen nuoren isännän pattitilanne velkojen kanssa. Ja sen puoleen järkevällä tavalla, ettei kukaan olisi sanottavammin kärsivänä osapuolena tässä uusjaossa, Kauko muistelee Väänäsen Pentin esitelmästä eilisiltana.

- Tuo toive meni jo politiikan puolelle ja ne eivät siellä taida pystyä päättämään noinkaan selvää asiaa, puhumattakaan muusta, Kari tuumii. Politiikoilla kun on tullut tavaksi haudata asiat lisäselvitystä varten komiteoihin ja yleensä sillä välin on tilanne niin paljon elävässä elämässä muuttunut, että päätös on jo vanhentunut.

- Kyllä minulle jäi semmoinen kuva, että meijerin miehet ja naiset ovat osanneet hoitaa asiansa sikäli hyvin, että on melkoisen vaikeaa panna meijerin ovia kiinni, jos isännät ovat yksituumaisesti kaikissa toimissaan asian takana, Kauko toteaa.

- Sanoiko se Kalle, että taimikonhoidossa saa työn tehdä ilman ennakkosuunnitelmaa ja siitä huolimatta saa 70 % avustusta kustannusarviosta, Kauko kysyy.

- Niin se taisi kertoa. Uutena asiana oli se nuorten metsien kunnostusavustus, joka oli yhtä suuri kuin taimikonhoidossa. Siitähän tosin tarkemmat ohjeet vielä kuuluvat puuttuvan, Kari kertoo.

- Sanoihan se senkin, että puuntuotannon lisäksi kiinnitetään huomiota myös maisemanhoitoon ja ympäristön viihtyisyyteen. Sanoit paikallisen kansanedustajan kertoneen, että EY-sopimus voisi tuoda maisemanhoitoon EY-markkoja kymmeniä miljoonia. Sittenpähän pitäisi nämä Suiningin ranta-alueetkin laittaa edustuskelpoiseen kuntoon, kun asialle maksajan saisi.

- Olisihan se maisemallinen kuntoon laitto mahdollista jo nytkin nuorten metsien osalta, Kauko muistelee.

- Se oli kyllä nolo homma, kun uusi lämpö- ja sähkölaitos siellä kirkonkylällä ei käytä pienpuusta tehtyä haketta, vaan keskittyy polttamaan vain Vapon turvetta ja sahanpurua. Vaikka eihän siitä kuulu muutenkaan jäävän kantorahaa pienpuulle, mutta työpaikat, ne olisivat kullanarvoisia tähän aikaan, Kauko tuumailee edelleen.

- Olihan se muuten isolta tuntuva summa, minkä Metsänhoitoyhdistys oli hoitanut isäntien puolesta niitä taimikkovähennyksiä ja verovapauksia. Eikö se ollut viiden miljoonan markan luokkaa? Kari muistelee.

- Kalle kertoi myös, että oliko se vuosien 1976-85 välillä viljellyistä taimikoista osa ei ole vielä saanut kyseistä taimikkovähennystä eikä verovapautta. Joko muuten tarkistit omat taimikkosi? Kari kysyy.

- Tietenkin, ja Vaaran taimikko oli saanut verovapauden täydennysviljelyn yhteydessä vuonna 1991, Kauko vastaa. - Mitenkähän sitä osaisi valita näiden verojärjestelmien välillä. Siinä pinta-alaverotuksessa tuntui tulevan lähivuosina 20 -25 % nousu veroluokituksen ja valtakunnan metsien kahdeksannen inventoinnin myötä.

- Mutta toisaalta siellä oli paljon sellaisia metsänhoidosta johtuvia vähennyksiä. Taimikko sai perustettaessa verovapauden ja lisäksi kertaluonteisen verovähennyksen, oli nuorten metsien ensiharvennusvähennys ja tie- ja ojitusmenoissa poistot saa tehdä 15 % menojäännöspoistoina, Kauko miettii kuulemaansa.

- Hyvin olet läksysi lukenut, kun noin paljon muistat, Kari tunnustaa. Taisit jo lukea sen Kallen jakaman MTK:n veroaapisen, jossa näytti olevan kaikki verouudistukseen liittyvät asiat lyhyesti. Sen verran aamulla postin luvun jälkeen sitä selailin. Minulle tuli semmoinen ajatus, että taidan teettää Metsänhoitoyhdistyksellä verovertailulaskelman, joka näyttää markalleen paljonko kummassakin järjestelmässä siirtymäkaudella on veroa maksettava.

- Joo, hyvähän se varmaan on, mutta markalleen Kalle sanoi sen pitävän paikkaansa, jos elät tarkalleen suunnitelman mukaan, Kauko heittää. - Olen tässä kyllä vähän itsekin pohtinut laskelman teettämistä sen vuoksi, ettei turhaan tarvitsisi aloittaa puunmyyntitulojen verotuksen vaatimaa muistiinpanotyötä. Se tuntui kohtuuttomalta, että tänä vuonna puukaupasta peritään 18 % ennakonpidätys, vaikka jäisi pinta-ala verojärjestelmään.

- Onhan se verottaja kuulemma luvannut palauttaa ylimääräiset markat korottomana joskus myöhemmin, mutta puukaupan ennakon määrän he eivät hevin koske, Kari toteaa. Melko mutkaiselta se järjestelmä tuntui. Sitä se nyt vielä puuttui, että emännältä on saatava käsialanäyte vahvistaman verojärjestelmän valintaa.

- Tuskinpa siinä monellakaan tosi vaikeuksia tulee, vaikka voipihan sitä ensi vuoden alussa muutamat kymmenet riitatilanteet syntyä perikuntien jäsenten, avioparien sekä yhtymänä tilan omistavien kesken. Niiden kun on yksimielisesti päätettävä verojärjestelmän valinnasta tai muuten he siirtyvät puunmyyntitulojen verotukseen, Kauko sanoo.

- Minulle jäi rivien välistä mieleen, että pojat olivat liikkeellä illalla sillä mielellä, että lamamieliala voidaan torjua vain siten, että jokainen tekee omalta osaltaan taloudellista toimintaa aktivoivan teon, Kari sanoo. - Itse ajattelin ottaa työn alle 4 hehtaarin taimikonperkauksen Huttuahosta. Rahaa siitä tuskin tulee paria tonnia enempää, mutta tuleepahan taimikko kasvukuntoon.

- Voisihan sitä Vaaran palstalla ottaa sen 6 hehtaarin taimikon työn alle, Kauko toteaa. Olisi se muuten melkoinen lamantappoteko, jos kaikki Metsänhoitoyhdistyksen koulutustilaisuuksissa ja tupailloissa tänä talvena käyneet päättäisivät tehdä samoin eli ottaa 5 hehtaarin risusavotan tänä vuonna tehtäväkseen. Viitisen sataa kertaa viisi hehtaaria on kaksi ja puolituhatta hehtaaria ja se tekee miljoona kaksisataa viisikymmentätuhatta verovapaata markkaa.

- Metsänparannusrahaa tuntui olevan jokseenkin riittävästi ja Lapin lain varojakin tarpeen mukaan, joten eiköhän omalta osaltamme hoideta ainakin tämä asia kuntoon, Kari sanoo.

Menemme pirtin puolelle ja Ritva ottaa eteisen pöydältä käteensä Metsänhoitoyhdistyksen Asutus- ja Maatilaliiton arpajaisiin lahjoittaman, pientä viikatetta muistuttavan vesakkoveitsen. Kääntelee sitä käsissään ja sanoo miehille:

- Suunnitelkaapa miten tällä vapautetaan ensi kesänä taimikot vesakon alta.

- Näytähän tänne niin katsotaan, Kauko pyytää. Saa vempaimen käteensä ja alkaa mallailemaan samanlaista työasentoa, jonka Veteläisen Tauno illalla sohvapöydän jalkaa vasten näytti. Eipähän tätä taida uskaltaa kokeilematta tuomita, mutta vesurin jälkeen vehkeen muoto on kyllä outo, Kauko aprikoi.

- Niinhän se Tauno sanoikin, että yksi kerrallaan ne vesat on sillä katkottava. Pienet alat sillä ehkä voi harventaa.

- Taitaa olla meidän ikäpolven miesten työvauhtiin jo sopivat vehje, Kari tuumii.

Aikansa kahvikupposen ääressä turistuaan miehet poistuvat omille askareilleen tuntien suurta huojennusta mielessään, sillä he olivat omalta osaltaan tehneet päätöksen, jolla olisi myönteinen vaikutus nousukauden alkamiseen.

Juurikkavaaran epäonnistuneen männynviljelyn korvaamista kuusenviljelyllä suunnitellaan tamperelaisen metsänomistajan kanssa.

Mauri Määttä ja Taisto Säkkinen Kosamo&Pyykkösen koneella työmaakäynnillä.

Rantaporeita - nelikymppisten miesten mietteitä metsätaloudesta

Tie oli kapea ja mutkainen. Se kulki synkän kuusikon läpi noustakseen kauniiseen, solakkaan ja hyvin hoidettuun männikköön. Kohta se laskeutui loivasti harjun etelärinnettä ja päättyi punaiseksi maalatun mökin kulmalle, jonka valkoiset vuorilaudat loivat ilta-auringon säteissä mökille iloisen, luokseen kutsuvan ilmeen. Mieleen tuli oman äidin tuoreiden pullien tuoksu keväisiltä linnunpesien hakumatkoilta palattaessa. Pihalla kasvoi muutamia koivuja ja mäntyjä, rannassa seisoi pieni hirsinen rakennus, jonka värit sointuivat mökin tavoin miellyttävästi maisemaan.

- Täytyy laittaa sauna lämpiämään ja heittää pari verkkoa rantasulaan, jos vaikka saisi illaksi paistinkalat, tuumailen isännällemme Simolle, joka on tarjonnut mökkinsä illanistujaisiin.

Tarinoimme toimihenkilöstä metsätilalliseksi siirtyneen miehen elämästä nykyisessä maailman myllerryksessä. Talvi oli ollut runsasluminen. Huhtikuulla maata peittivät yli metriset hanget. Savotoiden määrä oli pysytellyt vuosikymmenen matalimmalla tasolla. Eikä yksin lumen ansiosta. Puutavaran hinnat olivat romahtaneet lähes puoleen muutaman vuoden takaisista ja laatuvaatimukset olivat tiukentuneet.

- Rahaa tarvitsevien metsänomistajien laskutaito joutui kovalle koetukselle. Lähteäkö korjaamaan rahoitustarpeita metsän myynnillä vai ottaako lainaa pankista tai sitten antaa asioiden mennä entisellään? Pankkilainoista vaadittiin edelleen pitkälle toistakymmentä prosenttia korkoa, vaikka "Heliporit" olivat jo alle 10 %. Oudolta tuntui, että pankkiirien lainakorot ehtivät aina pikahissillä ylös, mutta alas tullessa luistoa ei tahdo suksiin löytyä millään. Mutta kun on muutama tonni tilillä, niin sen korko kyllä kerkeästi laskea luihauttaa montun pohjalle, aloitan pohdinnan.

- Puutavaran hinnat puolestaan olivat lyöttäytyneet pari vuotta sitten liukkaille suksille ja maata mötköttivät montun pohjalla keväisessä soselumessa, tuumii Simo.

- Pari vuotta sitten sai 10 hehtaarin metsänmyynnillä satatuhatta melko helposti, mutta nyt ostomies esitteli kärsivää naamaa näytellen, että samaisen alueen metsästä pitäisi luopua viidelläkymmenellä tuhannella markalla. Ei siinä vajaan sadan hehtaarin pinta-aloilla kovin montaa isoa hankintaa sukupolven aikana rahoitettaisi. Olisihan se helppoa, jos voisi elää välittämättä huomisesta. Rojauttaisi vain loput 30 hehtaaria auton pankoille ja antaisi huomisen murheiden hoitua tavallaan. Sellainen menettely ei tosin ollut ennenkään kuulunut tilojen tapoihin, laskeskelen ääneen.

- Tässä ei olisi mietinnän paikkaa, jos vanha isäntä olisi mennyt aikanaan tekemään semmoisen tempun. Jäljellä olisi vain taimikoiden hoitoa kymmeniä vuosia. Yksinomaan semmoista perintöä ei sentään jälkikasvulle voisi antaa, tuumii Simo.

-Lämpimästi se tuo aurinko jo paistaa, mutta kolea on vielä luoteesta puhaltava tuuli. Saunan uuni taisi syttyä, kun savu näkyy leviävän sulana aukeavan rantaveden pintaan, tuumin ja ajatukseni karkaa taas takaisin metsään.

- Vuosi sitten oli Metsälehdessä vertailu metsämarkan ostoarvosta. Traktorin ostoon tarvittiin tuolloin nelinkertainen puumäärä 1950-luvun alkuaikoihin verrattuna. Moottorisahan toki saa puolta pienemmällä puupinolla kuin 1960-luvulla, samoin kuin kodin kestokulutushyödykkeet. Puun reaalihinta on noussut 0,7 % vuodesta 1949 vuoteen 1990.

- Kun tarkastellaan vahvimpia vuosia puumarkan ostovoimalla mitattuna, ne löytyvät 1950-luvun alusta Korean konjunktuurin aikaan, seuraava tulee 1960-luvun puolivälissä ja sitten 1973 - 4 vuosina. Tämän jälkeen puumotin ostoarvo on säilynyt selvästi alemmalla tasolla. Mielenkiintoista on, etteivät hintahuiput johda suuriin hakkuumääriin, vaan hakkuuhuiput sattuvat lähellä keskiarvoa vallitsevien hintojen aikaan. Vuotuiset hakkuuhuiput sattuvatkin vuosille 1961, 1970, 1980 ja 1989. Hinnan alennukset ovat pudottaneet tehokkaasti hakkuumääriä, kertailen ääneen.

- Oudoilta nuo vaihtelut tuntuvat maallikon ajatuksiin, sanoo Simo.

Omaan epämääräiseen rytmiinsä hinnat ja hakkuumäärät olivat aikojen kuluessa heiluneet. Huonot ajat olivat tulleet yleensä rymistellen, katkoen liian laajalle levinneitä rönsyjä väkivaltaisesti pois. Hyvät ajat sen sijaan saapuivat hiljaisten miesten mukana. Katukuvaan ilmestyi sisäänpäin hymyileviä, kiireesti askeltavia liikemiehiä ja silloin olivat hyvät ajat jo tavallisen kansalaisen tietämättä luikahtaneet ovesta sisään. Sanoihan jo vanha sananlaskukin: ”Kellä onni on, se onnen kätkeköön”, muuntelen laskelmia käytännön elämän tasolle.

- Pitänee täyttää uuni vielä kerran puilla, jotta lämpöä riittää illalla saunomaan tuleville vieraille, Simo tuumii.

Ajatusten kierrellessä noilla urilla alkoi nykyisillä eväillä toimeen tuleminen tuntua parhaalta vaihtoehdolta. Samanlainen tilanne olisi, jos hullujen rahanjakovuosien aikaan olisi tullut otettua puoli miljoonaa velkaa. Sen maksuun ei nykyisillä puun hinnoilla ja tilan puumäärillä olisi mitään mahdollisuuksia. Tienisteillä olisi pyrittävä selviämään koroista ja lyhennyksistä voimien mukaan. Metsän myyminen jonkin hankkeen rahoittamiseksi ei näyttänyt alkuunkaan kovin kannattavalta.

- Siispä olisi sopiva aika laittaa metsät hyvään tuottokuntoon. Viime viikolla sain käyttööni metsäpalstalle laaditun työohjelman. Siellä ei ole tehty puoleen vuosikymmeneen mitään. Töitä löytyikin runsaanpuoleisesti. Harvennusikään oli ehtinyt lähes 10 hehtaaria, josta myytävää puuta kertyisi runsaat 300 kuutiometriä. Se olisi yhden syystalven urakka. Pystykauppana tulo olisi jotain kymppitonnin luokkaa, mutta hankittuna tienvarteen sama pino antaisi lähes 45 000 markkaa.

- Sitten oli viitisen hehtaaria kymmenmetristä männikköä, josta lähtisi parin vuoden polttopuut. Kunnostukseen saisi 980 markkaa hehtaarilta avustusta ja lisäksi polttopuulle 25 markkaa kasaus- ja kuljetustukea pinokuutiometrille. Taitaa olla niin, että tämän vuoden työohjelmaan riittää hommaa noissa kahdessa kuviossa, vedän lukuja yhteen.

- Markkoja tulopuolelle tulisi laskelman mukaan ensiharvennusalan raivauksesta 5600 mk ja puukaupasta 45 000 mk. Nuoren metsän harvennustyöstä 5000 mk ja kasaus- ja kuljetustuesta 2500 mk. Lisäksi tulisi kahden vuoden polttopuut, nekin öljyn hinnan kautta markoiksi muutettuna 10 000 markan arvioisia. Kaikkiaan vuoden työohjelman arvo olisi 58 000 mk.

- Työtä se antaisi raivauksessa viikon, harvennushakkuussa kolmisen kuukautta sivutöinä ja rankasavotta kolmisen viikkoa, joten nelisen kuukautta siinä tärväytyisi. Jos tulisi vähäluminen syksy, sen ehtisi tehdä valmiiksi, mutta jos lunta tulee viimesyksyn malliin, siirtyy loppuosa harvennuksesta seuraavaan vuoteen, Simo sanoo laskeneensa vaimonsa kanssa.

Mökkitieltä kuuluu lähestyvän auton jurnutusta ja pian pihaan pysähtyy henkilöauto, josta nousevat neljä miestä voisi jo ensimmäisistä katseista tunnistaa metsämiehiksi. Kuljettaja ja etupenkiltä noussut kaveri katsovat mökin takana olevaa parin motin propsipinoa kuin oman firmansa lappua sen kyljestä etsien. Takapenkkiläiset sen sijaan loivat katseensa ylös, ei suinkaan taivaan isää turvallisesta kyydistä kiittääkseen, vaan katsoakseen metsänhoitomiehinä kuinka hyvään kasvuun neljä vuosikymmentä täyttänyt metsätilallinen oli mökkitonttinsa puut saanut. Kättelyjen ja onnittelujen jälkeen siirryttiin lämpöisen saunan lauteille, pohdiskellen päivänsankarin rauhalliseen tapaansa kertoilemia mietteitä rantaporeiden ääresta.

Osmo alkoi kertomaan perusteluja siihen, miksi perheen perustaminen ei ole kiinnostanut.

- Kerran työnjohtaja lähti aamulla aikaisin käynnistämään uuden työmaan. Päivällä oli sovittu mittaporukan tulo edelliselle työmaalle suorittamaan loppumittaus. Tarkoitus oli kahden päivän aikana saada työt tehtyä tilityksiä varten ja palstoitettua uusi työmaa. Iltapäivällä kuitenkin pituuksien mittaan käytetty nauha katkesi ja lähdin neljän maissa hakemaan aamuksi uutta nauhaa. Työnjohtaja jäi ylösottajan kanssa illaksi palstoittamaan uutta työmaata. Menin talon pihaan ja huomasin lapsia pihalla leikkimässä, sekä vieraan auton. Lapset sanovat emännän olevan sisällä. Menin sisään ja huhuilin varovasti, ei kuulu vastausta. Etenin ympärilleni katsellen peremmälle. Kuulin jotain epämääräistä ähellystä oven takaa. Ihmettelin, onko jokin hätänä. Avasin oven ja näin emännän täydessä touhussa lapsia hakemaan tulleen miehen kanssa. Mutisin anteeksipyynnön ja kerroin, että tarvitsen isännän mittanauhan varastosta. Menin ulos. Odotin, kunnes emäntä selvitteli itsensä pihalle. Haimme yhdessä varastosta nauhan. Emäntä varoitteli kovasti, ettei isännälle saa kertoa. En luvannut mitään. Minua oksetti. Tämmöisiäkö kaikki naiset ovat. Perkeleen perkele, eipä tee mieli akan hakuun, ei. Tämäkin on niin hienoa ja kunniallista rouvaa olevinaan, mutta auta kun silmä välttää. Parin päivän kuluttua mieli on jo sen verran tasaantunut järkytyksen jälkeen, että asiasta pystyy varovaisesti kertomaan työnjohtajalle. Sovitaan, ettei asiasta puhuta sen laajemmalle ja asianosainen saa tehdä sen, minkä oikeaksi kokee. Silloin minulta meni luottamus ihmisiin. Aina kun aletaan perustamaan jotain työporukkaa, mietin kuka missäkin tilanteessa tulee pettämään. Ihmisen moraalia on tai ei ole. Ja se moraalin määrä, olkoon kyse työ- tai muista asioista on yhden kirjailijan mukaan mitattavissa. Yhdelle tarvitsee vain puhua pehmeitä, toiselle ojentaa yksi seteli, kolmas vaatii vähän useamman setelin. Jokaisella tulee kuitenkin jossain kohden raja, missä he ovat valmiita hyppäämään paska-altaaseen, Osmo lopettaa yksinpuhelun.

Seuraa tuokion hiljaisuus, kun jokainen miettii omalta kohdaltaan elämänmenoa. Mennään lauteille ja paiskataan oikein kunnon löylyt ja käydään rantavedessä uimassa muutama veto kevätkylmässä vedessä. Istahdetaan kuistille. Oli saunottu tunti, parikin, kun joku erehtyi kysymään kuinka hänestä tuntuu, että näen ikään kuin metsänhoitotoimenpiteiden ”taakse”, tuntuu kuin ymmärtäisin puiden puhetta.

Siispä aloin kertoa: Kun aloitin nämä metsämieshommat, kuljin viitenä vuotena yli 300 päivänä maastossa. Huippuvuotena olin 360 päivänä ulkoilmassa ja maastossa. Ihokin oli jo niin herkkä, että tiesin sateen tulon 3-4 päivää aiemmin ja pystyin seuraamaan eläinten liikkeitä tulevien ilmojen mukaan. Pysähdyin kuusivanhuksen luo yhtenä keväisenä päivänä. Aloin kuuntelemaan sen tarinaa. Paljon se lienee nähnyt. Monet kävyt on orava sen oksilta syönyt ja näin itsensä talven yli pelastanut. Kuin alistumista osoittaakseen se on antanut oksiensa painua alas maata kohden. Kaarna on paksua monien kylmien talvien karaisemaa kilpikaarnaa. Ja oksia, niitä on lukematon määrä ja ne ovat pitkiä ja paksuja. Neulaset ovat harmaanvihreitä, elämäntarmonsa jo aikaa sitten menettäneitä. Se on selvästi eteläisempää sukua kuin lyhytoksaiset pylväskuuset pohjolasta.

Annetaanpa puuvanhuksen kertoa: Silloin elettiin jousipyssyjen aikaa kun keväthangelle tipahti siemen. Siitä lumen sulaessa painui sammaleeseen. Veden mukana pääsi mehevään multaan. Turposi, iti ja juurtui lujasti kylmään maahan. Varttui hitaasti, mutta varmasti. Näki ensimmäisinä kesinään heinän ja vesakon seasta varsin vähän. Mutta kuuli rauhoittavan lehtien kahinan ja viihtyi varjossa hyvin. Suri lähistöllä aukealla auringon paahteessa kituvan heimoveljensä kohtaloa. Se kun joutui ilman suojaavaa varjoa selviämään päivästä toiseen. Vesojen juuret möyhensivät mullan ilmavaksi. Lehdet tippuivat syksyisin maahan ja lahoivat seuraavana kesänä meheväksi karikkeeksi muodostaen hyvän pohjan metsäsienille. Maa antoi kaiken mitä pienokainen tarvitsi kasvaakseen. Ja se näkyi neulasista. Ne olivat kirkkaanvihreät, pitkät ja taipuisat. Kuusi kasvoi kilpaa pituutta vesojen kanssa. Taistelu oli kovaa, mutta piristävää. Yksitoikkoiseen paahteeseen joutunut kasvukumppani oli tukehtua omiin eritteisiinsä ja hävisi jatkuvasti pituuskasvussa. Useina keväinä sen kasvusto tuhoutui hallan kietoessa kylmän kouransa sen ympärille. Siitä muodostuikin aikaa myöten melkein pensasmainen.

Ruotsin ja Venäjän vallanselkkausten aikaan kuusemme oli kolmemetrinen vireä nuorukainen. Se tarkasteli hyväksyvästi ympäristöään ja päätti pitää itsensä hyvässä kunnossa. Siihen se tarvitsi apua. Piti valita valmentaja, joka antaisi oikeita ohjeita. Sekä hieroja, joka hieroisi sen maasta kiinni pitäviä kipeitä juuria. Ravintoasiantuntija, joka syöttäisi oikeat aineet oikeaan aikaan. Näitä tuumiessaan kuusi tarkkaili ympäristöään. Mahtaisikohan koivu ottaa hierojan tehtävät, sen juuristo tuntui sopivan helläkätiseltä. Ja toisaalta sen ravintotuntemus näyttää hyvältä. Lehdistä syntynyt multa tuntui kiihottavan nestevirtaukset keväisin iloiseen lirinään. Syyskesästä taas maasta tuntui löytyvän sopivat aineet talvehtimiseen valmistautumiseen. Kovaan elämänmenoon tarvittavat hivenaineetkin tuntuivat löytyvän samasta lähteestä. Eipä siis tarvinnut lähteä etempää etsimään apua.

Näin meni vuosikymmen, jos toinenkin. Lehtipuusekoitusten ansiosta sienirihmasto vahvisti ravinnonsaantia maasta merkittävästi. Eräänä syksynä leimausporukka mittaili suurten mäntyjen läpimittoja ja iski kirveellä leiman kylkeen. Talvella miehet tulivat ja kaatoivat kirveellä männyt ja veivät parhaan tyviosan hevosilla mukanaan. Latvukset he jättivät paikoilleen. Se oli Venäjän vallan aikaa.

Muutamana kauniina kesäpäivänä tuli jälleen miesryhmä kirveineen ja kaatoi koivut pois. Naiset leikkasivat koivuista lehdet ja sitoivat kerpuiksi. Kokosivat ne suuriin kasoihin. Ja menivät menojaan. Kuusemme katseli tätä kaikkea kauhuissaan. Nyt se joutuisi selviytymään yksin toisten kuusten kanssa. Se ajatteli kauhulla tulevia vuosia. Mistä nyt otettaisiin keväällä kasvun käynnistävät aineet, mistä syksyllä talvehtimisen aloittavat aineet?

Vuosi vuodelta kuusemme huomasi maaperän käyvän ummehtuneemmaksi. Sammalkerros kasvoi paksummaksi. Sen juuria alkoi särkeä yhä enemmän. Neulaset varisivat ennen aikojaan. Ennen niin elinvoimainen väri alkoi harmaantua. Pituuskasvu tyrehtyi tyrehtymistään. Sanalla sanoen elämänusko alkoi hiipua. Seuraavat vuosikymmenet menivät kovassa elämäntaistelussa. Kuusemme ei jaksanut seurata ympäristöään kovinkaan tarkkaavaisena. Silti se huomasi kuinka kaskisavut roihusivat lähiahoilla ja siellä alkoi uusi elämä kukoistamaan. Se kuuli sotien jylinän ja ihmisten kauhun. Mutta aina sillä oli täysi työ pysyä hengissä. Sen kaarna alkoi paksuuntua, oksat riippua. Siitä oli tullut vanhus.

Mutta miksi sen ympärille ei syntynyt uutta elämää? Siihen puu ei itse tiennyt varmaa vastausta. Tosin siitä itsestäänkin tuntui, että ennen niin hyvä multa oli muuttunut kylmäksi, ummehtuneeksi ja happamaksi. Syytä se ei tiennyt, mutta seuraukset se tunsi.

Kaiken tuon näki metsämies, joka silmäili kuusivanhusta ja maaperää. Kuinka korjattaisiin maa jälleen kasvukuntoon. Mikä olisi nopein tie uuteen kasvuun? Jos miehemme ei tunne metsiemme kehityshistoriaa, ovat hänen ratkaisujen miettimisensä vain hapuilua ajassa. Löytääkseen oikeat ratkaisut hänen on osattava lukea luonnon avointa kirjaa, uskallettava hiljentyä sen eteen. Sitten nöyränä ja syvästi elämää kunnioittaen hänen tulee tehdä ratkaisunsa elintasomme hyväksi.

Metsätalouden toiminnot kehittyivät voimakkaasti 1980 luvulla. Koneellinen puunkorjuu aloitettiin Juurikkavaaran kuusikossa. Reilu vuosikymmen oli vierähtänyt konesavotointia varten tehdystä tutkimuksesta.

Myyntiin tuli suuri, useamman kymmenen hehtaarin kokoinen oksainen kuusikkoleimikko. Yhtiöt kyselivät kohteita, joissa voitaisiin aloittaa konesavotoinnin sisäänajo. Miestyön toteutus muuttui koko ajan työehtosopimusten monimutkaisuuden vuoksi hankalammaksi ja kustannukset sitä kautta nousivat.

Keskustelin maanomistajien kanssa ja he olivat valmiita myös konesavottaan, kun puutavaran mittaus ja runkojen katkonta puutavaralajeiksi sujuu asiallisesti ja oikein. Tarjouspyyntöjen perusteella kauppa ratkesi Metsäliitto Osuuskunnalle. Puutavaran luovutusmittauksen suoritimme talviautotien varressa. Koneissa ei tuolloin ollut vielä kuutiointilaitteita. Puut kaadettiin miestyönä suunnatusti siten, että monitoimikone voi aloittaa runkojen karsinnan ja katkonnan tulosuunnastaan päin tyveltä.

Vaarakuusikon oksat olivat pitkiä ja paksuja ja ulottuivat maahan saakka. Miehet joutuivat karsimaan pari- kolme metriä tyveä paljaaksi oksaisimmista puista, jotta kone saisi karsintapään vauhtiin karsinnan onnistumiseksi. Katkonta tapahtui suurella "sirkkelinterällä" karsintapenkin päällä. Kuitupuut katkottiin noin kolmemetrisiksi ja kerättiin pinotavarataskuihin koneen kyljelle, josta ne pudotettiin noin kiintokuution kasoihin ajouran varteen taskun täytyttyä. Tukit tippuivat yksitellen uran varteen. Kuormatraktori kuljetti puutavaran talviautotien varteen.

Työmaa oli yhtiölle ja minulle luovuttajana ensimmäinen, ja vaati paljon perehtymistä uuteen menetelmään. Aiemmin oli Kuusamossa ollut pari kokeilusavottaa koneilla tehtynä, mutta tästä käynnistyi koneellinen puutavaran korjuu pysyvästi. Koneet kehittyivät nopeasti ja muutaman vuoden kuluttua kouraharvesterien yleistyessä ne pystyivät myös kaatamaan rungot. Miehet siirtyivät harvennushakkuille ja hoitotöihin, ja valitettavan paljon heitä oli vielä 1990-luvun lopun projektien aikaan työttöminäkin.

Vuosikymmenen puolivälissä palkanlaskenta siirtyi toimistotietokoneelle, ja vähitellen muutkin toiminnot sitä mukaa kun ohjelmistoja valmistui. Matkapuhelinten tulo autoihin vapautti iltapuheluiden 2-3 tunnin ruuhkalta kesäisin. Siirtyminen kännyköihin teki työstä ympärivuorokautista.

Veitsiluoto Oy kokeili ensiharvennusmetsän puuston korjuuta kokorunkoina. Siinä tutkittiin kuinka suuri määrä voidaan sekoittaa sellunkeittoon karsimatonta ja kuorimatonta haketta. Aamuvarhaisella toimistolle saapui isäntämies, joka kertoi hänellä olevan joitakin kymmeniä hehtaareja tiheää nuorta metsää Tatangin kankaalla. Katselimme tilan sijaintia paperikartoilta ja päätimme lähteä katsomaan paikan päälle metsiä. Kiertelemme palstan läpi ja puusto on pienenlaista ainespuuharvennukseen, mutta ei enää maahan kaadettavaakaan.

- Tähän voisi sopia Veitsiluoto Oy:n kararanka-hakkuu, jossa otetaan tyveltä mahdollisesti tuleva tukki ensin ja loput kokonaan oksineen kuormaan, esittelen vaihtoehdon.

- Voitko hoitaa asian niin, että jälki on siedettävän näköinen ja metsä on hakkuun jälkeen kasvukunnossa, isäntä Leevi Uhlbeck sanoo.

- Sopiihan se, teemme toimistolla paperit ja laitan leimikon sitten myyntiin. Katsotaan mikä vaihtoehto on taloudellisesti ja metsän kannalta paras, sanon lähtiessämme toimistolle.

Kararanka-hakkuumenetelmällä hanke toteutettiin, ja jälki oli hieman liian leveitä ajouria lukuun ottamatta hyvä. Tulos oli, että sellunkeittoon on mahdollista lisätä karsimatonta ja kuorimatonta haketta noin 10 prosenttia ilman, että sellun laatu merkittävästi heikkenee. Puut haketettiin välivarastolla Hooli Oy:n toimesta ja kuljetettiin hakkeena sellutehtaalle.

- Nyt annetaan 10-15 vuoden kasvulupa metsälle. Palataan sitten seuraavan harvennuksen kera. Muistatko kun tuossa mutkassa oli 1960-luvun alussa Kemiran lannoituskoeala taimikossa, kysyn isännältä lopputiliä katsellessamme.

- Olihan siinä erilaisia koealoja, ja kyllä ne vähän vihreämpiä olivat ne latvukset, isäntä tuumii. Tehdään näin, tulen sitten uudelleen, hän vastaa poistuessaan.

Mittausmenetelmät murroksessa

Koneellisen puutavaran korjuun lisääntyessä luovutusmittauksena käytettiin aluksi pystymittausta. Menetelmä oli kallis ja hidas. Seuraavaksi käyttöön otettu tienvarsimittaus oli myös työläs ja epätarkka puutavarapinojen suuren laadullisen vaihtelun vuoksi. Vähitellen erilaisten kokeilujen kautta siirryttiin tehdasmittaukseen. Käytännön ongelmia tuli väistämättä eri alueiden metsien rakenteesta johtuvista, vaihtelevista puuston kuutiopainoista. Metsäntutkimuslaitos laati alueittaiset kuukausikohtaiset kuutiopainot, mutta yksittäisten puutavaraerien kohdalla erot olivat edelleenkin liian suuria. Sitten edettiin tehtaalla eräkohtaisten painojen suuntaan. Toisilla tehtailla upotusmittaus antoi luotettavan tuntuisen tuloksen. Vuosia jatkuneet muutokset ja eri vaiheissa esiin tulleet epäkohdat ja suoranaiset virheet nostattivat aika ajoin räyhäköitä ristiriitoja.

Vuoden 1988 syksy jatkuu pahimmalla mahdollisella tavalla. Vesisateet vaihtuvat vaivihkaa räntä- ja lumisateiksi, kantavaa pohjaa ei soille tullut ja pimeys hälveni vain muutaman tunnin hämärän ajaksi. Isäntä sai neuvoteltua paikallissahalle tukkikaupan 1000 kuutiometrin leimikosta, ja kuitupuut hän sai myytyä Metsäliiton Kemin tehtaille tehdasmitalla. Hakkuutyön suorittajaksi oli valittu paikallinen motomies Olli. Hankkeen alku näytti vahvoista peloista huolimatta menevän hyvin, mutta asianomaisen kauemmin tunteneet pelkäsivät pahinta. Lokakuun alkupäivinä Olli ajoi koneen leimikon laitaan ja alkoi kuuntelemaan isännän ohjeita.

- Palstalle ei sitten jätetä pitkiä kantoja, eikä paksuja latvuksia. Kuitupuu menee tehdasmitalla, joten kuormissa menee täydestä kaikki koossa pysyvä tavara. Tukki tehdään sahan ohjeiden mukaan, jotka te tiedättekin ja kuitupinossa ei sitten saa tukkia näkyä, taikka... hän aloitti.

- Onko olemassa laatuliitettä kuitupuusta ja tukista, Olli yritti.

- Te olette tehneet sen verran kauan, että sen tiedätte. Ja kuidun laatu on normaali, lahoa puolet, eikä se niin tarkkaa ole koska vain 20 % mitataan, loput menevät painon mukaan. Ja sitten latvat tarkkaan. Palstalle ei tarvitse halkopölkkyjä jätellä, niitä mulla on jo, isäntä keskeytti.

Työmaan hakkuu eteni, ja muutamaa yhteenottoa lukuun ottamatta hakkuu meni hyvin. Olli ajoi käskyn mukaisesti kaiken koossa pysyvän tavaran pinoon. Isäntä oli tyytyväinen. Puiden luovutusajan tullessa sahan vastaanottaja mittasi tukit pinoon, ja päästä katsottuna lahoja lukuun ottamatta niissä ei ollut huomautettavaa. Tosin jälkeenpäin sahurit eivät kovin tyytyväisiä olleet mutkaisten puiden paljouden vuoksi. Kuitupuiden luovutuksesta isännän vanhat epäluulot saivat ylivallan. Hän tilasi mhy:n neuvojan suorittamaan kehysmitan puista. Mitoista hän voisi verrata, paljonko tehdasmitalla yritetään varastaa puita. Mitassa neuvoja huomautti, että haapakasassa on ainakin puolet liian lahoja raakkeja. Tähän isäntä totesi, että onhan niissä toinen pää terve. Eikä laatua nyt katsota, vaan määrää.

Kun ensimmäiset kuormat menivät tehtaalle ja otantaan menevät erät mitta-asemalle, tuli aseman päälliköltä hätäinen faksi. Nyt on piru merrassa, sillä haapaerässä on 60 % raakkeja, koivussa 15 % ja havussa 8 %. Paikallinen ostomies otti yhteyttä isäntään, joka huusi puhelimeen.

- Minähän arvasin, te saatanan, perkeleen puurosvot ja petkuttajat yritätte varastaa kaikki. Vaan minulta ette perkele vie puita. Puhelu päättyi siihen.

Ostomies soitti esimiehelleen piiripäällikölle. Pikaneuvottelun tuloksena sovittiin, että otantaa kaksinkertaistetaan, jotta satunnaisvirheet voidaan eliminoida. Koska lahojen lisäksi pinoissa on valtava määrä lyhyttä pätkää, yritetään niiden poistamiseksi tehdä jotain.

Ostomies soitti isännälle ja sopi käynnistä pinoilla, jotta nähtäisiin tarkemmin tilanne metsässä.

Seuraavana aamuna pinoille mentiin ja todettiin huomattavan paljon selviä lahoja. Ne sovittiin merkattavaksi nauhoilla, jotta automies erottelee ne pois ennen kuljetusta. Lyhyille puille ei konstia löytynyt. Paluumatkalla ostomies sai piiripäällikön puhelimeen ja sovittiin kohtaaminen huoltoaseman pihalle.

Ostomies ja isäntä odottivat vaitonaisina autossa kun piiripäällikön auto kaarsi pihaan. Hän nousi autosta ja kättä ojentaen sanoi:

- Päivää, mitä..

- Saatana, vielä päivää, varastatte puut, te olette salaliitossa tehtaan kanssa ja yhessä petoksella yritätte saaha ihmisten puut ilmaiseksi. Perkele, että piti luottaa teihin, kun luulin että metsänomistajien oma yhtiö sentään olisi metsänomistajalle oikeudenmukainen. Tämä rosvoretki ei jää tähän, satun tietämään näistä hommista jotain, olen tehnyt puukauppoja jo kymmeniä vuosia.

Keskustelu päättyi ennen kuin oli alkanutkaan. Piiripäällikkö nousi autoonsa ja lähti toimistolleen Pudasjärvelle. Ajaessaan hän soitti ensin Kemiin mitta-aseman päällikölle ja tarkisti mittatiedot. Sitten soitto aluejohtajalle, jonka kanssa yritettiin löytää asiaan ratkaisu. Sovittiin, että yritetään saada isäntä käymään mitta-asemalla. Sovittuna päivänä lähti hiljainen pari, ostomies ja isäntä Kemiin. Asemalla katsottiin koenipun menoa kuljettimilla lasermittauskoppiin. Lahot tarkastettiin värimonitorista zoomaamalla lähikuva. Ja laho, mikä laho, kaikki selvät tapaukset raakattiin. Sitten laserlaitteelta napsahteli tasaiseen tahtiin liian lyhyitä sekä liian pieniä pölkkyjä raakiksi.

- Perkele, eihän tuo mene minun oikeustajun mukaan oikein. Noista pätkistähän tulee täyttä tavaraa ja ne viedään ilman. Ja jos toinen pää on laho ja toinen terve pitäisi niistä ainakin puolet hyväksyä. En tule hyväksymään tuommoista, isäntä vaahtosi.

- Sopimusten mukaan mitataan, muuta en voi, mitta-aseman päällikkö totesi.

Siitä seurasivat kovat puhelinneuvottelut päälliköiden kanssa. Metsäliiton miehet olivat jo valmiita päättämään kaupan, jotta isäntä saa myydä puunsa minne haluaa. Sovittiin parin päivän tuumaustauko asiaan. Yhtiön edustajat miettivät kompromissiehdotusta, sillä ei olisi kenenkään etu päästää jupakkaa paisumaan. Kyse oli noin 500 kuutiometrin kaupasta, jossa 6 % raakkimäärä vastaa noin 30 kuutiometriä. Sen arvo rahassa on noin 4500 markkaa. Asiaan palattiin vuodenvaihteen jälkeen, jolloin piiripäällikkö oli Kuusamossa käymässä. Ostomies otti puhelun isännälle:

- Meillä on nyt lopulliset tulokset ja kuutiomäärä on bruttona 535 kuutiometriä ja raakattu otannan mukaan 30 kuutiometriä, ja netto on ...

- Voi jumalauta, varastettiin lähes kuorma puita, ei käy, sanon minä, isäntä huutaa puhelimeen.

- Elähän nyt. Anna minun puhua loppuun. Nämä ovat ne mitta-aseman antamat luvut. Näistä raakatuista on puolet lahoja ja loput teknisen vian vuoksi raakattuja, joten meidän tulisi nyt yhdessä miettiä asiaan kohtuullinen ratkaisu. Tosiasiahan on, että laatuvaatimukset täyttävän kanssa ei ole ongelmia, mutta muut lahot puut eivät prosessissa käy. Alamitat ja tekniset viat eli siis lyhyet pölkyt antavat paljon pienemmän saannon, koska hukkaprosentti on yli kolminkertainen ...

- Ei tartte yrittää sumuttaa, varkaita perkele ootte siitä huolimatta. Vain hienoilla asemilla yritätte sumuttaa metsänmyyjiä. Ettepähän olleet onnistuneet huiputtamaan sitä keminmaalaistakaan.

- Meillä olisi sovintoehdotus, pantaisiin riita kahtia, ostomies ehdotti.

- Saatana en anna rosvoille mitään, maksatte joka motista, maksatte tai maksatte julkisuuden kautta. On niitä keinoja täälläkin, isäntä huusi ja sulki puhelimen.

Piiripäällikkö oli jo hetken ajan yrittänyt viestittää pöydän toiselta puolen haluavansa puhua, mutta linja oli kiinni. He sopivat asian siirrettäväksi aluejohtajan ratkaistavaksi, jotta riidasta päästään eroon. Seuraavaan viikonloppuun mentiin asemasotavaiheessa, kunnes perjantai-iltana ostomies pakkasi asiaan liittyvät paperit sekä valmiit mittaustodistukset suureen kirjekuoreen ja vei ne isännälle viikonlopun ajaksi kypsymään. Tuskinpa tästä vielä valmista tulee, mutta tuumikoon hän vuorostaan. Maanantai-aamu valkeni harmaana ja aluejohtaja soitti keskustellakseen ongelman ratkaisusta isännän kanssa.

- Tarkistettaisiinko vielä kerran, että olemme ymmärtäneet mittaus- ja vastaanottoasiakirjat samalla tavalla?, hän aloittaa.

- Mikäpä siinä, isäntä mutisi ja jatkoi. - Mutta ei se mustaa valkeaksi muuta.

- Vastaanottotodistusten mitat käytiin läpi laatupoikkeamineen, ja lyhyet hyväksytään, mutta lahot ja alamitat ovat edelleen raakkeja.

- Perkele, ei tule mitään, te vain rosvoatte näillä tempuillanne minkä kerkeätte. Ne painotkin lienee perseestä revitty, mikä se oli se Keminmaan tapaus Metsälehdessä, mitä? Se on niin, että maksatte kaikki tai raastuvassa tavataan, loppu! huusi isäntä puhelimeen ja paiskasi luurin kiinni.

Aikanaan pölyn laskeuduttua raakit olivat raakkeja ja mitta sellaisenaan maksettiin sovintoehdotuksen mukaisesti. Taustalle jäi kuitenkin sen verran paha maku kaupasta, ettei jatkossa ollut kovin suurta mielenkiintoa sen metsän puukauppoihin.

Rakentaminen Rukalla jatkui kiivaana. Kelopuista oli kaikkialla pulaa. Kerroin asiasta metsänomistajille, joiden metsissä tiesin vielä olevan rakennuskeloja pystyssä. Hinnat olivat nousseet tasolle, jolloin pelkkien kelorunkojen keruu metsän seasta alkoi olla kannattavaa. Käynnistimme kahden metsänomistajan palstalla hakkuut. Otimme kelot "metsätuottoisina", siis kannolta poikki ja latva 15 senttiin saakka. Pituudet olivat 5-15 metriin saakka. Metsäkuljetus aiheutti omat ongelmansa, mutta tien laitaan saimme hyvänlaisen erän keloa.

Ostajan kanssa tarkasteltiin yhteen kerrokseen tehtyä noin sata metriä pitkää honkalaveria. Kävelimme puiden päällä laatua tarkastellen. Ostajien mielestä rungoissa oli jonkin verran, jopa liikaa lahoa. Myyjän edustajana totesin, miten puut on hakattu ja kuljetettu tienvarteen laadun määrittelemiseksi. Tämä sen vuoksi, että eri ostajilla on erilaiset tarpeet ja tässä puut ovat näkyvillä laadun ja hinnan määrittelemiseksi. Arvioin, että rakennuskeloa puista oli noin 70 %. Hinnaksi ilmoitin 1700 markkaa kiintokuutiometriltä laverissa. Mikäli palkkaamme moottorisahamiehen erottamaan rakennuskelpoiset kelot, hinta on 2500 mk/m3. Ostajat keskustelivat hetken keskenään ja ilmoittivat ostavansa kelot metsätuottoisena. Ilmoitin, että kauppa vahvistetaan vasta sitten, kun rahat ovat metsänhoitoyhdistyksen tilillä. Silloin ostaja ilmoitti, että hänen täytyy soittaa kassanhoitajalle etelään.

Se puhelu pani miettimään, minne nyt ollaan menossa. Kaveri ilmoitti, että kelokauppaa varten tarvitaan 250 000 mk. Kuulosti, että kassassa ei ollut rahaa irrotettavaksi näin pian, vaan oli mentävä pankkiin. No, ota sitten samalla koko miljoona lisää velkaa, kun ne tyrkyttävät sieltä niitä halpoja valuuttaluottoja, totesi ostaja. Parin tunnin päästä tullessamme toimistolle pankista ilmoitettiin, että tilille on tullut 220 000 mk sovittuja puukaupparahoja. Laitoimme nimet kauppakirjaan ja asia oli siltä osin selvä.

Muutamassa kuukaudessa kelomökkien kysyntä romahti vallinneeseen hintatasoon. Yhtenä syynä oli, että rakennuskelojen pula johti työn laadun heikkenemiseen ja yleistyvät valitukset saivat ostajat varovaisiksi. Kelojen ostaja yritti sitten kaikenlaisiin syihin vetoamalla saada hyvitystä keloista, mutta ilmoitin, että kauppakirja on laadittu selväsanaisesti sovitun kaupan mukaisena. Metsänomistaja sitten aikanaan palautti noin 5 % kauppahinnasta sovun aikaansaamiseksi. Se, miten leväperäisesti nuorehko ostaja suhtautui rahaan ja velanottoon jäi minua mietityttämään pitkäksi aikaa.

Muistelin näillä selkosilla 1800-luvun lopussa vallinnutta korkeasuhdannetta ja sitä seurannutta kurjuutta. Tapahtumissa alkoi olla yhtymäkohtia turhan paljon. Silloinkin nousi viinapannuja, sahoja, tiilitehtaiden piippuja ja olutkuppiloita lähes jokaiseen kylään. Kaiken piti olla suurempaa ja komeampaa kuin naapurilla. Kun ensimmäisten mieliin iski epäilys menon kestävyydestä, alkoivat rahamiehet irrottautua hankkeista. Seurasi romahdus ja konkurssien aalto. Toivoa sopii, että nyt osattaisiin vetäytyä hullunmyllystä ennen, kun tilanne karkaa käsistä.

Kova rakentamisen vaihe alkoi osoittamaan laantumisen merkkejä 1980 luvun päättyessä. Sahoilla tarvittiin edelleen kovasti puuta, mutta epäilykset hintatason säilymisestä heräsivät. Lisäksi osalla sahoista alkoi olemaan maksuaikataulujen noudattamisessa vaikeuksia. Petäjikkö oli harvennettu pari vuosikymmentä aiemmin, tavoitteena maaperän valmistaminen taimikon syntyä varten. Äestyksestä huolimatta järeä puusto esti taimien syntymisen. Suuret, 40 -60 senttimetriä läpimitaltaan ja noin 20 metriä pitkät petäjät pitivät maanpinnan hallussaan. Päädyimme isännän kanssa metsän uudistamiseen äestämällä ja konekylvöllä. Tarjosin valtakirjalla leimikon puunostajien hinnoiteltavaksi. Pariviikkoisen tarjousajan puitteissa mielenkiinto noin 5000 kuution tukkimetsää kohtaan oli vilkasta, jopa kiivastakin.

Sahatavaralla oli vielä kevätkesällä hyvä menekki ja hinnatkin olivat kohtuullisen hyvät. Kaksi sahaa oli selvästi korkeammilla tarjouksilla liikkeellä. Kilpivaaran Sepon kanssa kävimme tarjousta läpi ja teknisten yksityiskohtien alkaessa olla selvinä ehdotin järeään tukkiin vielä vitosen lisäystä.

- Tiijätkö sinä, että se on helppo hyvänä aikana lisätä se vitonen kuutiohintaan, mutta kun minä ehdotan sinulle aikojen huonontuessa vitosen laskua hintaan sinä näytät heti hapanta naamaa.

- On tämä kuitenkin poikkeuksellinen erä, suuri tienvarsileimikko ja lisäksi puusto on pelkästään järeää, hyvälaatuista tukkia. Eiköhän laiteta pari markkaa varmuuslisää hintaan, kun kyseessä on näin suuri määrä. Ehdotan, että puiden saamiseksi välittömästi hakkuun jälkeen pois tien varresta sovitaan samalla vuokra-alue tuohon tukkilanssin viereen, josta voit ottaa tukkia käyttöön sitä mukaa kun pystyt maksamaan puut. Tällä varjelemme meidän molempien yöunet.

- Olkoon sitten niin. Näitä puita me kyllä tarvitaan heti sahaukseen. Tehdään kauppakirjat ja hyväksyn mielihyvin tuon sinun lisäehdotuksen, jotta peli on reilua molemmin puolin.

Kesä kääntyy syksyyn ja sahatavaran menekki alkaa heiketä. Hintojen laskiessa on vuokra-alue hyvinkin tarpeen. Puut mitattiin tienvarressa ja ajettiin vuokramaalle erä kerrallaan, jolloin kunkin pinon arvo tiedettiin ja maksun tullessa annettiin lupa sahaukseen. Syksy oli jo pitkällä, kun viimeinen erä meni sahaukseen.

Harrastustoiminta meinaa viedä voiton

Suoritimme perheen voimin metsänhoitotöitä vaimoni kotitilalla vuosina 1984 -1993. Metsänviljelyä tehtiin noin 60 hehtaaria, josta suurin osa oli hirvituhojen jälkeen tehtävää uudelleenviljelyä tai täydennysistutusta, jolloin alkuperäinen puulaji mänty vaihdettiin kuuseksi. Taimikonhoitoa teimme noin 30 hehtaaria. Sillä vuosikymmenellä ei ajanvietto-ongelmia juurikaan ollut. Talvisin tuli metsähiihtojen lisäksi hiihdeltyä pikkusuksilla noin 1000 kilometriä vuosittain. Viitenä talvena hiihdin myös Ruka-hiihdon, joka pituudeltaan oli noin 50 -60 kilometriä.

Kuusamon Pallo-Karhut, markkinatoimen vastaavana olin 1986 -1991. Lasten urheiluharrastuksina olivat nuorempana nappulahiihtokilpailut, sitten mäenlasku, musiikki ja jääkiekko. Kuusamon Pallo-Karhujen jääkiekkojaostossa toimin varainhankkijana, järjestäen talkoita ja kolme kertaa vuodessa markkinat liikuntakeskuksen ulkoalueilla. Noina vuosina järjestimme lisäksi vuosittain useita huippuartistien esiintymisiä kesäisin jäähallissa. Markkinoilla oli parhaimmillaan noin 130 myyjää. Markkinapaikkojen myynti ja järjestelyt veivät kaiken vapaa-ajan. Tuotto markkinoista oli hyvin merkittävää luokkaa vuosittain puhtaana seuran tilille. Noina vuosina muuttui jääkiekon harrastaminen ammattimaisempaan suuntaan, kun seuraan omien kasvattien lisäksi hankittiin myös muualta pelaajia, ja tuolloin Kuusamoon tulleista mm. Igor Tuljakovin vaikutus on ollut esimerkillinen näihin päiviin saakka.

- Sanohan sinä, kun tunnet nämä ihmiset täällä paremmin, mikä voisi olla semmoinen vaihtoehtoinen tuote, joka myisi. Nämä meillä myynnissä olevat rihkamat eivät enää tee kauppaansa, tuttu myyjä kysyy.

- Kun on näin vilpoisa keli tulee mieleen heti kahvit ja räiskäleet. Niitä ei näy olevan kenelläkään, vastaan.

- Mistä luulet, että saisi muurinpohjapannun, myyjä kysyy.

- S-raudassa näkyi viime viikolla olevan. Pannanpa tämä heti toimimaan, koska täällä ei näytä olevan ruokamyyjiäkään liiemmälti, vastaan.

Sen jälkeen kyseinen myyjä on lettukahveineen kiertänyt markkinoita lähes kolmekymmentä vuotta. Samoin hätistelin paikallisen ruoan tarjoajia markkinoille, koska turistit hyvin usein kaipasivat paikallisia makuja. Sain innostettua loimulohen myyjän tehtävään, hänellä tosin useimpina päivinä tahtoi myytävä loppua kesken päivän.

- Olen kierrellyt USA:n markkinoita talvisaikaan. Olin markkinoilla jossain pienellä paikkakunnalla keskellä-ei-mitään, jonne oli rakennettu hirsistä noin jalkapallohallin kokoinen areena. Se toimi palloiluhallina, konserttisalina ja markkinapaikkana. Seinustalle katsomotiloihin oli tehty pieniä majoitushuoneita. Se veti erikoisuutena ympäröivistä kaupungeista aina hallin täyteen. Täällä voisi olla paikka semmoiselle. Teillähän on iso saha täällä ja puuta riittää, niin että olisikohan se mahdollista rakentaa semmoinen teillekin, kysyi eräs vanhempi työkalukauppias kerran.

Selvittelin asiaa kunnan puolelta ja selvisi, ettei mitään semmoista voi ainakaan puusta tehdä, joten se erikoisuus olisi jäänyt puuttumaan. Seuraavana vuonna hautasimme ajatuksen, kun hän kertoi olevansa viimeistä kierrostaan tekemässä.

Nuo vuodet kaikkineen olivat antoisia Levonin Heikin sekä Pudaksen Tapanin kera, ja hänen kanssaan tapasimme seuraavalla vuosituhannella puukaupoillakin.

”Ei oo Palmee, Palmee, Palmee!”, valittelee Juice Leskinen autoradiossa vuonna 1986 kurvaillessamme maanomistajan kanssa mäkistä ja mutkaista tietä rajavartioasemalle. On kaunis keväinen päivä, lämmintä ja sopivan tuulista. Lumet ovat sulaneet ja salot rauhoittuneet etelän jahtimiesten jäljiltä.

Kaarramme vartion pihaan ja suoritamme ilmoittautumisen leppoisasti tuttujen miesten kesken. Puhe kääntyy vaivihkaa tuolloin vielä sallittuun keväiseen karhunmetsästykseen ja havaintoihin. Liikettä onkin näkynyt rajan pinnassa lumien sulettua. Lumien aikaan karhupartioiden täytettyä maisemat eivät nallet ihmislöyhkän vuoksi tulleet rajan ylitse lainkaan. Saamme luvan ajaa puomin taakse tien päähän ja kulkea rajamiesten pitkospuita Karin maille taimikoita tarkastamaan.

Tien päässä on rajan parivaljakko juuri lähdössä vyöhyketolppien uusintamaalaukseen, ja pidämme poikien kanssa varttitunnin tuumaustauon.

Tuuli lounaasta on yltynyt lähes navakaksi ja suuntamme on pitkospuita myöten etelään. Pitkoksia pitkin rimpisoiden ylitys käy leikiten. Matkalla olevia taimikoita tulee automaattisesti luokiteltua ja hoidontarvetta kartoitettua. Keskustelu pyörii aika tiiviisti metsänkasvatuksen tiimoilla.

Käännymme polulta kankaalle lounasta kohden. Tarkoituksena on katsoa ahon taimikoiden hoitotarve. Huomaamme, että syksyn marjanpoimijoilla on jostain syystä jäänyt yksi kumpare täysin poimimatta. Mättäät ovat punaisenaan puolukoita.

- Karhu perkele, Kari sanoo. Niin varmasti, karhu se on. Vielä sen näki. Tule ja kato, Kari lausahtaa yhtään ääntään hiljentämättä. Olen kyntövaon pohjalla, josta nousen ja katson Karin osoittamaan suuntaan. Ja tosiaan, ylätuulen puolella on erauspoika keskittynyt täydellisesti marjansyöntitouhuihin. Se ei välitä meidän normaaliäänellä käymästämme keskustelusta. Väittelemme hetken siitä, annammeko karhun rauhassa jatkaa marjastustaan vai alammeko jahtiin. Neuvonpito päättyy siihen kun Kari tempaisee takin ja puseron pois ja lähtee juosta nulkkasemaan yli kilometrin päähän vartiolle kiväärin hakuun.

Keskustelun aikana karhu on hävinnyt silmistäni ja lähden hiljalleen edeten etsimään sitä. Huomaan sen noin 30 -40 metrin päässä mättään kupeessa ahmimassa puolukoita. Nalle on todella nälkäinen pitkän talven jälkeen. Kyljet ovat sisään painuneet ja mahanahkat roikkuvat lähes maata viistäen.

Nalle siirtyy aina mättään tyhjennettyään eteenpäin. Siirtyessään se vilkaisee hetken ympärilleen, mutta ei osoita millään tavalla havainneensa minua. Laskeskelen, että Kari palaa aseen kanssa noin puolen tunnin kuluttua. Siihen saakka on pärjättävä taimikon runkoluvun mittausta varten matkassa olevalla onkivavalla, jos tosipaikka tulee.

No, mutta perskeles! Karhu nousee nopeasti kahdelle jalalle ja vetää selvästi vainua jostain. Ja kuin kirottuna noin 300 metrin päässä suon takaisella mäenkumpareella tuulen päällä hiippailee joku karhu-ukko sotkemaan kuvioita. Nalle pinkaisee ketterästi vauhtiin ja ylittää suon suojaten itsensä niin, ettei kulkijalla jää pienintäkään mahdollisuutta havaita sitä. Suon eteläpuolisella korvella otus pysähtyy ja alkaa pyöriä paikoillaan. Sitä ilmeisesti vielä puolukat persottavat. Päättelen, että se jää odottamaan korven kätköihin sopivaa ajankohtaa palatakseen marjamättäille.

Pohjoispuolelta lähestyy kaksi kaveria juoksun nulkkaa kiväärit kädessään. Vartiolta on irrotettu yksi mies karhupalvelukseen, ja pojat tulevat hengästyneenä kohden vavan päähän nostamaani lippua.

- Meni se, tuumaan pojille. Mutta tuolla se on Haukilammen pohjoispuolella vielä. Kaikottuaan toista metsästäjää se tuossa korvella alkoi pyörähdellä paikoillaan, joten se ei ole kaukana. Poikien manailtua kehnoa tuurintynkää aloitamme hiiviskelyn karhun perään. Jään aseettomana miehenä hieman jälkeen ja keskityn taimikoiden tarkasteluun.

Saavun vanhalle kuloalueelle ja etenen lähes länttä kohden kun paukahtaa. Minullakin, metsästäjän sydämessä helpotuksen tunne sykähtää rinnassa. Kuluu toinen laukaus. Ne eivät tiedä hyvää. Se pirulainen mahtoi mennä Venäjälle takaisin.

Kari on jo tavoittanut Väinön, joka kiroaa raskaasti huonoa tuuriansa. Hän on tavoittanut karhun korvella, jossa ei pystynyt vesakon vuoksi ampumaan. Sitten alkoi armoton kilpajuoksu rajalle päin. Karhu meni edellä ja Väinö perässä. 50 metrin päässä alkoi tuore kynnös. Siihen mennessä karhu sai jo lähes sadan metrin kaulan. Siihen Väinö suolasi kerran, juoksi muutaman metrin ylemmäs ja kurun vastarinteelle vielä heittolaukaus saattopusuksi.

- Vauhti vain parani laukauksista, oli Väinön arvio osumakyselyihin. Mahtoi käydä pulssi kolmannella sadalla kuin satasen spurtissa, kun vieläkin taitaa mennä kahtasataa, huokaa Väinö läkähdyksissään.

Kävimme vielä tarkastamassa karhun menojäljet ja varmistimme, ettei verijälkiä ollut osumien merkiksi. Kertailimme vastaisen varalta tapahtumien kulun ja päädyimme jälleen kerran siihen, että karhu oli meitä viisaampi.

Jahtivoutina olin Vuotungin metsästysseurassa 1986. Olin ollut puolenkymmentä vuotta mukana hirviporukassa ja kesäkokouksessa metsästäjät valitsivat minut jahtivoudiksi syksyn jahtiin. Metsästys tulee olemaan haastavaa koska myönnetty, 78 hirven ja 52 hirven vasan kaatoon oikeuttava lupamäärä oli ennätyssuuri Vuotungin ja Suiningin yhteislupa-alueella. Metsästäjiä ilmoittautui 96 henkilöä, joista kolmasosa oli ensikertalaisia.

Hirvikanta oli vahva ja taimikkovahingot olivat olleet suuria. Edellisenä talvena ensilumi satoi vasta helmikuun 12. päivänä, ja pakkanen pysytteli -30 ja -45 asteen välillä viikkokausia. Näistä lähtökohdista kantaa lähdettiin pienentämään.

Metsästys järjestettiin armeijan ryhmätoiminnan malliin. Porukka jaettiin ensin kahteen osastoon ja sitten ryhmiin, siten että ampujia ja ajomiehiä tuli riittävästi molempiin osastoihin. Aamulla suunnittelimme osastonjohtajien kanssa metsästysalueet 16 000 hehtaaria käsittävän seuran alueella. Sitten otimme ryhmänjohtajat mukaan yksityiskohtaiseen ajojen suunnitteluun. Oma aika meni järjestelyihin, ja jahtiin ehdin paneutumaan vain harvakseltaan. Menestyksellisimpinä viikonloppuina roikkui jahtivajassa 18 hirveä. Niiden paloittelut ja jako tasapuolisesti metsästäjien kesken ja maanomistajalihojen toimitukset perille työllistivät paljon, samoin kuin koirametsästäjien toiminnan ohjaaminen ja hienosäätö siten, että se ei aiheuttaisi turhaa porinaa ajometsästysporukoissa.

Noin suuressa joukossa sattuu ja tapahtuu väistämättä vahinkoja ja eläinten haavoittumisia, jotka tutkitaan hyvin tarkoin eikä metsästystä jatketa, ennen kuin on varmaa miten eläimen on käynyt. Haavoittamisesta tehtiin välittömästi ilmoitus viranomaisille. Kerran ulkopuolelta tulleita epäilyjä sitten selvitettiin poliisien kanssa ja totesimme kolme päivää jälkiä tutkittuamme alueellemme tehdyn naapurimetsästysalueelta rajaloukkauksen, jolla oli yritetty ampumalla karkottaa hirviä omalle metsästysalueelle. Syyllistä emme tavoittaneet, jäljet kyllä. Voutina seurasin mukana varmistaakseni seurueemme edut.

Kerran sattui paha harhaantuminen, kun vaaran päältä lähti itärajan lähettyviltä ajo länteen. Pari kaveria oli ajon lähtöä odotellessaan, keskenään tarinoiden kovassa tuulessa ja lumisateessa lähtenyt kävelemään itään päin. Kun heitä ei kuulunut passipaikalle, tuli kiire ilmoittaa rajavartiostoon tapauksesta. Rajalle oli matkaa vain parisen kilometriä. Onneksi he huomasivat vyöhykerajan keltaiset merkkipaalut ja tulivat rajamiesten polkua tielle.

Mitään vakavampaa syksyn aikana ei sattunut. Luvista saatiin reilut kaksi kolmasosaa käytettyä. Lopetimme metsästyksen aikuisten hirvien tultua kaadetuiksi, ja kun vasojen saaminen alkoi olla vaikeaa. Vanha totuus, että siemenviljaa ei pidä syödä, piti jälleen paikkaansa. Seuraavina syksyinä kannat romahtivat ja lupamäärät laskivat selvästi.

Karjalan metsätalousyhteistyöhankkeiden selvitystyön aloitimme metsänhoitoyhdistyksen hallituksen puheenjohtaja Unto Kotipalon aloitteesta vuonna 1988. Lokakuun alkupuolella Karjalan alueen kaupallinen johtaja vieraili Rukalla ja esittelin hänelle tarkemmin hankkeen. Kävimme samalla muutamiin maastokohteisiin tutustumassa, jotta paperilla esitetyt asiat tulisivat ymmärrettävämmiksi. Hanke laajeni koskemaan myös rakennuskelojen ja sahatavaran tuontia paikallisten urakoitsijoiden toimesta.

Louhen piirin edustajat vierailivat Kuusamossa ja Taivalkoskella syksyllä 1989. Kolmepäiväisen vierailun aikana 10-henkinen johtajien ryhmä tutustui alueen taimituotantoon, Pölkyn sahaan, Rukakeskuksen toimintaan, kelorakentamiseen ja metsänhoitoon. Kalevalan piirin edustajat vierailivat Kuusamossa marraskuussa 1989. Aluksi tutustuttiin kelorakentamiseen, sekä filmin ja diojen avulla taimituotantoon ja metsänviljelyyn. Seuraavana päivänä kierreltiin metsänviljelykohteita, avohakkuutyömaita ja harvennushakkuutyömaita. Seurattiin työskentelyä koneilla ja moottorisahalla sekä raivaussahalla tutustuen samalla eri-ikäisiin taimikoihin, sekä Tolpanniemen taimitarhoihin. Käsiteltäessä sopimusajan pituutta, esitin toiveekseni pitempiaikaista kuin muutaman vuoden sopimusta. He totesivat, että heille sopisi aluksi tämän kaltaisen sopimuksen pituudeksi 100 vuotta. Ilmoitin tässä vaiheessa tyytyväni 10 vuoden sopimukseen.

Neuvottelut Kalevalassa: Unto Kotipalo, kirjoittaja ja Nikolai Vasilijev

Joulukuun alkupäivinä lähdimme Kuusamosta Vartiuksen kautta Kalevalaan tutkimaan yhteistyön mahdollisuuksia. Matka eteni naapurin puolella 30 -60 kilometriä tunnissa, ja kuoppia väistellessä oli aikaa keskinäiseen pohdintaan.

- Jotenkin tuntuu oudolta, että Suomessa suojeluporukoiden esittämät satelliittikuvat eivät löydä itärajan takaa yhtään hakkuualueita, mutta Suomen puolelta näkyy jo muutaman hehtaarin aukot. Nytkin olemme ajaneet aamuhämäristä iltahämärään lähes 8 tuntia samaa hakkuuaukeata. Muutama metsäsaareke siellä täällä ja tienlaidassa kapea suojavyöhyke, pohdiskelen ajaessani.

- Oudoltahan se tuntuu ja ei täällä näytä paljon asukkaita olevan, Unto Kotipalo vastaa autioita tienvarren taloja katsellen.

- En tunne tarkasti, mutta kaiketi erilaisilla menetelmillä kuvat saadaan näyttämään halutuilta. Olen liikkunut vanhempieni entisillä kotipaikoilla Laatokan pohjoispuolella ja siellä seudut ovat melkein läpipääsemätöntä ryteikköä, sanoo tulkkina mukana ollut Erkki Nieminen.

Saavumme päivän jo tummuessa Kalevalaan ja meitä vastassa on lähes parimetrinen, nuori metsänhoitajaksi itsensä esittelevä kaveri, joka on päättänyt nostaa seudun metsätalouden lähemmäs meikäläistä tasoa. Majoitumme paikalliseen vaatimattomaan hotelliin ja pienen iltapalan jälkeen menemme saunomaan ennen varsinaista päivällistä. Saan osakseni kohtelun, jonka iho muisti vielä pari päivää. Alkulöylyjen jälkeen tarjottiin mahdollisuus saunottajan palveluihin. Siispä kävin lauteille pitkälleen. Ensin suoritettiin pehmeällä koivuvastalla kylvettäjän kevyt käsittely puolelta jos toiseltakin. Sitten oli vuorossa kasviksista tehty vasta, jossa oli horsmien lisäksi kaikenlaisia yrttejä parantamassa terveysvaikutusta. Sitten seurasi hyvin haudutetulla katajavastalla käsittely, jonka jälkeen tuli jumalainen olo. Lopuksi tuli kevyt yrttivastakäsittely. Päivän ajorasitus häipyi, ja tilalle tuli rento olo.

Päivän kiertelimme metsiä ja tutkailimme käytettävissä olevia hakkuutapoja, jotka poikkesivat jonkin verran meidän omistamme. Normaalien harvennushakkuiden lisäksi käytössä oli meidän yläharvennusta muistuttava saniteettihakkuu. Jokien ylitykset huojuvia siltoja pitkin olivat ainainen jännitysnäytelmä. Olimme jo palaamassa Kalevalaan, kun huomasin muurahaispesää muistuttavassa kohoumassa olevasta reiästä nousevan höyryä.

Samaan aikaan oli Rukakeskuksella etenemässä neuvottelut Nuorusen matkailukeskuksen avaamisesta Paanajärven eteläpuolella. Lisäksi Pauli Saapunki ajoi koko ajan rajanylityspaikan virallistamista Kuusamon Kortesalmen vartion kohdalta normaalia rajanylitysliikennettä sallivaksi.

Muistelin sadan vuoden takaisia esi-isieni kauppamatkoja Vienan meren rannoille ja aina Arkangeliin saakka. Tässä sitä jälleen ollaan luomassa yhteyksiä miekalla piirrettyjen rajojen yli. Matkalla pääsin vajavaisella kielitaidoillani hieman pintaa syvemmälle venäläiseen tapaan ajatella asioita. Itse ihminen on samalla tavalla lämmin ja ystävällinen molemmin puolin rajaa. Riippuen siitä millaiset valjaat yhteiskunta oli hänen päälleen pukenut, se aiheutti välillä erikoista, selittämätöntä sätkimistä.

Metsätalouden riisuttu todellisuus paljastuu. Syyskesällä lähdimme tulkki Erkki Niemisen kanssa tapaaman metsätyökeskusten johtajia Kiestinkiin, Louheen ja Tsupaan. Kiestingin johtaja Krivosein oli rajalla vastassa maastureineen. Menomatkalla hän kertoi heidän alueen olevan suurimmaksi osaksi 10 -15 metristä nuorta metsää. Sitten on paljon avohakattuja alueita, joilla on vain reunametsät ja siemenpuut paikka paikoin.

Sovimme, että lähdemme heti aamulla metsään tutustumiskierrokselle, jonka aikana saisimme omin silmin todeta kartoilta näkemäämme. Lähdimme johtajan kanssa kierrokselle heti aamiaisen jälkeen. Todellisuus oli vähintäänkin yhtä karu, minkä olimme kartoilta nähneet. Kangasmaat olivat pääasiassa metsälauhaa kasvavaa heinikkoa. Suon reunoilla oli vaihettumisvyöhykkeet jätetty hakkaamatta. Samoin purojen, jokien ja järvien rannoilla oli säädösten edellyttämät suojakaistat. Niitäkin oli hänen mukaansa jouduttu rahapulassa kaventamaan alkuperäisestä. Kustannusten kattamiseksi ei näyttänyt olevan hakattavaa metsää jäljellä nimeksikään.

- On ollut alustavasti puhetta, että meren rannoilla olevaa 1-2 kilometrin suojakaistaa voidaan kaventaa noin puoleen kilometriin tämän hankkeen hyväksi, johtaja sanoo.

-Nämä teidänkin rantametsät ovat tyypillisiä isojen vesien tuulenpieksämiä. Rungoissa löytyy mutkien lisäksi monenlaista vikaa, joten tukkisaanto tulee olemaan 20 -30 prosentin luokkaa. Tämän alueen hankkeen toteutusta tulee miettiä hyvin tarkkaan. Mukaan on otettava pienellä riskilläkin mahdollisimman edulliset viljelyketjut ja toteutukseen on saatava koulutettua kattavasti paikallista työvoimaa, mietiskelen hänelle.

- Tuo kuulostaa hyvältä, olen hyvin tyytyväinen, että suhtaudut tähän asiaan meidän lähtökohdat huomioiden. Tulen olemaan kaikin käytettävissä olevin voimin hankkeenne takana, johtaja vastaa. Haluan näyttää teille vielä yhden paikan, josta eivät kaikki täälläkään tiedä mitään.

Menemme sivutietä muutaman kilometrin, tulemme uuden näköiselle pihamaalle. Rakennusten takana aukeaa laaja peltoalue lehmineen ja muine kotieläimineen. Meidät ohjataan kuitenkin metsän reunassa sijaitsevalle aitaukselle. Siellä on kesyhkön näköisiä hirviä. Meille kerrotaan, että tavoitteena on jalostaa suurikokoisia työkäyttöön sopivia eläimiä. Siksi syntyvät vasat merkitään korvamerkein, jotta jälkeläislinja voidaan varmistaa. Ei toivotut jälkeläiset vapautetaan luontoon.

Tilanne muuttui valtiollisella tasolla koko ajan levottomampaan suuntaan. Gorbatshovin vastustus kasvoi ja vastavoimat alkoivat pääsemään niskan päälle. Aamulla uutisissa kerrottiin, että Jeltsin on ampunut hyökkäysvaunun tykillä Valkoisen talon seinään. Sen jälkeen on talo vallattu. Moskovassa on sekasortoinen tilanne. Vartiuksen raja-asemalta soitettiini, että Neuvostoliiton puolelta on tulossa kaksi miestä Moskovasta ja Petroskoista hakemaan allekirjoitusta Kalevalan metsätaloushankkeisiin liittyviin sopimuksiin.

- Tämän aamuisiin uutisiin vedoten, sopiiko, että soitan yhden puhelun ja ilmoitan sitten sinulle miten menetellään, vastaan. Soitan Ouluun tutulle kaverille ja pyydän arviota tilanteesta. Ilmoitan Vartiukseen, että valitettavasti tässä tilanteessa emme voi taata, että tulijat pääsevät esteettömästi takaisin rajan yli. Joten esitän heille, että palataan asiaan kun tilanne on rauhoittunut.

Samaan aikaan kansanedustaja Pauli Saapunki oli Karjalan tasavallan presidentin Viktor Stepanovin kanssa kalastusmatkalla Paanajärvellä. Päivällä presidentti sanoi saaneensa tiedon, että hänen on lähdettävä heti Moskovaan. Syytä hän ei ilmoittanut, totesi vain, ettei ole tietoa miten hänen siellä käy. Paulin paluu rajan yli Suomeen on kuitenkin varmistettu. Hän kuuli vasta Kuusamossa radiosta, mitä Moskovassa oli tapahtunut aamulla. Samaan aikaan taimitarhavientiä hallinnoinut Unto Kotipalo oli turistimatkalla omalla autollaan Leningradista Karpaateille. Auto oli pysäytetty tien päällä ja tutkittu hyvin tarkasti mahdollisten aseiden varalta. Sattumaa, että olimme kaikki tuona päivänä kiinteästi tekemisissä Neuvostoliiton puolelle.

Karjalan toimista jäi käteen Paulille isänniltä perjantaipullon nauttimisen jälkeen tulleita, useita ”ryssän perseennuolija” -puhelinsoittoja. Tiehanke Kortesalmelta Pääjärvelle päin toteutui aikanaan useiden vastoinkäymisten jälkeen. Unto rakensi Kalevalan suuntaan taimitarhan, jonka maksoi Thomesto/Veitsiluoto puuntuonnilla. Itse pääsin näkemään paikan päällä niitä maisemia, missä esi-isäni olivat parisen sataa vuotta käyneet kauppaa. Pohdinkin usein tulkkini Niemisen Erkin kanssa niiden Karjalan pakolaisten ajatuksia, jotka 1920-luvun alussa joutuivat siirtymään Suomen puolelle. Heissä oli monia hyviä tuttuja, jopa ystäviä. Yksi parhaista oli Huoti Koski, jonka poika Timo oli Kari Kairamon oikea käsi, kun Nokia alkoi rakentamaan kännykkäbisnestä. Tapasin hänetkin isänsä kanssa Kuusamon mökillä. Valitettavasti hänen aikainen kuolemansa katkaisi lupaavan uran hieman yli nelikymppisenä. Luulen, että tältä pohjalta minun oli helpompi ymmärtää sikäläisiä ihmisiä yksilöinä. Syvällisempää ajateltavaa tuli, kun koetti eri tilanteissa ymmärtää 80-vuotisen sosialismiharjoituksen tuomia rajoitteita. Kohtalainen Venäjän kielen taito niillä reissuilla tuli opeteltua.

Ongelmat kasautuvat 1990 -luvulla

Suojeluvaatimukset vaikuttavat kurjistavasti kuusamolaiseen metsätalouteen. 1980-luvun alussa Kuusamossa toimi kymmenkunta pienehköä sahalaitosta, joiden tuotanto oli muutamasta tuhannesta kuutiosta aina 10 -20 000 sahatavarakuutioon vuodessa. Lisäksi oli Pölkky Oy:n keskisuuri sahalaitos, joka tuotti sahatavaraa saman verran kuin nämä pienemmät laitokset yhteensä.

Samaan aikaan saapui postissa metsänhoitoyhdistykselle kirjattu kirje, jossa kerrottiin Valtioneuvoston päättäneen Soidensuojelun perusohjelmasta. Siinä oli yksilöitynä tuhansia hehtaareita suojeluun merkittyjä yksityismaita karttaliitteineen. Se käynnisti kokousten sarjan, joissa pyrittiin metsänhoitoyhdistyksen toimesta tavoittamaan ne maanomistajat, joita suojelupäätös koski. Pahinta oli se, ettei kenelläkään metsänomistajista sen paremmin kuin metsänhoitoyhdistykselläkään ollut mitään tietoa hankkeesta, eikä heitä valmisteluvaiheessa ollut kuultu.

Meni muutama vuosi, ja suojeluvaatimusten kohteeksi nousi Kuusamon Yhteismetsältä Kitkanniemen noin 6000 hehtaarin alue. Sen suojelu onnistui "kohtuullisessa yhteisymmärryksessä", käyttäen vaihtomaita myös naapurikunnista.

Kuusamon Yhteismetsän Etelä-Kuusamon vanhojen metsien suojelukiista puhkesi 1994. Suojeluaktivistit yhdessä ympäristöviranomaisten kanssa kyseenalaistivat Yhteismetsän laillisen toiminnan. Kansanedustaja Pauli Saapungin esittämän kirjallisen eduskuntakyselyn mukaan Oulun ja Lapin lääneissä on rajattu metsätalousalueita ja korkeiden alueiden metsämaita 265 000 hehtaaria. Kaikkiaan suojeltavaksi on varattu 27 % metsistä. Vanhojen metsien suojeluinnossa on tyystin unohdettu ihmiset. Metsätaloudesta katoaa noin 500 työpaikkaa, Saapunki totesi.

Kiistojen aikana ja sen jälkeen tehtyjen suojelupäätösten seurauksena ovat Kuusamosta toimintansa lopettaneet useimmat sahalaitokset. Nämä tosiasiat olivat voimakkaina vaikuttimina 1995 käynnistäessämme kehityshankkeita Kuusamon hyväksi.

Sahakonkurssi vei syytettyjen penkille. Olin myynyt perikunnalta suurehkon leimikon valtakirjalla paikalliselle sahalle. Hakkuu sinällään meni sovitusti. Saha möi pinotavaran sellufirmalle. Puutavaran mittauksen jälkeen rahaa ei kuitenkaan alkanut maksuaikataulujen mukaisesti tulla tilille. Ilmoitin, että puutavaraa saa kuljettaa palstalta vain sen verran, mitä on maksettu. Lopulta annoin kokonaan ajokiellon. Silloin myyjien edustaja kutsui minut paikalliseen pankkiin neuvotteluun.

- Et sinä voi kieltää ajoja, saha tarvitsee puuta ja eivät he saa rahaa muuten kuin myymällä sahatavaraa, hän sanoi.

- Silloin meidän täytyy tehdä niin, että perumme valtakirjan rahaliikenteen valvonnan osalta. Hakkuun olen valvonut ja se on toteutettu sovitusti. Minulla ei ole nyt alkuperäistä valtakirjaa mukanani, mutta sinä pankin konttorinhoitajana voinet toimia todistajana, että olemme peruneet valtakirjan rahaliikenteen osalta. Siitä vastaa tästä eteenpäin isäntä yhdessä ostajan kanssa.

- Kyllä se käy. Selvästi te olette asian sopineet, hän sanoo.

Isäntä antoi sitten sahalle luvan ajaa tukit pois palstalta. Sahalta pinotavaran ostanut yhtiö ajoi pinotavarat tehtaalleen. Sitten alkoi kattila kiehumaan. Saha julistettiin konkurssiin. Myyjällä oli puista merkittävä summa saatavia. Siinä vaiheessa vastuista keskusteltiin sekä myyjän edustajan, että pankin edustajan kanssa. Molemmat muistivat valtakirjan muutoksen.

Meni jokunen kuukausi ja saimme haasteen käräjille. Yhdistykseltä vaadittiin maksamatta jäänyttä erää korvauksena maanomistajille. Käräjillä kävi heti selväksi, että pankki vetosi pankkisalaisuuteen ja kieltäytyi todistamasta. Asiaa puitiin kaiken kaikkiaan parisen vuotta ja yhdistys tuomittiin maksaman konkurssipesän puolesta velottu erä.

Sitten yhdistys alkoi vaatimaan korvausta minulta, syyttäen minua huolimattomuudesta asian hoidossa. Oikeus totesi kuitenkin aikanaan, kuultuaan mm. paikallisen sahan metsäpäällikköä vapaaehtoisena todistajana, että päiväkirjaani tekemien merkintöjen ja todistajien perusteella olen tehnyt sen minkä siinä tilanteessa olen voinut. Todistaja pyysi myöhemmin käymään luonaan ja sanoi, ettei hän voinut katsoa sivusta syyttömän miehen tuomitsemista. Paljon myöhemmin, hieman ennen menehtymistään kävi myös pankkitoimihenkilö pyytämässä anteeksi sitä, miten hänen oli ollut toimittava asian yhteydessä.

Metsänviljelyn ja maanmuokkauksen ongelmat olivat lähes päivittäin esillä korkeiden alueiden taimikkovahinkojen ja voimakkaampien maanmuokkausmenetelmien vastustuksen vuoksi. Metsäntutkimuslaitoksen Muhoksen tutkimusaseman johtajan, tohtori Jukka Valtasen kanssa olimme tunteneet jo reilun kymmenisen vuotta. Hän oli perillä tavastani perehtyä luonnonilmiöiden taustoihin taimikkovahingon tai muun poikkeavan luonnonilmiön sattuessa. Usein hän sanoikin, ettei tänne näihin olosuhteisiin kannata kirjaviisautta kantaa, sillä täällä pätevät ankarammat luonnon lait. Varsinkin 1980-luvun alun taimikkotuhot vaara-alueilla saivat meidät miettimään metsänviljelyn menestymiseen oikeasti vaikuttavia seikkoja. Silloin tein viiden vuoden ajan ympärivuotista seurantaa sateiden, lumen, lämpötilojen, korkeusaseman ja muiden seikkojen vaikutuksesta metsäluontoon. Siltä pohjalta teimme 1990-luvun alkupuolella, metsäaurauksen "kieltolain" synnyttämisen aikoihin, muutamia retkeilyjä päättäjien kanssa.

Retkille osallistuivat esimerkiksi Metsäntutkimuslaitoksen pääjohtaja Eljas Pohtila ja Metsähallituksen pääjohtaja Pentti Takala. Nousimme Kuntivaaran kylkeä Suomen korkeimmalla sijaitsevalle talousmetsän uudistamisalueelle, aina 430 metrin korkeuteen, jonne olimme istuttaneet avojuuriset kuusentaimet jyrkähköön rinteeseen ilman muokkausta. Luotin siihen, että virtaava vesi tuo riittävästi happea ja ravinteita rinteessä. Taimet olivat noin viisivuotiaita ja hyvässä kunnossa. Alempana oli aurattua aluetta, joissa kasvoi hyviä nuoria metsiä ja taimikoita, samoin kuin muutaman tuhannen hehtaarin verran länteen kuvissa näkyvällä alueella. Olimme kierrelleet eri-ikäisiä kohteita ja päädyimme ylhäällä keskusteluissa seuraavaan esitykseen.

Olimme samaa mieltä siitä, että täällä ongelma-alueilla on oltava keinot soistuvan, paksusammaleisen maaperän lämpötilan nostoon ja liian pintaveden poisjohtamiseen maanmuokkauksella, jotta saadaan pieneliöstön toiminta elvytettyä taimien alkukasvun turvaamiseksi. Keskusteluissa päädyimme siihen, että auraus on ehdottomasti säilytettävä muokkausmenetelmänä raskasperäisillä, kunttaantuneilla mailla. Muutoin saattavat viljelyyn käytetyt varat mennä suurelta osin hukkaan. Metsähallituksella tilanne saattaa suojeluväen toimesta johtaa aurauksen kieltämiseen. Päädyimme ehdotuksestani säätöaurauksen nimen vaihtoon vaotukseksi, jolla hieman pehmennetään yleiskuvaa. Lisäksi naveron maksimisyvyyttä kivennäismaahan madalletaan 15 senttiin. Aikanaan sitten kuulin, että Metsähallituksen viljelyillä ilmeni pelkäämiämme taimituhoja.

Metsähallituksen pääjohtaja Pentti Takala ja Muhoksen tutkimusaseman johtaja Jukka Valtanen ovat Kuntivaaralla, 430 m korkeudella Suomen korkeimmalla sijainneen talousmetsän uudistamisen onnistumista tarkastelemassa. Taustalla Kiekerölampi ja laajalti taimikoita

Kirjoittaja, Metlan pääjohtaja Eljas Pohtila ja Jukka Valtanen Kuntivaaralla samalla paikalla edellisen kuvan maisemassa. Taustalla Lisä-Juusolan palstan taimikko ja tie sen halki.

Säätöaurasta tuli vaotin. Metsänviljely onnistui yli 90 prosenttisesti ja muokkausjälkeä voitiin säätää maaperän mukaan.

Lapin lain myötä tarvittiin satoja istutusvälineitä. Avojuuritaimet vaihtuivat kennotaimiin ja kourukuokat pottiputkiin sekä vakkoihin. Istuttajia kävi kesän aikana Mhy:n palkkalistoilla enimmillään yli 400 henkeä.

Multasniemen Nuorisoseurantalolla oli tanssittu reippaat humpat ja jatkoimme kesäisen lämmintä yötä keskustellen Tuomo Hännisen ja hänen vaimonsa Airin kanssa Kotirannan nuotiopaikalla, auringon noustessa Määttälänvaaran takaa. Olimme huolissamme siitä, että maaseudun elinvoima heikkeni koko ajan. Alakulon poistamiseksi ja toiminnan virittämiseksi yksi voima voisi olla eri yhdistysten ja organisaatioiden yhteistyön tiivistäminen. Tavoitteena olisi löytää kullekin kyläkunnalle toimiva porukka, joka voisi lähteä hyödyntämään TE keskuksen kautta saatavia kehittämisavustuksia.

Tuomo lupautui kunnallispoliitikkona hoitamaan hyväksynnän poliittisella puolella. Minä lupasin hoitaa käytännön toimia parhaani mukaan. Esitin samalla, että tässä voitaisiin luoda pohja eduskuntaan nousulle Pauli Saapungin jälkeen. Hyödynnetään laajaa sukuamme ja laitetaan sukututkimus käyntiin. Näin lähti käytännössä liikkeelle hanke, joka tuli vaikuttamaan merkittävästi seutukunnalla. Alkuvuosina olin lähes kaikessa mukana käynnistämässä asioita. Pikkuhiljaa siirryin tietoisesti sivuun useimmista hankkeista, ja keskityin vain metsätalouteen liittyviin toimiin. Sukututkimuksessa olin kuitenkin kiinteästi mukana aina vuoteen 2005 saakka keräämässä ja koostamassa aineistoa, sekä tapaamisten järjestelyissä. Siinä tuli perehdyttyä aika pitkälle pohjoisen kalottialueen historiaankin tavallisten kansalaisten näkökulmasta. Multasniemen Nuorisoseuran johtokuntaan olen kuulunut vuodesta 1994 alkaen. Suiningin kalastuskunnan johtokunnassakin olin muutaman vuoden, kunnes työkiireet projektien käynnistyessä veivät voiton.

On tammikuun alku 1996. Suomen työttömyysluvut pysyttelevät sinnikkäästi 500 000 tuntumassa. Metsäteollisuudessa sahat ovat olleet jo vuoden kustannuskriisissä, ja joulun alla paperi- ja massateollisuus julkaisi kevään osalta pitkät seisokkisuunnitelmat. Vuosi 1995 oli niillä ollut kuitenkin tulokseltaan ennätyksellinen, mutta näkymät huononivat jyrkästi. Sellutehtaiden tilauskanta pyöri päivissä, ei viikoissa. Hintaa oli yritetty syksyllä nostaa 1000 dollariin tonnilta, mutta kauppa ei käynyt enää edes 875 dollarilla ja kannattavuusrajaksi ilmoitettiin 650 dollaria. Siihen oli siis vielä matkaa, mutta varastot olivat ostajilla suuret ja se tiesi alkuvuonna nihkeää kaupankäyntiä. Olin hoitanut kolmisen vuotta puutavaran toimituksia Metsä-Botnian Kemin tehtaille. Kaksi edellistä vuotta oli toimittu tismalleen suunnitelmien mukaan. Siitä huolimatta ennakkotiedot kertoivat markkinoiden vuoksi olevan vaikeuksia toimitussopimuksen uusimisessa entisessä laajuudessa. Arvoitus oli, kuinka paljon jouduttaisiin antamaan periksi. Piiripäällikkö Aimo Hiljasen ja ostoesimies Mauri Määtän kannat olivat, että supistuksien suuruus olisi noin 10 %

luokkaa, mutta aluejohtaja Pekka Kaurasen kantaa eivät hekään vielä tienneet. Hän käytännössä tulisi asian ratkaisemaan.

Mukaani neuvotteluihin lähtivät meiltä puheenjohtaja Aimo Kämäräinen ja toiminnanjohtaja Anne Polojärvi. Yhdistyksen kannalta toimitusmääriä olisi pitänyt nostaa 10 -20 %, jotta kuralla oleva talous olisi saatu oikaistua. Lomautuksia oli tulossa ja talo oli sekaisin sen vuoksi. Rahoitusvaje tulisi olemaan kohtuuton ilman erityistoimia ja hallitus ei sitä sietänyt.

Pudasjärvellä Pekan ja hankintapäällikkö Pentti Pajusen liityttyä seuraamme aloimme kahvikupposten ääressä tunnustella toistemme mielialoja. Ensin käsiteltiin maakuntaviesti, jossa kuusamolaiset hävisivät kultamitalin jo toisen kerran viimeisten kolmenkymmenen vuoden aikana. Vaihdoimme kuulumisia jääkiekosta ja muista päivän tapahtumista, päästäksemme suurin piirtein samalle aaltopituudelle.

Neuvottelujen aluksi Aimo esitteli Pudasjärven piirin vuoden 1995 tulokset, sekä pitäjittäiset toteumat. Sitten oli vuorossa toimitusten ruodinta. Toimitus oli mennyt 100 % nappiin markkinatilanteen mukaan. Havua toimitettiin tasan sovitusti ja koivua supistaen vuoden lopulla tehtaan toivomuksen mukaisesti. Puutavaran laatu oli ollut tyydyttävä tai oikeastaan hyvä, lukuun ottamatta muutamia hankintamiesten 10 % raakkimällejä. Aimo ilmaisi lopuksi suuren tyytyväisyytensä kuluneeseen vuoteen ja toivoi yhteistyölle kiinteätä jatkoa.

Esittelin näkymiä yhdistyksen kannalta. Vuosi oli mennyt hyvin, sovituille puille oli löytynyt reikä ja asiat on hoidettu kaiken puolin mallikkaasti. Ongelmina olivat olleet lähinnä tilitystekniset arvonlisäveron -tilitys ja ennakonpidätys, joiden hoito ATK-järjestelmän sivussa tuotti käsin laskentatöitä. Tehtaan vastaanotto on toiminut asiallisesti ja virheet on korjattu hyvässä yhteisymmärryksessä.

Pekka esitteli Metsäliiton tavoitteita jatkosopimukselle. Toimitettavia puumääriä tulee supistaa kolmanneksella. Metsäliiton kaksi metsuria tulee sijoittaa yhdistyksen töihin, koska he haluavat päästä miesten työllistämisestä eroon. Aimo ja Mauri katsoivat tyrmistyneinä toisiinsa.

-Viime vuoden toimitussopimus toteutettiin markkinatilanne huomioiden täysimääräisesti. Ymmärrän käyttöasteen supistumisesta johtuvat määrien alennukset jossain määrin. Mutta, metsureiden sijoittaminen on vaikeammin ratkaistava asia. Meidän on tutkittava asia ja mahdolliset ratkaisuvaihtoehdot. Käsittääkseni tarvitsemme ammattitaitoista työvoimaa niin metsänuudistamis- kuin metsänhoito- ja hakkuutöissäkin.

Kyseeseen tulee: 1. Työvoiman lainaus siltä osin kuin teillä ei ole heille töitä, 2. He perustavat urakointiryhmän jonkun koneyrittäjän kanssa tai 3. Heidät palkataan työntekijöinä. Asia on sen verran vaikea, että esitän asian perusteellista tutkimista kevääseen mennessä. ja koska tämä ratkaisu johtaa toteutuessaan kasvaviin kuitumääriin, esitän määriä nostettavaksi.

- Ymmärsinkö oikein, että olet myöntyväinen tutkimaan miestemme siirron ja sen johdosta esität määrien noston. Ja muiden tavoitteiden osalta olemme samaa mieltä, Pekka täsmentää.

- Aika tavalla tavoitteemme ovat yhteen sovitettavissa, mutta toimitusten rytmitys jäi äsken minulta käsittelemättä. Toimin viime kesään saakka 3 kk suunnittelujaksolla, mutta koivuhankinnan vuoksi jouduin nostamaan jakson pituuden 6 kuukauteen, sanon.

- Sopiiko, että pidämme keskenämme pienen neuvottelutauon, koska määrien sovittaminen piirin toimituksiin on voitava tehdä yhteisymmärryksessä. Samoin haluaisin keskustella metsureiden siirrosta, Pekka vastaa.

Metsäliiton miehet poistuvat.

- Olipa kovat ehdot, mitä nyt tehdään? Eihän tuo Pekka ollut nyt kuitenkaan niin hyökkäävä kuin viimeksi Anne sanoo.

- Tarvitaanhan niitä miehiä ja jos ne on hyviä, niin mikäs siinä, Aimo sanoi.

- Olen valmis aloittamaan keskustelut miesten siirrosta ja hyväksymään siirron korotetuilla toimitusmäärillä. Muuten on vielä laskeskeltava reviirikauppasysteemin kuviot ja hintojen tarkastusmenettely, sekä toimitusaikataulu. Kyllä tästä vielä hyvä tulee, sanon.

Neuvotteluryhmät kokoontuvat yhteen ja asioiden puiminen jatkuu.

- Piirin toimitusmääriin olisi sovitettavissa lähes toivomanne määrä. Tähän liittyen metsureiden siirrosta jatkoneuvottelut siirretään Pentti Pajusen hoidettavaksi. Se olisi saatava ratkaisuun kevään aikana. Kaupan toteutus jatkuisi reviirimenetelmällä, josta lienee ollut aiemminkin puhetta, mutta jonka Aimo vielä voi käydä läpi. Minun puolestani yhteistyö voisi jatkua tältä pohjalta.

- Niin ja lisäksi on syytä muistaa, että nykyisen sopimuksen sisältämä 6,00 markan luovutusaikakorjaus poistuu 30.3 ja sen jälkeen tulevasta hinnasta ei tiedä kukaan, nouseeko se vai laskeeko, vai pysyy kenties ennallaan. Mitäs sanotte, miltä tuntuu, Pekka kysyy lopuksi.

- Tuolta pohjalta näyttää siltä, että voisimme jatkaa toimintaa uusimalla pohjapaperiksi entisen rationalisointisopimuksen, joka ymmärtääkseni toimii hyvin tässä tilanteessa ja antaa tarpeelliset joustot toiminnalle. Toimitusaikataulu on tietysti uusittava. Tuolla määrällä voimme käynnistää jatkoneuvottelut menettelytavasta miestenne työllistämiseksi. Tavoite on, että asia on ratkaistu huhtikuun loppuun mennessä, vastaan

- Reviirisysteemi ei ymmärtääkseni muuta varsinaista kauppa- ja mittaustodistus menettelyä, vaan ainoat muutokset tulevat tilitys puolella, sekä tietysti mukaan tuleva pääkauppamenettely. Puutavaran hinnan määrittely näin on tietysti hieman ongelmallista. Oletettavasti hinnan muutokset eivät ole kovin merkittäviä. Joka tapauksessa meidän on niiden mukaan elettävä kuitenkin.

- Eräs asia minua kuitenkin hieman arveluttaa. Se liittyy tähän miesten siirtoon. Nythän käy niin, että miestyönä hakattava puumäärä nousisi selvästi. Kun tiedetään se, että sen puun hankinta lisää oleellisesti myös työnjohdon kustannuksia käy niin, että rationalisointilisä voi käydä pieneksi. Mutta se on asia, jonka voimme laskea tarkemmin sitten Pentin kanssa, siihen on nyt turha hukata aikaa. Esitän, ellei kumppaneillamme ole mitään sitä vastaan, että hyväksymme tältä pohjalta yhteistyön jatkamisen, päätän vastauspuheenvuoroni Anneen ja Aimoon katsoen.

- Selvältähän nuo tuntuvat Kallen ja Pekan ajatukset, joten omalta osaltani hallinnon puolesta asia on selvä, puheenjohtaja Aimo toteaa.

- Ei minulla ole asiaan mitään sen kummempaa, Anne toteaa.

- Hyvä, voimme katsoa päässeemme sopimukseen, ja koska ei näitä näin isoja kauppoja joka päivä tehdä, niin paiskataan kättä päälle, Pekka sanoo selvästi huojentuneen oloisena kättään minulle ojentaen. Ja kiitos rehdistä neuvottelusta, tämä kävi hyvässä hengessä ja sujuvasti.

Kättelyjen jälkeen siirryttiin lounaalle, jolla vapautunut keskustelu polveili luonnonsuojelusta päivän politiikkaan. Keskustelun yhteydessä sovittiin huhtikuulla pidettävästä pilkkipäivästä, jossa voitaisiin ottaa pilkkijoukkueiden ottelu. Päivät pidettiinkin Isokenkäisten Klubilla Kuusamossa Aimo ja Sirkka Kämäräisen isännöiminä Kuntivaaran laella retkeillen. Mauri Määttä voitti pilkkiottelun 20 gramman ahvenella. Päiville osallistuivat Metsäliitolta myös Aimo Hiljanen, Sauli Wilmi ja Pentti Pajunen. Mauri sitten kehuskeli voitollaan savusaunomisen, avantouintien ja hyvän illallisen aikaan siihen malliin, että Sauli vanhana velmuna laittoi ahvenen illemmalla Maurin auton peräkontin tiivisteen väliin. Seuraavan kesäkuun alussa Mauri ihmetteli, että mikä hänen autossa haisee. Sauli sitten juhannuksen jälkeen kysyi puhelimessa, että joko se voittokala on löytynyt. Asia ei ymmärrettävästi kisan voittajaa siinä vaiheessa naurattanut.

Alkutahdit luodaan harvennuspuun hyödyntämishankkeille. Lentokoneen penkillä istuessa tuntui, kuin olisin paiskautunut karusellista ulos ja matkalla totutulta kiertoradalta sivuun. Viimeisten viikkojen kiihtyvä kiire painui hiljalleen ajatuksissa syvemmälle ja vaistomaisesti löysäsin solmiota samalla, kun heitin polven rennosti toisen päälle.

Lentomatka Kuusamoon sujui mietteisiin vaipuneena. Kertasin ajatuksissani tärkeimmät toimet etsien mahdollisia puutteita. Kulunut viikko meni Helsingissä kokouksissa. Ensin kävin eduskunnassa kertomassa kansanedustaja Pauli Saapungille hankkeen tilanteesta ja lähiajan suunnitelmista. Seuraavana kävin Metsäliiton pääkonttorissa kertomassa hankkeen taustoista. Keskiviikko meni Silvadatan toimistolla suunnitellen Peltosen Jaakon kanssa suuntaviivoja hankkeen laskentaohjelmille. Torstaina tutustuin Metsätehon toimintaan ja luonnostelin yhteistyökuvioita Risto Lillebergin kanssa. Perjantai-aamuna oli käynti Kauppa- ja Teollisuusministeriössä suunnittelemassa selluhakkeen kuljetustukiesitystä. Päästyäni mietteissäni viime päiviin kone aloitti laskeutumisen kentälle. Tarkoitus olisi yhdessä mukana olevien asiantuntijoiden kanssa suunnitella alustavasti suurempi kehityshanke metsäalalle. Lentoasemalla odotti taksi, joka oli aiemmin päivällä hoitanut tilaamamme tarvikkeet valmiiksi autoon. Kun lentokentällä kaikki tuntui sujuvan kuin rasvattuna, alkoi retkeilyviikko yhteistyökumppaneiden kanssa näyttää hyvältä. Mökki oli paremminkin kelolinna, joka oli jaettu useisiin pienempiin huoneistoihin. Tulomaljojen ja majoittumisen jälkeen kokoonnuttiin pohtimaan tulevien päivien ohjelmaa. Iltayö kului hämmästyttävän kirkasta tähtitaivasta ihmetellessä ja ehdittiinpä keskiyön aikoihin pyöräyttämään muutamat kiemurat parketillakin.

Aamun valjetessa kauniina suuntasimme tunturia kiertelevälle hiihtoladulle. Ensimmäisten kilometrien mäkiin totuttuamme matkanteko alkoi sujua vaivattomasti ja aikaa jäi ympäristön tarkkailuun. Vuosselin laskettelurinteellä oli vielä hiljaista, ja vastakkaisen rinteen mökeistä vain muutamassa oli valot. Suoalueen jälkeen latu sukelsi tykkylumen kuorruttamaan kuusikkoon. Metsä oli epätodellisen näköinen, tuiskulumen kasaamine korkeine kinoksineen ja puiden tyvelle tuulen tuivertamine syvine onkaloineen. Puut olivat lähinnä lasten lumiukkojen näköisiä painavan lumitaakan alla. Haastattelin eilen erästä paikallista kaveria, joka tuntui tietävän oloista täällä. Hän kertoi, että nämä metsät ovat 200 - 300 vuotta vanhoja. Näiden metsien uudistaminen on aloitettu vasta 1960-luvulla, koska paikalliset isännät ovat saaneet omistusoikeuden maihin vasta isonjaon päättyessä 1950-luvun lopulla. Tästä kuulemma johtuu, että maisemassa näkyy runsaasti nuoria taimikoita ja tuoreita hakkuuaukeita.

Aukeaksi hakattu harjumaisema todella sävähdytti synkän metsän jälkeen, mutta noustuamme harjun päälle alkoi pilkkimiehen kertoma selitys hakkuusta tuntua järkevältä. Maisema hohti nousevan auringon paahteessa kirkkaan valkoisena. Latu polveili laaksojen ja mäkien kautta takaisin Vuosselin rinteen luo, jossa oli jo rinteet täynnä laskettelijoita.

Tykkymaisemaa Kuntivaaralla.

Aamulla vuokrasimme kelkat ja kartan moottorikelkalla ajettavissa olevista reiteistä. Lyhyen opastuksen jälkeen lähdimme varovaisesti matkaan.

Reitti kulki metsäautoteitä ja soita sekä lampien jäitä pitkin, nousten välillä vaarojen laelle näyttäen parhaita paloja vaaramaisemista. Menomatkalla pysähdyimme pari kertaa tarkistamaan kartalta sijaintimme.

- Vaikka pohjoisen hakkuualueista on puhuttu paljon, minusta aukot ja nuoret taimikot tuovat yksitoikkoiseen kuusikkomaisemaan vaihtelua. Ja olen huomannut, että nuorissa metsissä näkyy eläinten jälkiä huomattavasti enemmän kuin vanhoissa metsissä, Pekan vaimo Mari sanoo.

- Minustakin tuntuu, että usein meillä kaupunkilaisilla on helppo sen enempää ajattelematta vaatia metsiä suojeltavaksi. Kuitenkin suuri osa meidän elintasostamme on lähtöisin puusta, Pekka tuumaa.

Paikalle kaartoi kaksi moottorikelkkailijaa. Molempien kuljettajat olivat pavunruskeita kasvoiltaan. Jutustellessamme selvisi, että he olivat paikallisia kavereita ja tulossa pilkkireissulta Kitkajoen suunnalta. Keskustelu kääntyi luonnonsuojeluun ja he kertoivat ehdottomasti kannattavansa sitä, mutta yhdellä ehdolla:

- Suojelu ei saa olla toisen takapuolella muurahaismättääseen istumista, vaan on elettävä niin kuin opettaa. Silloin on mahdollista päästä kestävään suojeluun. Sitä paitsi ei metsää ja luontoa voi museoida, se kehittyy omaa hidasta tahtiaan luojan lakien mukaan, haluammepa me sitä tai emme. Siksi luontoa tulisi hoitaa, eikä unohtaa luonnonreservaatiksi.

Suoriuduimme matkaan ja puolen tunnin kuluttua nousimme Saunavaaran laelle, josta avautui Kuusinkijokilaaksoa pitkin kaunis maisema Paanajärvelle Venäjän puolelle. Etualan laaja avohakkuualue mahdollisti maiseman näkemisen. Alueelle oli noussut metrin-parin mittainen taimikko. Oli helppo yhtyä moottorikelkkailijoiden käsitykseen siitä, että kymmenen vuoden kuluttua ei tätäkään maisemaa enää näkyisi, sillä taimikko kasvoi 30 -50 senttiä vuodessa. Näin nuori taimikko olisi kymmenen vuoden kuluttua 6-7 -metristä, peittäen maiseman tiheänä metsänä vaaran laelle saakka.

Olimme samaa mieltä siitä, ettei moottorikelkoilla tule ajaa avohakkuualueilla, koska lumen alla voi olla suurella vaivalla istutettu taimikko, puhumattakaan että ajettaisiin lumen päällä näkyvään taimikkoon.

Koko viikon saimme nauttia kevätauringossa hohtavista hangista lasketellen ja hiihtäen ja kelkkaillen, Parhaimmat muistot jäivät pitkistä hidasvauhtisista hiihtolenkeistä. Siellä saimme maisemien ihailun ohella uusia näkökulmia etelän kiireisiin. Taisipa alitajuntaan jäädä asumaan kaipaus - jospa joskus olisi mahdollisuus muuttaa kokonaan tänne.

Tällä retkellä aseteltiin kilometritolpat paikoilleen tulevan kehittämistyön tien laitaan, josta tosin tulikin sitten huomattavasti pidempi ja laajempi taival, kuin olimme ajatelleet. Hanketta työstettiin seuraavana kesänä koskenlaskureissulla.

Elämä on kuin virta. Hetken se soljuu sopivalla vauhdilla eteenpäin kuljettaen. Ryöpsähtäen kosken niskalta villiin menoon, tarjoten yksittäisiä kiviä ja karikoita matkaajan väisteltäväksi. Aaltojen pärskeiden lisätessä jännitystä saa pohjakosketus sydämen tykyttämään. Ja kaiken yllä vaati perämiehen huuto lisäämään vauhtia. Yhtä yllättäen kuin koski alkoi, se päättyy suvantoon. Epätodellinen rauha laskeutuu. Virta näyttää kadonneen. Joen mukanaan tuomaa roskaa kiertää akanpyörteessä. Kulkijalle tulee ummehtunut olo. Tästä on päästävä eteenpäin. Joen kaarteen jälkeen virta jatkuu tasaisena. Meloessa voi vapaasti katsella ympärilleen. Kulkija aistii kaiken sen kauneuden ja rauhan, minkä luojamme on vuosituhansien aikana luonut. Mieli on ohikiitävän hetken ajan tasapainossa. Sitten ahneus voittaa...

- Tuossa jokitörmän alla sorakon reunassa olisi loistava mökinpaikka....

Kaarteen takaa virta syöksyy mutkittelevaan koskeen, jota reunustavat korkeat kalliot. Haaveisiinsa vajonneet kulkijat eivät osaa varautua. Alus ajautuu vuolaasta virrasta ulos matalikolle. Pohja kolhiutuu kiviin, vauhti hidastuu, ohjaaminen tulee mahdottomaksi. Lopulta törmätään rantakallioihin. Kivistä kiinni pitäen tuumitaan, palataanko takaisin vai jatketaanko?

- Takaisin ylös ei pääse, perämies sanoo. Se matka, jonka virta on meitä tuonut alaspäin, on iäksi mennyt. Eteenpäin on mentävä. Voimme vain valita keinot, joilla koskesta selvitään, hän toteaa.

- Voimme nousta maalle ja kantaa tavarat. Se vie koko päivän, mutta on turvallista. Tai voimme kantaa varusteet ja laskea lautan tyhjänä alas koskesta. Se vie puoli päivää. Tai lasketaan koski täydellä lastilla. Se vie varttitunnin - tai kaiken.

Puntaroimme vaihtoehtojamme. Jos laskemme kosken ja selviämme, olemme entistä vahvempia ja rohkeampia. Jos menemme maitse, saamme kiertää loppuikämme. Jos jäämme koskeen - kaikki päättyy.

Päätämme laskea kosken kaikkine varusteineen. Se on nopeinta. Tietämättä minne meillä on kiire, otamme riskin, että kaikki on ohi varttitunnissa. Meidät voittaa halumme olla nopeita ja tehokkaita. Kaipuumme päästä kokemaan uusia, vaativia ja jännittäviä tilanteita on voimakkaampi kuin itsesuojeluvaisto. Löysäämme irti rantakalliosta. Aloitamme hurjan melonnan päästäksemme takaisin vuolaaseen virtaan.

- Vauhtia, vauhtia, huutaa perämies.

Virta kaartuu vasemmalle ja olemme liikaa oikealla. Ajaudumme päin rantakalliota. Yksi meloja katkaisee melansa.

- Toiset saavat meloa hänenkin puolestaan, huutaa perämies.

Pelko siivittää melojen liikettä. Alus saadaan virtaan. Vauhti kiihtyy. Ahneuksissamme ajamme oikealle kaartavan mutkan liian sisältä ja keula raapaisee rantamatalaan. Alus pyörähtää virran voimasta ympäri pysyen kuitenkin pystyssä. Hetken olivat suunnat sekaisin. Osa meloo keulan ollessa vastavirtaan, hidastaen entisestään vauhtia.

- Kääntäkää alus alavirtaan heti, oikea meloo, vasen seis, perämies käskee.

Suunta oikeaa. Syöksy jyrkkenee. Aaltojen pärskeet lyövät kaiken aikaa päidemme yli.

- Vasen meloo lujaa, oikea hidastaa ... oikea lujaa, vasen hidastaa, kaikuvat komennot perästä.

Törmäämme kiveen, sitten rantakallioon, sitten taas virta vie. Melomme. Kerran alus kallistuu pahasti, ja on kaatua. Menetämme varusteita. Meloja katkeaa... Jotenkin selviämme suvantoon. Odottelemme virrasta varusteitamme. Koskesta lipuu varustepaketti toisensa perään, sekä melan kappaleita ja muuta roinaa. Hiljalleen alamme tajuta tilanteen. Olemme iloisia, että olemme hengissä ja terveitä. Murheelliseksi meidät tekee se, että puolet joukostamme on hyödyttömiä aluksen kuljettamisessa, koska varusteet ovat hajalla. Kokemuksia on tosin kertynyt senkin edestä. Loppupäivä korjaillaan varusteita. Sellaista elämä on.

- Tästä koskenlaskusta tulee väistämättä mieleen ajatus, että olemmeko me syöksymässä samalla tavalla silmät kiinni näihin pienpuun hyödyntämishankkeisiin. Olemmeko kaivaneet kaiken olemassa olevan valmiin tiedon käsiimme, jotta emme tee enää turhaan samoja asioita toiseen kertaan, aprikoi Finbion toiminnanjohtaja P-J Kuitto nuotion ääressä.

Työstetään ryhmässä malli, jolla jaamme vastuu alueet itse kullekin. Minä vastaan osien kokoamisesta ymmärrettäväksi paketiksi, jolla saamme ainakin luotua uskoa kasvatusmetsien käsittelyyn. Samalla pyrimme löytämään taloudellisesti ja teknisesti toimivamman ratkaisun pienikokoisten runkojen jalostamiseen teollisuuden raaka-aineeksi. Asiantuntemustahan meillä on paljon. Koskenlaskuporukkamme muodostuu viidestä asiantuntijasta, jotka olin koonnut työryhmääni harvennuspuun ominaisuuksia ja hyödyntämistä tutkivaan projektiin Jyväskylässä Finbion järjestämillä bioenergia päivillä. Mukaan lähtivät P-J Kuitto, Juhani Aho, Ari Hooli, Pentti Hakkila ja Tapio Ranta. Näillä retkillä tutustuimme toistemme näkemyksiin metsätalouden ongelmista ja tahtoon olla mukana ratkaisemassa niitä. Tärkeintä olisi oppia esittämään oikeita kysymyksiä, jotta saisimme tutkimalla ja kokeilemalla toimivia vastauksia. Oikeita vastauksia ei ole olemassakaan, vain toimivia tai ei toimivia.

Kuusamon Klusteri puunhankintaketju

Indonesian halpa puu vastaan kotimaan harvennusmetsien ongelmat. Stora Enson toimitusjohtaja Jukka Härmälä totesi vuonna 1996 50-vuotishaastattelussaan Maaseudun Tulevaisuudessa: "Halpa puu vetää Indonesiaan sellun tekoon. Siellä eivät ympäristön suojelijatkaan aiheuta isoja ongelmia. Venäjä ja Etelä-Amerikka eivät kiinnosta. Kotimainen selluteollisuus ei laajene, sillä ensiharvennukset ovat nimenomaan kustannusongelma, jossa puun hintaan ja hankintatekniikkaan liittyvät vaikeudet olisi ratkaistava. Jos ongelma olisi helppo, se olisi jo ratkaistu."

Jo vuonna 2000 metsäteollisuuden kenttä oli ihan erinäköinen. Metsäluontoon liittyvissä asioissa on löytymässä yhteinen sävel vastakkainasettelun sijaan. Metsien sertifiointi auttaa siinä, ettei aina uudelleen tarvitse selitellä ostajille puun alkuperää.

Matkailun, maa- ja porotalouden yms. markkinointia ja kehittämistä varten perustettiin Järvi-Kuusamon markkinointihanke (1997 -98) ja se jatkui Järvi- Kuusamon kehittämishankkeena vuonna 1998 -99. Toimin tämän ohjausryhmän puheenjohtajana. Kustannusarvio oli 485 000 markkaa ja lisäksi erillisrahoituksena yritysten ja yhteisöjen investointihankkeet, mm. kylätalojen korjaukset, reittien rakentamiset, ampumarata Multasniemelle jne.

Hanke jatkoi Järvi-Kuusamon markkinointihankkeen aikana alkuun päässyttä laaja-alaista yhteistyötä kalastuskuntien, metsästysseurojen, jakokuntien, yrittäjäin ja yhteisöjen kanssa. Toiminta jakautui kolmeen kokonaisuuteen: reitit (vaellus - ja maastopyöräilyreitit, historialliset reitit), alueen markkinointi sekä ympäristöhoidolliset ja alueen viihtyisyyttä lisäävät työt.

Syksyllä 1996 esitimme työryhmän hyväksymänä Kuusamon Metsänhoitoyhdistyksen hallitukselle "Kuusamon Yksityismetsätalouden sopeuttamisprojekti" -hankkeen käynnistämistä. Tavoitteeksi asetettiin metsätaloudellisen toiminnan painopisteen siirtämistä vanhoista metsistä nuoriin kasvatusmetsiin siten, että alueella toimivan puunjalostusteollisuuden toimintaedellytykset pyritään turvaamaan ja metsien hakkuista kertyvän puuraaka-aineen markkinat säilyttämään. Oulun Maaseutuelinkeinopiiri hyväksyi hankkeen rahoituksen vuosiksi 1997 -98 yhteensä 1 850 000 markkaa, josta Kuusamon Metsänhoitoyhdistyksen osuus oli 370 000 markkaa.

Omistin tämän hankkeen äskettäin edesmenneelle isälleni ja niille tuhansille hänen kohtalotovereilleen, jotka menettivät terveytensä puolustaessaan Suomen itsenäisyyttä. Meidän sukupolvemme velvollisuus on hoitaa ja hyödyntää kansallisomaisuuttamme lastemme ja lastenlastemme hyväksi.

Hanke käynnistyi tammikuussa 1997. Metsänhoitoyhdistyksen sisäisten toimintojen; puukaupan, korjuumenetelmien ja erikoispuun hankinnan kannattavuuden selvittämiseen kehitettiin tiedonhallinta- ja laskentaohjelmia. Harvennuspuun laatua selvitettiin VTT:n ja Metlan tutkijoiden kanssa leimikoittain.

"Sahojen toimintaa uhkaa tukin keskikoon pieneneminen. Metsien ikärakenne on myös huolestuttava, sillä 60 % metsistä on alle 40-vuotiaita. Nykyisillä sahoilla ei ole kannattavaa sahata latvaläpimitaltaan 80 -134 millimetrin pölkkyjä, jotka tulevat pääosin tukkiharsinnalla aikanaan käsitellyistä jätemetsistä. Järeiden päätehakkuumetsien määrä on pieni, ja niiden talouskäyttöä rajoittavat edelleen suojeluhankkeet. Kasvatusmetsät taas tuottavat tukkia vasta 10 -20 vuoden päästä. Harvennusmetsien pienehkön tukin käsittelyyn nykyiset sahalinjat eivät sovellu." (Pekka Ojala, päättötyö projektin Pölkky Oy:n koesahauksista, Koivikon Maatalousoppilaitos 1997) Harvennushakkuiden kannattavuuden ja markkinoinnin selvittämiseksi käynnistettiin pikkutukkien kaksi koesahauserää, kumpikin noin 9000 tukkia ja kuitupuun markkinoimista yhdistelmäpuunkorjuuketjua käyttäen. Keväällä testattiin kaksi terminaalityöskentelyyn soveltuvaa selluhakkeen valmistusmenetelmää, Hakepojat Oy:n reikäroottorikuorinta-haketus-seulonta – yhdistelmä ja Hooli Oy:n ketjukarsija-vasaramurskain-haketus – yhdistelmä. Testaus suoritettiin karsitulla kuusikuitupuulla, josta noin 60 % oli kuivahtanutta, talvella monitoimikoneella hakattua. Selluhakkeen laatu saatiin hyväksyttäväksi. Hankkeen tarkoitus oli perustietouden kerääminen haketusmenetelmästä. Hakkeet toimitettiin Metsäliitto Osuuskunnalle Kemiin ja Stora Ensolle Kemijärvelle. Molempien yhtiöiden aluejohtajat Pekka Kauranen ja Matti Karjula pitivät tärkeänä ensiharvennuspuun korjuumenetelmien kehittämistä ja ensiharvennuspuun laadun ja käyttökelpoisuuden tutkimista. Molemmilla yhtiöllä oli hyvin vähän tutkittua tietoa Pohjois-Suomen ensiharvennuspuun ominaisuuksista ja käyttökelpoisuudesta teollisuudelle. Aiemmin tehdyt kokeet olivat olleet pieniä ja yksittäisiä. Ne olivat kuivuneet kokoon milloin mistäkin syystä.

Monitoimikoneen tietokoneohjattu runkojen arvoapteeraus -ohjelmisto otettiin käyttöön huhtikuussa 1997. Siinä tietokone laskee annetun markkinahintalistan ja laitteen keräämien leimikon runkotiedostojen avulla katkontaesityksen, arvokkaimmalla tavalla koko rungon tasolta tarkasteltuna. Koneen kuljettajan tehtävänä on runkojen laadun huomioiminen katkonnassa näkyvien vikojen osalta. Aiemmin koneen kuljettajan oli hallittava enimmillään noin 200 kappaletta erilaisia pituus/paksuus/laatu -yhdistelmiä. Koesarjassa valmistettiin noin 4400 kuutiometriä puutavaraa. Koneketjun tuotos nousi noin 30 % ja leimikoiden arvo katkottuina puutavaralajeina nousi saman laatuisiin vertailuleimikkoihin verrattuna noin 6 %.

Ponssen puolella tietokone ohjelman kehittämisestä vastasi Tommi Ruha. Me teimme metsäpään käytännön sovellutukset. Parhaimmillaan pystyimme automatiikalla katkomaan rungot siten, että rungon kapenemaa käyttäen kone katkoi erilaatuiset rungon osat erilleen. Kasvatusmetsissä kone pystyi erottamaan tyven rakennetukin ja tuoreoksaisen osan erilleen. Päätehakkuumetsissä kone erotti oksattoman tyvitukin, kuivaoksaisen välitukin ja tuoreoksaisen latvatukin erilleen.

Tämä nosti selvästi koneen tehokkuutta ja paransi merkittävästi rungon jalostusarvoa. Vaikutukset olivat vuositasolla koneketjun 20 000 kuutiometrin kapasiteetilla puutavaran arvoon noin 350 000 markkaa ja koneen tuotokseen noin 150 000 markkaa. Vastaavantyyppisen katkonta-automatiikan käyttöönotto alkoi yleisemmin vasta noin 5 vuoden kuluttua.

Koesarjaa jatkettiin syksyllä 1997 yhdistelmäpuunkorjuukokeella, jossa sahapuu ja pikkutukki karsitaan palstalla, kuitupuu korjataan karsimattomana osapuuna ja latva katkaistaan 50 mm tai 70 mm kohdalta. Rangan pituus on 3 – 5 metriä. Ketjukarsinta/haketus suoritetaan joko välivarastolla tai syöttökuljetusten avulla terminaalilla. Selluhakkeen laadun varmistaminen talviolosuhteissa vaatii vielä jatkokokeita, mutta tulokset vaikuttavat lupaavilta. Kokeissa ainespuun määrä nousi lähes kolmanneksella, ja sivutuotteena saadaan energiapuuta 30 -35 %.

"Sirkkelisahurin tukkipuu". Koesahasimme näitä "harakannaintimäntyjä", koska yleisen väittämän mukaan niistä saa hyvää sahatavaraa.

Lopputuloksena oli kuivauksen jälkeen kasa "pujopäitä venkuloita" rungoissa olevien voimakkaiden jännitteiden vuoksi.

Metsänhoitoyhdistys ja Metsäliitto pilkkiottelussa Heikinjärvellä.

Pentti Pajunen ja Sauli Wilmi miettivät, että mistähän se Kalle meinaa ne puut toimittaa, kun metsät ovat taimikoita ja riukumetsiä.

Osuuskunta Savotta on juuri päätetty perustaa Siilinjärven metsäoppilaitoksen laavulla.

”Enska” aloittaa uuden tarinan, Joukamo Kortesalmi ja kouluttaja Viljo Nuutinen valmistautuvat kuulolle.

Edessänne on Oulangan kylä 9 metrin syvyydessä, kaikki jäi sinne kun Pääjärven vedenpintaa nostettiin.

Olemme kahvitauolla Pääjärven saaressa Metsänhoitoyhdistyksen työporukalla. Tulipuista ei ollut pulaa, koska alueita ei hakattu ennen veden nostoa.

Pentti Mustaniemen keitos kiehuu yli.

Venäläinen rankakuorma on lähdössä lanssille.

Puustomittauksia suoritettiin myös yön pimeydessä.

Helmikuussa 1998 tehtiin ohjausryhmässä päätös yhdistelmäpuunkorjuumenetelmän jatkokehityksestä, jota varten suunnittelin 3 vuotisen **Kuusamon KLUSTERI–puunhankinta ketjun.** Hanke oli jatkoprojekti Kuusamon Yksityismetsätalouden sopeuttamisprojektille. Hankkeen rahoittajina toimivat Oulun TE-keskus 1 027 000 mk, Maa- ja Metsätalousministeriö 290 000 mk, Kuusamon Metsänhoitoyhdistys 100 000 mk ja Kuusamon Kaupunki 29 000 mk.

Kuusamolaisten maine oli tuolloin hankkeen valmisteluvaiheessa Helsingissä melkoisen alamaissa, kun Kuusamon Yhteismetsän edustajat olivat hylänneet ministeri Kalevi Hemilän vaihtomaaesityksen 5.10.1998 ja päätyneet kokonaisuuden kannalta huomattavasti huonompaan rahakorvaukseen. Silloisen yhteismetsän hoitokunnan puheenjohtajan Martti Kajavan myöhemmin lausuman mukaan "joka toinen puu meni ilmaiseksi". Kävimme kansanedustaja Pauli Saapungin kanssa varmistamassa Maa- ja metsätalousministeri Hemilältä, että mikä viivyttää heidän rahoituspäätöstään. Astuimme sisään ministerin toimistoon. Ministeri totesi käteltyämme, että oletteko te kuusamolaiset kaikki yhtä tyhmiä kuin Yhteismetsän edustajat.

Vastasin hänelle, että kyllä meitä vielä löytyy tässä pari tolkun kaveria, jotka aikovat laittaa omalta osaltaan asioita kuntoon. Olen aika pitkälle samaa mieltä, että ministerin ehdotus oli Kuusamon kannalta hyvä, mutta Yhteismetsän neuvottelijoilta poistettiin viimeisessä osakaskunnan kokouksessa hyväksymisvaltuudet aivan muista syistä. Menemme kansliapäällikön huoneeseen etsimään rahoitushakemustamme. Sivupöydällä on kymmenkunta puolen metrin korkuista paperipinoa. Sieltä hän nappaa yhden pinon puolivälistä hakemuksemme ja kirjoittaa ministerin vaatimuksesta hyväksymispäätöksen ja rahat luvataan laittaa maksuun.

Hupaisan muiston tapaamisestamme sain, kun Kalevi Hemilä kymmenisen vuotta myöhemmin käveli jonkun seurueen mukana vastaan Kiutakönkäällä todeten: - Mitäpä sitä tolokun kaverille kuuluu. Vaihdoimme siinä hetkisen kuulumisiamme.

Päätavoitteina olivat taloudellisesti kilpailukykyisen harvennusmetsien puunkorjuuketjun luominen edellisen projektin yhteydessä testattujen ja kokeiltujen menetelmäosien ja jalostusmahdollisuuksien pohjalta. Tavoitteeksi asetettiin raaka-ainepohjaan perustuva lopputuotehakuinen yritysten yhteistoimintaverkosto, joka toisiaan tukevilla toiminnoilla luo kilpailukykyisen tuotanto-organisaation kasvatusmetsien käsittelyyn.

Mäntypikkutukkien koesahaus toteutettiin tammi-helmikuussa ja 10 -12 cm kuitupuun koesahaus kesäkuussa. Harvesterin ohjausjärjestelmän testauksia jatkettiin kesäkuun jälkeen. Syyskuussa jatkettiin yhdistelmäpuunkorjuumenetelmän testauksia käynnistämällä noin 4000 kuutiometrin hakkuut. Haketuskokeet jatkuivat lokakuun lopulla.

Marraskuulla toteutettiin USA:n tutustumismatka terminaalilaitteiston ja logistiikan menetelmien kehittämiseksi. Kiersimme Atlantasta Meksikon lahden rantaa pitkin New Orleansiin ja Missisipin risteilylle, katsastaen noin kaksikymmentä työmaata ja tehdasta. Sitten lensimme pohjoiseen Vermeerin tehtaille hakkureita ja puunkäsittelylaitteita tutkimaan. Mukana olivat Ari Hoolin ja Pentti Hakkilan lisäksi VTT:ltä kaksi ketjukarsija/hakkuri yhdistelmän kehittämiseen perehtynyttä kaveria. Matkan aikana syntyivät seuraavat johtopäätökset:

1. *Jokaisen osa-alueen on toimittava kokonaisuuden ehdoilla ja sen hyväksi.*
2. *Kaikki epäolennainen tuloksenteon kannalta on karsittava pois.*
3. *"Pehmeät arvot" hyväksyttäviä, jos eivät kustannuksia tuottavia, -muuten löydettävä maksaja.*

4. *Nuorten metsien kunnossapito metsätalouden harjoittamisen tärkein osa-alue seuraavat 15 vuotta.*

5. *Tekniset oivallukset: hakkuri: avoimet haketaskut, virtaukset paremmiksi, hakeputken lähtö alta, hienoaineen poisto joko rullastolla/tankoseulalla (ylisuuret etupäässä) /tai imurilla hakeputken yläkuolokohdan jälkeen (3 -5 mm rakotangot)*

   - ketjukarsija, kahden ketjurummun (nykyiset) tilalle: kaksi rumpua nykyistä pienemmillä ketjuilla ja lisäksi "siistausrummut" kaksi kappaletta, jolloin kuoriprosentti saadaan alle 1 %:n ja rungon piiskausta voidaan keventää

6. *Laatujohtamiseen: yksinkertaista, ketjuta, paranna laatua, palkitse, tehosta, trimmaa, yksinkertaista vielä kerran ja suorita!*

Metsäteknologian professori Pentti Hakkila totesikin, että projektit olivat laajin ja perusteellisin selvitys harvennuspuun laatuun, markkinointiin ja hyödyntämiseen liittyen Suomessa. Hänen kanssaan keskustelimme paljon matkan aikana suomalaisesta tavasta innostua lyhytkestoisesti jostain tutkimuskohteesta, joka on muodostunut ongelmaksi. Hetken päästä mielenkiinto suuntautuu aivan muualle ja hanke kaatuu sen seurauksena. Ristimmekin sen toimintamallin sirpaletaloudeksi.

USAn hakeauto, jonka lavan laidat olivat alumiiniverkkoa. Kuljettajat asuivat viikot autossa ajaen satelliittiasemalla haketettua selluhaketta tehtaalle. Asemalla oli telivaaka kuormien punnitsemista varten.

Runkojuontokone tuo palstalta rangat, peruuttaen latvat karsintaportin läpi ja nostaa sitten rangat kuljetusauton kyytiin tehtaalle kuljetettavaksi.

Haketusaseman ympäri pyörivä nosturi syötti proomuilla jokea pitkin tuodut puut kuorimoon ja hakkuriin, josta hake laivattiin maailmalle.

Kymmenvuotias männikkö on valmis harvennushakkuulle.

Hooli Oy:n ketjukarsija-laikkahakkuri yhdistelmän sarjaan kytkentä yhden miehen ohjaukseen

Pikkutukkien sahauskelpoisuutta tarkastelevat Pölkky Oy:n sahalla Metlan Hannu Kalaja ja Ari Meriläinen. Pölkky Metsän toimitusjohtaja Hannu Virranniemi, Hooli Oy:n Ari Hooli ja professori Pentti Hakkila: Hammastikkuja nuo enemmänkin ovat, kuin sahatukkeja.

Metsäliiton Mauri Määttä ja Aimo Hiljanen Kilpivaaran sahan terminaalilla: - Tämähän on teollista toimintaa. Haketus käynnissä Hakepojat Oy:n, sekä Hooli Oy:n laitteistoilla

Professori Pentti Hakkila: Tämä selluhake on se, jonka varassa teidän hankkeenne nousee ja elää, tämä on sitä metsien valkeaa kultaa!

Projektipäällikön kiireet

Meneillään on toistakymmentä hanketta eri yritysten, Kuusamon kaupungin, Metsäntutkimuslaitoksen, VTT:n Jyväskylän toimipisteen, ja Metsäliiton kanssa. Tälle viikolle tulee pitää palaverit Jyväskylässä, Helsingissä ja vielä monen yrittäjän kanssa siitä, miten ja millä laitteilla lähdetään hakemaan seuraavan vaiheen tuloksia. Nyt ollaan tilanteessa, että sahauskelpoisen puun tulokset näyttävät lupaavilta koesahausten perusteella. Korjuutekniikka on hallinnassa, mutta kustannuksia pitää saada tavalla tai toisella pudotettua alemmaksi. Laitteiston kehitystä on vietävä eteenpäin, jotta erilaisissa keliolosuhteissa pysytään sallituissa laaturajoissa.

Herätys on maanantai -aamuna kello 02.00. Lähtö Jyväskylään. Pysähdyn 30 km ennen Jyväskylää ja nukun tunnin verran. Pesen kasvot lumella. Olen VTT:n toimipisteellä hieman ennen 9.00, jolloin kokous alkaa. Paikalla ovat P-J Kuiton lisäksi teknisistä asioista vastaava Veli-Juhani Aho, Tapio Ranta ja Pentti Hakkila. Kerron projektin tilanteen. Olemme päässeet tienvarsihaketuksista viiden kyläterminaalin käyttöön. Siten saimme haketusyksikön käyttöä tehostettua, joka näkyy myös tehdyissä aikatutkimuksissa selvästi.

Tavoitteena on keskitetty pitäjäterminaali mahdollisimman lähelle Pölkyn sahaa vajaakuormien välttämiseksi. Puuta kulkee terminaalien läpi vuositasolla noin 50 -60 000 kuutiometriä. Meillä on kaksi vaihtoehtoa, vanhan kaatopaikan lähelle, jolloin voidaan harkita kaatopaikalta purkautuvan metaanin käyttöä energiahakkeen kuivaukseen. Toinen vaihtoehto on vuokrata kaupungin omistuksessa oleva 1,5 ha: n alue Pölkyn sahalta. Sen päällystämisestä aloitetaan neuvottelut. Pölkyn kanta on myönteinen, kaupungin kanta selviää parin kuukauden aikana. Tämän etuna on pienten tukki ja pikkutukkierien kuljetus rankanipun päällä kuormaa tiivistäen Pölkylle, vähentäen samalla vajaakuormilla ajoa. Silloin voisimme suunnata terminaalilaitteiston kehityksen enemmän laatua painottavaksi, kun ei tarvitse pitää yllä maastokelpoisuutta.

Käymme läpi valmistuneet laboratoriomittaustulokset. Puuaineksen laatu on käyttökelpoista, kuidun pituus on hieman pienempi, kuin Etelä-Suomen vastaavassa tutkimuksessa. Hakkeen seassa olevaa "mujua" tulisi saada vähemmäksi. Ylisuuret hakepalat eivät ole suuri ongelma. Sovimme seuraavan puuaineksen mittauskoesarjan periaatteet, joilla tarkennetaan ja täydennetään nyt saatuja tuloksia. Ketjukarsijan ja hakkurin osalta prototyypin koneita alusta saakka kehittelemässä ollut Veli-Juhani Aho kertoo, että Heinolan konepajalla olisi rumpuhakkuri, jolla Etelä-Suomen pölleistä saadaan laatuvaatimukset täyttävää selluhaketta. Kiinnostun asiasta, ja sovimme koesarjan järjestämisestä siten, että otamme Ari Hoolin kanssa kuusamolaista ensiharvennuspuuta kyytiin ja käymme Heinolassa hakettamassa ja tutkitutamme Jyväskylän yliopiston laboratoriossa hakkeen laadun. Vertaamme Etelä-Suomen pöllin ja meidän pieniläpimittaisen pöllin hakkeita ja laatua keskenään.

Veli-Juhani kertoi kehittelyvaiheessa olevasta puristinpankkojen kokeilusta karsimattoman rangan kuljetukseen. Se voisi olla keväämmällä koeajovaiheessa.

Tutustuimme alakerran hallissa olevaan koelaboratorioon, missä mäntyhakkeesta tehtiin biopolttoainetta dieselautoon. Pääsin koeajamaan puhtaalla biodieselillä tankattua Golfia, joka ei tuntumaltaan muuten poikennut normaaliautosta kuin, että pakokaasu tuoksui mäntysaippualle. Fortumin kaveri oli kiinnostunut mäntyöljykoelaitoksen rakentamisesta Kuusamoon. Laitoksen vaatiman raakapuun hankintaa varten lupasin laskea logistiset toteutusmahdollisuudet yhdessä Tapio Rannan kanssa, joka oli meillä mukana projektissa. Hankkeesta olin hyvinkin kiinnostunut täydentämään harvennuspuun hyödyntämistä.

Iltapäivällä ajelin Helsinkiin. Illalla päivitimme projektin tilanteen Metsäliiton Risto Lillebergin kanssa ja suunnittelimme, miten saamme sovitettua toimet yhteen Oy Metsä-Botnia Ab:n kehityshankkeiden kanssa aikataulujen ja rahan suhteen.

Yövyin MTK opistolla Espoossa Metsäliiton pääkonttorin lähellä. Aamupalalla istun selin naapuripöydän herraseurueeseen. Kaverit keskustelevat melkoisen äänekkäästi edellisen illan pitkästä päivällisestä. Sitten herkistin korviani. He alkavat puhumaan Kuusamon Osuusmeijeristä. Suunnitelma kuulosti olevan se, että tehdään tarjous sen liitämisestä Valioon, jolloin kuusamolaisille luvataan hallituspaikka. Eivät ne varmaan siinä vaiheessa osaa Kuusamossa ajatella asiaa loppuun saakka. Seuraavaksi lopetetaan meijeri Kuusamosta ja ajetaan maidot Haapavedelle, jonka meijeriä kehitetään edelleen. Koska tätä keskustelua oli käyty Kuusamossa jo muutaman viikon ajan, soitin välittömästi tuntemalleni meijerin hallituksen puheenjohtajalle. Kuusamon Osuusmeijeri jatkoi toimintaa itsenäisenä yrityksenä.

Sitten palaveri Silvadata Oy:n Jaakko Peltosen kanssa projektipäällikkökursseilla käyttöön ottamastani projektihallinta ohjelmistosta. Lukuisten hankkeiden riippuvuus toisistaan ja toistensa tuloksista ja aikatauluista vaati jatkuvaa synkronisointia. Joskus kelien puolesta tuli viivästyksiä, joskus kuljettajat kaipasivat lisäkoulutusta uuteen menetelmään, tai laitteiston toimituksien ja muutostöiden aikataulut muuttuivat. Välillä tutkimuksiin liittyvät mittaukset vaativat odottamista ennen uuden koesarjan käynnistämistä. Sitten koesarjaan sopivien leimikoiden valinta teetti töitä, sillä tarkoitus jokaisella koesarjalla oli täydentää jo satuja tuloksia.

Rajallisten taloudellisten resurssien vuoksi ei ollut tarkoituksenmukaista ja mahdollista toistaa samanlaisten raaka-aineiden kokeita. Tarkastimme lisäksi laatimani laskentaohjelman, jolla 27 eri muuttujalla pystyi laskemaan taloudellisen tuloksen biokuitumenetelmällä puuta toimitettaessa. Sillä pystyi ohjaaman kehittämistyön painopistettä aina tehokkaimmin toiminnan taloudellisuutta parantavaan osa-alueeseen.

Ennen puolta päivää lähtö takaisin Jyväskylään päivittämään tiedot. Vajaa sata kilometriä ennen alkoi mahdottoman sakea lumisade. Rekat alkoivat pysähtelemään tien laidalle odottelemaan aura-autoja. Hämärän laskeutuessa lumisten perävaunujen erottaminen edessä oli vaikeaa. Koko ajan oli pelko, että takaa lähestyvä rekka ajaa päälle. Pysähdyin seuraavalle huolto-asemalle tiedustelemaan edessäpäin olevaa keliä, jonka sanottiin vain pahenevan pohjoiseen päin mentäessä.. Kelin alkaessa rauhoittumaan ja aurauskaluston alkaessa liikkumaan ajelin iltakymmenen jälkeen Jyväskylään. Lunta oli tullut iltapäivän aikana noin 25 senttiä.

Aamulla päivitimme tietomme ja sovimme projektin jatkotoimenpiteistä P-J Kuiton kanssa, joka sovitti aikataulut yhteen Jyväskylässä. He olivat sopineet rumpuhakkurin koeajosta Heinolassa. Meidän tarvitsi vain ilmoittaa meille sopiva päivä, jolloin viemme Kuusamon pienpuita haketettavaksi ja tuomme hakkeet Jyväskylään tutkittavaksi.

Taival Kuusamoon meni sentään normaalikelillä ja päivittäiset rutiinit saatiin taas ajan tasalle. Pöydällä oli puutavara-auton hytillisen kuormainvaa´alla varustetun kuormaimen investointiavustuksen teko, metsuriosuuskuntien avustushakemukset jne. Lisäksi oli tehtävä edellisen kuukauden toimitusten jako isännittäin tilityksiä varten.

Seuraavalla viikolla maanantaina puutavara-automme pudotti Kemissä Ari Hoolin avolava-auton kyytiin 2-3 kuutiota karsimatonta rankaa. Ajoin Kiiminkiin, missä siirryin Arin kyytiin ja "pienpölliautolla" köröttelimme Jyväskylään vuorokauden jo vaihduttua. Laajavuoren hotelli oli varannut pyynnöstämme ilta/aamupalan valmiiksi ja aamulla puoli viideltä jatkoimme Heinolaan. Laitoimme ensin etelän pölliä hakkuriin. Pöllit olivat 10 -25 senttiä läpimitaltaan, kun taas meidän pöllimme olivat 12 sentin pikkutukin oton vuoksi vain 6-12 senttistä riukua. Etelän pöllistä näytti tulevan silmämääräisesti kutakuinkin laadun täyttävää haketta. Laitoimme näytteet pussiin, nimiöinti ja kuvaus raaka-aineesta, sekä ilman lämpötila. Sitten laitamme erän meidän riukua hakkuriin. Hakepalojen kokohajonta on selvästi suurempi ja mukana on "mujua" selvästi enemmän. Laitamme näytteen omaan pussiinsa.

Hakkurin kehittelijä tekee säädöt hakkuriin. Seuraavan erän haketus antaa hieman paremman tuloksen. Hakkuria säädetään vielä kaksi kertaa ja näytteet laitetaan haketusjärjestyksen mukaisesti numeroituihin pusseihin laboratoriotutkimuksia varten. Lähdemme ajelemaan Jyväskylään, missä jätämme VTT:lle näytesäkit toimitettavaksi edelleen. Lopputuloksena saimme aikanaan tiedon, että rumpuhakkuri vaatii aina selluhakkeen teossa seulan peräänsä, aivan kuten sahoilla käytetään.

Ajelemme Kiiminkiin pohdiskellen viimeisten vuosien tutkimuksia ja tuloksia. Hirmuisen määrän työtä tämä on teettänyt, mutta aika paljon vanhoja ennakkoluuloja on saatu kumottua. Onneksi tehdas on lähtenyt nyt mukaan kehittämään hakkeen vastanottoa ja ovat jo hieman lupailleet meille omaa harvennuspuuhakkeen kasan paikkaa, jolloin sitä voitaisiin syöttää hallitusti sellunkeittoon lopputuotteen laadun tarpeen mukaan. Edellisellä käynnillä Äänekoskella talouspäällikkö sanoi varaavansa rahat lähivuosien budjettiin. Ari on taas tarjoutunut investoimaan uudentyyppiset hakeautot ja purkulaitteiston tehtaalle, jotta päästään autokohtaisista 5000 kiloa painavista purkulaitteista. Nämä suunniteltiin USA:n reissulla. Perävaunuvalmistaja on jo lupautunut rakentamaan prototyypin.

Kiimingistä jatkoin omalla autolla vuorokauden vaihtuessa. Pudasjärven rajalla pitkällä suoralla tulee rekka vastaan. Hytin katolla palavat pitkät valot häikäisevät. Käytän lyhyitä valoja päällä, en näe mitään. Sitten pitkät päälle ja voi perkele. Edessä minun kaistallani on ainakin kymmenkunta poroa. Polkaisen jarrua, ei minkäänlaista vaikutusta. Tie on jäässä. Ohjaan oikeanpuoleiset renkaat päällysteeltä pientareelle, jotta en sorru rekan alle. Sitten poroja alkaa mätkähtelemään auton keulaan. Saan auton pysähtymään. Nousen autosta ja samaan aikaan puutavara-auto pysähtyy kohdalle. Kuski tulee ulos kirveen kanssa ja alamme lopettamaan poroja, joita on tuupertunut tien laitaan 4 kappaletta. Autonani tuolloin olleen Passsatin vahinkoja katsellessamme vain vasemmassa etulokasuojassa on pieni lommo ja tuulilasinpyyhkijän alla on 15 sentin kappale poronsarvea. Sen joutumisesta siihen minulla ei ole minkäänlaista käsitystä. Soitan hätänumeroon ja poliisimies lupaa ilmoittaa poromiehille, että käyvät korjaamassa raadot pois. Aamulla poliisi soittaa töihin ja sanoo, että paikalla oli noin kilometrin matkalla tie jäässä, muutoin oli aivan sula tienpinta.

Biodieselin jalostuspatentin yhdessä omistaneet Fortum ja Vapo riitaantuivat myöhemmin ja seurauksena Fortum rakensi koelaitoksen etelään öljynjalostamon aidan sisäpuolelle. Logistiikkalaskelman me ehdimme jo tehdä valmiiksi.

Oy Metsä-Botnia Ab:n talouspäällikön hakkeen vastaanoton kehittämiseen varaamat rahat menivät sitten vuosituhannen vaihteen lähentyessä jonkin eurooppalaisen sellutehtaan ostoon ja se kehityslinja raukesi siihen.

Hankintapalvelutoiminnan aloittaminen vuonna 1993 Metsäliitto Osuuskunnan kanssa ja sen kehittäminen yhdessä Pudasjärven piirin piiripäällikkö Aimo Hiljasen ja Kuusamon ostoesimies Mauri Määtän kanssa on luonut perustan uusien menetelmien koetoimintaan. Nuoren metsän hoitoalat nousivat projektien aikana Kuusamossa vuoden 1995 noin 350 hehtaarista vuoden 2000 lähes 2000 hehtaariin. Projektin aikana selvitettiin, että kuusamolainen ensimmäisen harvennushakkuun puu on hyvää raaka-ainetta mekaaniseen metsäteollisuuteen, ja massa- ja paperiteollisuuden raaka-aineena se on joiltain osin kuituominaisuuksiltaan ja saannoltaan jopa "normaalia" pöllisumaa parempaa.

Kehitetty Biokuitu-menetelmä mahdollistaa ensimmäisten harvennusten suorittamisen metsänhoidollisesti oikein, metsien sertifiointikriteereitä noudattaen. Poistettavien puiden elävän latvuksen sisältämästä ravinnemäärästä 30 % jää palstalle lannoitteeksi. Runkokuitupuun toimittaminen selluhakkeena vähentää pieniläpimittaisten pöllien aiheuttamia ongelmia sellutehtaalla. Menetelmän eri vaiheet on saatu toimimaan ja toimitusten laatu on hyvä ja hallittu. Kustannustehokkuutta on edelleen parannettava. Suurin yksittäinen kustannuksia alentava tekijä on kapasiteetin käyttöasteen nosto eli määrien lisäys. Nykyiset investoinnit mahdollistavat noin viisinkertaiset toimitukset, jolloin korkeat pääomakustannukset jakautuisivat suuremmille kuutiomäärille.

Pieniläpimittaisen puun käyttöön investoitiin mukana olleissa yrityksissä hankkeen aikana 35 miljoonaa markkaa, joilla toimilla lisättiin pieniläpimittaisen puun käyttöä 140 000 kuutiometriä. Suurimpia investointeja olivat Pölkky Oy:n Taivalkosken sahan muuttaminen pikkutukkilinjaksi, Lappipaneli Oy:n 2001 alkupuolella käynnistyvä pikkutukkilinja, ja saman yrityksen 3 megawatin lämpökeskus –investointi, jolla kevyt polttoöljy korvattiin kuorella ja purulla. Lisäksi piirustuslaudalla on edelleen suurehkoja puun ja bioenergian käyttöön liittyviä investointeja. Työpaikkoja hankkeen aikana syntyi noin 50, joista osa on talviolosuhteista johtuen kausiluonteisia. Toiminnot vaativat edelleen 10 -20 miestä lisää hakkuu- ja hoitotöihin. Keväällä 2001 käynnistyy jo neljäs metsuri- ja maaseutuyrittäjäkurssi.

Tietojenkäsittelyn ja toimintatapojen muutosvauhti 1990-luvulla toi toimihenkilöille väsymyksen jatkuvaan muutokseen. Sen vuoksi toimintojen käynnistäminen oli usein toivottoman hidasta. Syksyllä 1999 olimmekin työryhmän kesken päättäneet testata yhdistyksen luottamushenkilöiden ja toimihenkilöiden sitoutuneisuuden käynnistämällä keskustelun patentista toimitusketjun joistakin osista. Keskustelu tulisi paljastamaan todelliset ajatukset, ennen suurten investointipäätösten tekoa. Samalla se joko vakuuttaisi tai karkottaisi puunjalostajat hankkeen piiristä.

Kuusamon KLUSTERI – puunhankintaprojektin aikana saavutettiin ensiharvennuspuulle ja pieniläpimittaiselle hyväksyntä teollisuuden raaka-aineena. Tutkijoiden apu on ollut tarpeen, varsinkin professori Pentti Hakkila pitkällä käytännön tutkijakokemuksella ja kirjallisilla tiedoillaan, sekä USA:n matkan järjestelyillään on ollut korvaamaton. Samoin VTT Energian Jyväskylän toimipisteen P-J Kuiton ryhmän kanssa tehdyt ideoinnit ja mittaukset ovat edesauttaneet tieteellisen näkökulman syventämistä. Kenttätöissä Erkki Salo puun mittauksessa ja näytteiden keruussa ja Tapio Ranta koneiden aikatutkimuksen ja logistiikan mallintamisessa tekivät suuren työn. Rangoista metrin välein sahatut näytekiekot tutkittiin Metsäntutkimuslaitoksen Vantaan laboratoriossa ja Jyväskylän yliopistolla. Selluhakenäytteet tutkittiin Metsä-Botnian Kemin laboratoriossa, missä pohdimme kuusamolaisen harvennuskuidun erilaisia käyttömahdollisuuksia.

Silvadata Oy:n toimitusjohtaja Jaakko Peltonen oli suureksi avuksi aloittaessani ATK-laskenta-ohjelmien laatimisen ja projektin tulosten koostamisen. Ohjelmalla pystyi mallintamaan leimikon taloudellista tulosta kaikkiaan 27 eri muuttujan osalta. Peltonen tosin kivikautisen menetelmäni nähtyään totesi, että kaiken järjen mukaan sen ei pitäisi noin pelata, mutta silti se antaa oikeita vastauksia. Silloin opin, että koneet antavat vastauksia vain niihin kysymyksiin, joita sille esitämme ja vain niillä ehdoilla, jotka koneelle on asetettu. Siinäpä on miettimistä niistä totuuksista.

Yrittäjäkoulutuksen saaneiden metsureiden puolesta sitoutuminen on ollut kiitettävää luokkaa, ja he ovatkin peräänantamattomuudellaan kannustaneet toimihenkilöitäkin tavoitteiden taakse.

Mukana olleet yritykset ja yhteisöt (noin 40 kpl), niin paikallissahat kuin terminaalitoiminnoissa ja kuljetuksissa toimineetkin, ovat kokeneet tavoitteet toimintansa kannalta tärkeiksi ja tehneet omalla sektorillaan kiitettävää työtä hankkeen onnistumiseksi. Heille on riittänyt asian ymmärrettäväksi tekeminen ja yhteisten tavoitteiden asettaminen toiminnan käynnistämiseksi. Erityisesti on syytä mainita Ari Hoolin panos toimintamallin ja terminaalilaitteiston ideoinnissa ja Pasi Hoolin työ laitteiston rakentamisessa Lisäksi on vielä lukuisa joukko muita verrattoman hyvin ajatuksen ymmärtäneitä, jotka ovat voineet tietämättäänkin olla suureksi avuksi jonkin pähkinän pureskelussa. Kiitokset kuuluvat heille kaikille.

Vuotuisten harvennushakkuiden suorittaminen ajallaan on tärkeää sen vuoksi, että jos nykyinen hakkuiden jälkeenjääneisyys jatkuu, vähenee tukkipuun saanto puoleen nykyisestä ja johtaa Metsäntutkimuslaitoksen mukaan metsien arvon alenemiseen Suomessa vuoteen 2030 mennessä 140 miljardilla markalla verrattuna tilanteeseen jolloin hakkuut hoidetaan ajallaan.

Ongelmana on energiamurskeen kannattavan käyttökohteen löytäminen lähialueilta (kilpailijana Venäjän ja paikallissahojen kuori ja hake). Vuosituhannen vaihtuessa oli organisaatio valmiina:

BIOKUITU – puunhankintamenetelmä vuonna 2000

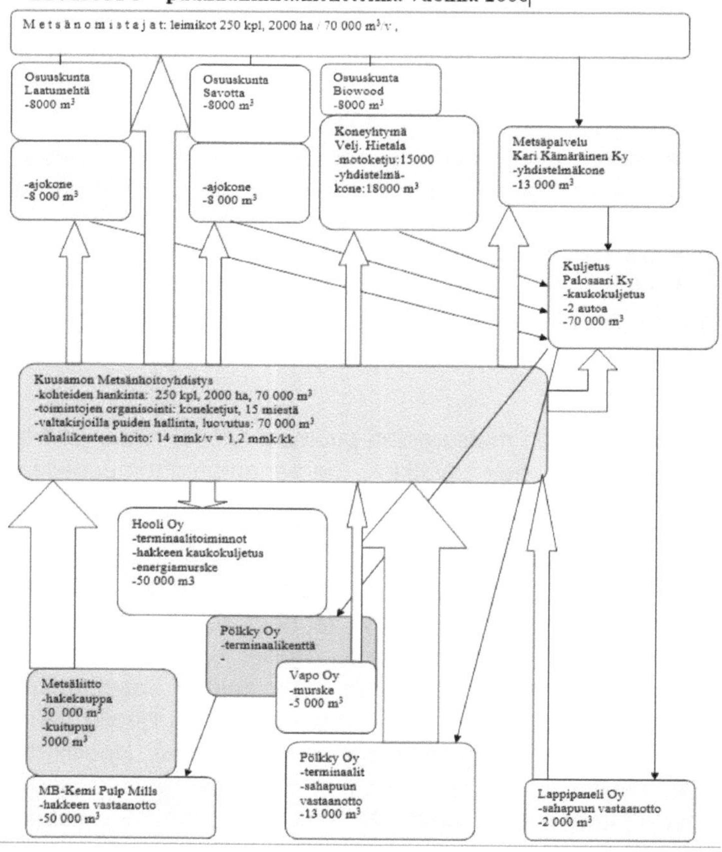

Metsästysreissulla etelän metsänomistajan kanssa

Oli lämmintä alkusyksyn päiväksi. Taimikot ja vanhat metsät vuorottelivat tien molemmin puolin. Tie päättyi hyvin vanhaan 3-400 vuotiaaseen järeään petäjikköön. Keli oli pehmeä, joten oli lupa odottaa hyvää linnustusreissua. Löysäsimme pystykorvat Tellun ja Pepin metsään. Kultainen noutaja Martta jäi koulutuksensa mukaisesti seuraamaan meitä. Puolen tunnin kuluttua oli ensimmäinen haukku päällä, ja Arin ampuman ukkoteeren kävi Martta hakemassa.

Päivän aikana saimme tasaiseen tahtiin molemmille koirille teeriä ja pari metsoa. Huomasimme noin kolmensadan metrin päässä koppelopoikueen puussa. Löysäsimme nuoremman koiran Pepin jahtiin. Meni kymmenisen minuuttia ja haukku oli päällä. Oli minun vuoroni kokeilla pudotusta.

Haukku pyöri hyvin, käännellen lintuja välillä minusta poispäin. Samalla koira seurasi lähestymistäni ja mahdollisti helpon pudotuksen. Tuumimme, että tämän reissun saaliskiintiö alkaa olla jo täynnä. Suuntasimme Suolavaaran laella olevalle lammelle tauon pitoon. Nuotiolla ajatukset lähtivät elämään tien päässä näkemästämme metsästä. Ari innostui muistelemaan mitä Kuusamossa tapahtui, kun tien päässä olleen metsän puut olivat nuoria.

- Niihin aikoihin alkoi Kuusamoon tulemaan ensimmäiset suomalaiset ja saamelaiset joutuivat pakenemaan pohjoiseen tai sulautumaan tulijoihin, hän aloitti.

- Se sulautuminen taisi mennä niin, että parhaat tyttäret naitiin ja pojat jotka alistui jäivät rengeiksi. Loput jatkoivat uhmakkaasti pohjoiseen, joka ei suinkaan ollut tuntematonta aluetta. Tanskalaiset hallitsivat silloin Jäämeren kauppaa, jatkoin.

- Olihan ne varmasti kalavedet silloin parempia, kun pyytäjiä oli vähän ja vehkeetkin oli mitä sattuu, Ari aprikoi.

- Taito taisi olla parempi heillä, jotka säilyivät hengissä. Ne, jotka eivät osanneet, kuolivat pois. Siten luonnonvalinta on aina toiminut, jatkoin pohdiskelua.

- Metsästys silloisilla vehkeillä ei taitaisi nykyihmiseltä onnistua, Ari heittää.

- Eipä niin. Me luotamme tuliaseen voimaan ja omiin kirjaoppeihimme. Vaikka metsästyksessä ja kalastuksessa on kyse vain kahdesta asiasta.

Sinä hyökkäät joko vaanimalla, tai epäjärjestystä aiheuttamalla. Ei se sen kummempaa ole. Vaaniessasi sinun on kyettävä sulautumaan luontoon. Opittava kuulemaan ääniä, lukemaan jälkiä, tiedettävä eläinten vuorokausirytmi, tunnettava niiden heikot hetket, jolloin ne ovat varomattomia, Tunnettava kulkureitit ja ravintokasvit. Toimittava siten, että vaanittava eläin sekoittaa sinut johonkin vaarattomaan elukkaan. Sitten se on helppoa. Yleensä metsästämme epäjärjestystä aiheuttamalla. Silloinkin kun kuvittelemme vaanivamme saalista, jatkan pohdiskeluani. Liikumme maastossa kuin norsulauma, jäykin polvin tömistellen. Sen luonnonelukka kuulee tai tuntee maan tärähtelynä satojen metrien päähän. Kun vaanit, pudota perse kymmenen senttiä alemmas, polvet koukulle ja kävele käpältämällä niin kuin lappalainen rimmikossa. Silloin ei tömistelyä kuulu. Hengitä vapaasti, älä jännitä, sillä sen elukka vaistoaa. Katso vaikka koiraa, se tietää jo, kun alat ajatella lähtöä. Vaikka et ole tehnyt elettäkään repun suuntaan, koirasi alkaa nostella korviaan, katsahtaa valppaasti, venyttelee, odottaa hetken vahvistusta. Nousee jalkeille, lipaisee vesikupista ja asettuu pää etukäpälien väliin makuulle katse sinuun päin. Ihmetellen, mikä maksaa, kun et saa itseäsi liikkeelle, vaikka äsken jo ajattelit lähtöä. Eläin ei näet mieti, se toimii heti kun ajatus on syntynyt.

- Tuossa saattaa olla perää, kun ajattelen oman koirani toimia ennen lenkille lähtöä. Olen minä lukenut muutamia tuhansia sivuja metsästys- ja kalastuskirjoja, mutta ei näitä missään näin yksinkertaisesti ole kerrottu. On milloin mitäkin vimpainta ja vempainta. Taitavat olla kaikki vain markkinamiesten tekosia, Ari sanoo.

- Niinhän se menee. Ensin opetetaan metsäläiset pois metsästä ja sitten myydään niille kalliilla hinnalla opit, miten he tulevat toimeen metsässä, tunnustan hänelle.

- Mikä on sitten se taho, joka on kaiken takana? Ari kysyy.

- Se joka tiedon ja taidon omistaa, se on voiman oikealla puolen. Kun siihen yhdistyy taloudellinen voima, eli raha, niin se yhtymä hyppyyttää kaikkia. Ja usko huviksesi, se ajaa vain omia etujaan, aina. Sillä yhtymällä on otsaa ottaa raaka-aineet kehitysmaista vaikka ilmaiseksi ja taata siten suuret voitot tietoonsa ja taitoonsa nojaten, jatkan.

- Silloinhan tieto sisältää lähes aina petoksen. Sehän onkin suurinta huijausta, eikä taida tietäjänkään arvo olla kummoinen, kun tulee uusi paremmin rahaa hyödyttävä tietäjä, sanoo Ari puistellen päätänsä ja oivaltaen veitsenterävästi ajatusrakennelmani ytimen.

- Muistappa elämäsi varrella, että se tulee toimeen, joka haistaa ajan merkit ja tulevat suuret muutokset, eikä tarraudu menneeseen ja nyt olevaan vaikka se tuntuisi kuinka turvalliselta. Se kaveri pärjää ja sille on elämänpolku kevyt tallustella, lopettelen keskustelun.

Paluumatkalla saamme vielä yhden teeren, vähän pakkotilanteessa. Koirat haukkuivat hakkuuaukon keskellä säästöpuuryhmässä teeriä. Päätimme vielä kokeilla aukon yli kävelyä siten, että peitämme kädet ja kasvot, jotta ne eivät loista auringonvalossa valkoisina. Ari käveli hiljalleen aukon yli ja ampui teeren alas. Se oli päivä, jolloin oli kaikki mahdollista. Muistelimme asiaa myöhemmin samana syksynä, kun Kuopion metsästysvieraista yksi Matti konttasi parisataa metriä aukon yli haukulle ja ampui myös teeren alas. Meidän pihalle palattuamme totesimme koirille, että nyt olette työnne tehneet, ja voimme rentoutua. Samalla hetkellä alkoi kuulumaan voimakasta siipien viuhinaa. Pihapuihin laskeutui ruokailemaan noin 100 -200 teertä. Seurailimme pihamaalla koirien kanssa teerien ruokailua samalla puhdistellen kantamuksellisen runsasta saalista.

Ne olivat hyviä lintuvuosia silloin. Ketut pidettiin kurissa ja kanahaukkakanta oli paljon pienempi. Ja keväisin pesinnät onnistuivat paremmin, koska kesäkuun kylmiä sateita oli vähemmän. Meillä Suiningin rannalla sen näki siitä, että keväällä nuorten lintujen soidinharjoituksissa jäällä saattoi olla 50 -100 lintua samaan aikaan. Nykyisin alkaa olemaan hyvä, jos kymmenisen lintua on samaan aikaan harjoituskentällä. Samalla tavalla ovat vuosikymmenten kuluessa riistakannat vaihdelleet enemmän säiden ja petojen kannanvaihtelujen mukaan. Maanmuokkausten yleistyessä vesakoiden määrä lisääntyi, ja metsämarjakantojen parantuessa myös lintu- ja hirvikannat nousivat rajusti. Runsaimmat metso- ja teerilintukannat ovat syksyisin olleetkin marjaisilla taimikoilla, joista ne tosin saa ylös vain koiran avulla. Yleensä näyttää olevan, että kannansäätely tehdään poikkeuksetta siten, että ensin muutama vuosi riidellään siitä, mistä tässä on kysymys. Sen aikana aiheutetaan samalla luonnolle tuhoa. Etenkin hirvieläinten talvilaitumet pääsevät sen aikana huonoon kuntoon. Sitten kun leikkaus tehdään, on riistakannan kunto jo heikompi, sekä petokanta noussut sen seurauksena ja kierre on valmis. Kun metsästyksellä sitten leikataan voimakkaammin kantaa, seurauksena on romahdus. Samoin kävi 1980-luvun puolivälin jälkeen hirvikannalle.

Vuosituhannen vaihteen sumeat näkymät

Projektitoimintaan oli sisällytetty myös tutustumisretkeilyjä, jotta muualla oivallettuja asioita ei olisi tarvinnut keksiä uudelleen. Vuonna 1997 retkeilimme koko yhdistyksen työporukan kanssa Keuruulla, jossa isäntinä olivat Pirkanmaan seudun kollegat. Siellä hankintapalvelutoiminta oli vilkasta. He harjoittivat moninaista erikoispuukauppaa ja kuitupuun vientiä silloin, kun kotimaan tehtaat eivät kyenneet vastaanottamaan puuta. Olosuhteet erosivat joka suhteessa merkittävästi meidän vastaavista. Totesimme jälleen kerran, ettemme voi maantieteelle mitään, vaan sen ehdoilla on toimittava.

Vierailimme Metsäliiton pääkonttorissa, jossa isäntänä oli Timo Riihelä. Sain hyvän kuvan siitä, millä perusteilla Metsäliitto on valmis tekemään yhteistyötä ja mitä se vaatii sopimuskumppanilta. Esityksestä jäi tunne, että useimmat toimihenkilöt vilpittömästi haluavat saada yhteistyötä aikaan, kun tahtotila on molemminpuolinen. Tilanteet markkinoilla ja suuren talon sisällä kuitenkin muuttuvat nopeasti. Siksi on oltava valmis voimakkaisiinkin muutoksiin tilanteen niin vaatiessa. Erityisesti esille nousi käynnistynyt suuntaus ostaa kaikki mahdollinen myynnissä oleva kapasiteetti kaikkialta maailmasta.

Retken huvitteluosaan kuului Tukholman risteily. Sielläkin oli metsällisiä kohteita metsämuseosta kuninkaan kesäpaikan puutarhanhoitoon. Hain näillä matkoilla selvyyttä siihen, olisiko toimihenkilöistä sitoutumaan rankkaankin työntekoon kuusamolaisten metsänomistajien hyväksi. Minulle oli jo käynyt selväksi, että toimitusmäärien on oltava suuria, yli 50 000 kuutiometriä vuodessa, jos hanke aiotaan saada kannattavaksi. Kun toiminnan on oltava jatkuvaa, se vaatii leimikoiden hankkijoilta merkittäviä ponnisteluja. Halukkuus juhlapuheiden ulkopuolella ei ollut itsestään selvää.

Vuonna 1999 kalaa saatiin ja syötiin Karjalan puolella. Elokuun puolivälissä järjestimme toimihenkilöporukalla matkan Pääjärven kautta Paanajärvelle. Siellä majoituimme pieneen mökkiin. Illalla kuuntelimme oppaiden ohjeita ja tarinoita seudulta. Saimme kahden lohen pyynti- ja syöntiluvan. Illan mittaan rentouduttiin, kukin tavallaan. Sovimme, että myös mahdollisesti saatavien kalojen päät poltetaan nuotiossa. Uittelimme viehepakista kaikkea mahdollista, mutta kala ei ollut syönnillään. Hämärä alkoi laskeutumaan ja silloin Alpo nosti ensin ylös arviolta kolmekiloisen kalan. Siitä seurasi maljakierros ja kalan paistoseremonia. Pentti keksi, että säästetään penkin alle kalojen päät, jotta saadaan luku aamulla kalojen määrästä. Siinä sitten lohia pyydettiin, saatiin ja paistettiin.

- Mitenkäs me menemme nukkumaan, Maija kysyi johonkin aikaan aamuyöllä.

- Eiköhän se ole noilla laverimäärillä ja tällä porukalla siskonpeti ainoa vaihtoehto. Onhan meillä jokaisella oma makuupussi, jotta ei tarvitse saman täkin alla nukkua, jos ei halua, Anne toteaa.

- Kyllä se sopii, taitaa olla viisainta, että sinä Elina nuorimpana tulet minun viereeni. Minä olen varma tapaus silleen, että pidän hyppyseni kurissa - ainakin niin pitkään kunnes toiset nukkuvat, heitän pienenä vitsinä.

Sitten laskeskeltiin mukana olijoita ja makuupaikkoja. Lopputulos oli, että sain kaikki kolme naista laverilleni ja pääsin kuin pääsinkin Elinan kainaloon.

Aamuviideltä olimme vielä niin hyvissä väleissä, että lähdimme kahdestaan kalastelemaan Oulankajoen alajuoksulle. Kävelimme ja ongimme jokirannalta noin kilometrin pari alavirtaan. Sain yhden noin kiloisen taimenen. Aamu oli tyyni ja kaunis, kun aurinko nousi häivyttäen yön aikana nousseen usvan.

- Hyvää huomenta, mitenkä teillä on yö sujunut? Mutta mitä nuo ovat, teillä oli kaksi lupaa ja näen tuossa neljä lohenpäätä, opas kysyy aamukahvia keittävältä Pentiltä.

- Jaa, olisiko pojilla mennyt pimeässä yöllä luku sekaisin. Kaikki ne on kuitenkin syöty ja hyviä olivat, Pentti vastaa.

- Onpa vain käynyt vahinko, selvitäänkö sillä, että maksamme niiden kahden ylimääräisen luvat ja keitämme teillekin hyvät aamukahvit, esitän sopuratkaisun.

Oppaat keskustelevat hetken venäjäksi. Toinen ensin vastustelee, mutta kun he sopivat, että he jakavat meiltä saadut ylimääräiset lupamaksut keskenään, asia ratkeaa.

- Oulangan kylä hukutettiin veden alle 1962, ja nyt se on tuossa 9 metrin syvyydessä edessänne, opas esittelee saavuttumme Pääjärven rantaan.

Meitä oli saapunut kyyditsemään pudasjärveläinen matkanjärjestäjä kahdella alumiiniveneellä. Vasta selälle saavuttuamme alkoi käsittämään, kuinka suuri on järvi, jonka pituus on 80 kilometriä ja leveys 50 kilometriä. Matka Niskan kylään taittui nopeasti, vaikka kuski joutui koko ajan tarkkailemaan vedessä kelluvia tai pystyssä olevia puita. Mitään aluetta ei ehditty hakkaamaan, kun voimalaitospato laitettiin kiinni ja vedenpinta alkoi nousta.

Niskan kylän näkeminen oli aikamoinen kulttuurishokki. Rannalla makasi pari miestä ympäripäissään. Talot olivat kuin suoraan 1930-luvulta, vaikka ne oli rakennettu 1960-luvun alussa, kun kylä jouduttiin siirtämään ylemmäs veden noston vuoksi. Kylässä näytti olevan liikkeellä vain vanhempia naisia, joista suomenkielen taitoisia haastattelimme.

- Ka, ei täällä enää nuorisoa ole. Pois ovat työn perässä muuttaneet. Sähköä meille tulee, milloin sattuu linja olemaan kunnossa. Yleensä ei ole. Miehiä on vähän, ja heistäkin yksi hukkui viime viikolla pikkuveneellä kalareissulla järvelle. Loput taitaa maata umpihumalassa, kun eilen tuli kauppaan viikoittainen leipä- ja viinakuorma. Näin täällä elämä menee, vanha nainen tarinoi.

Näkymä sai meidät hyvin mietteliääksi. Käveleskelimme Juhan ja Maijan kanssa vielä kylän läpi pohtien sitä, kuinka pelkästään raja ja erilainen yhteiskuntajärjestelmä saavat valtavat erot aikaan jo parin sukupolven aikana. Sillä olimmehan itse kutakuinkin samassa tilanteessa vielä 1920-luvun alussa.

Tutustumme Niskan kylänäkymään Pääjärven koillispuolella.

Matka ei suinkaan selventänyt ajatuksiani. Tässä kävi vähän kuin Niskan kylän raitilla. Aivot eivät oikein uskoneet todeksi kaikkea näkemäämme ja kokemaamme. Helsingissä keväällä saatu neuvottelukosketus, siitä seurannut työtarjous maailmankiertäjäksi neuvotteluryhmään ja nyt tämä työporukka, josta en ollut oikein varma suuntaan enkä toiseen saivat minut mietteliääksi. Tähän olin kyllä tottunut viimeisen viiden vuoden aikana useammankin kerran. Valmiita vastauksia ei ollut kenelläkään. Siispä aloitetaan jälleen kerran perustietojen kerääminen, ja katsotaan sitten mihin umpikujaan se tällä kertaa johtaa.

Kesällä 2000 olinkin vaikean päätöksen edessä. Kun hoidettavakseni tarjottiin tärkeimmän yhteistyökumppanimme, Metsäliiton ostoesimiehen tehtäviä, tajusin että nyt voin asettaa metsänhoitoyhdistyksen henkilökunnan ottamaan täyden vastuun itsestään. Heidän tahdostaan on kiinni vahvistuuko hanke, tai onko vaihtoehtona hankkeen nopea kaatuminen. Samanaikaisesti neuvoteltiin Pölkky Oy:n ja Kuusamon kaupungin kanssa noin 1,5 miljoonan markan terminaalin rakentamisesta, sekä Metsä-Botnian Kemin tehtaan hakkeen vastaanottoaseman investoinneista. Päätin tehdä työni projektin puitteissa loppuun parhaalla mahdollisella tavalla ostoesimiehen toimen ohessa. Loppuraportin päiväsin kotonani tammikuussa 2001. Hanke edellytti monitahoisia ja vaativiakin tehtäviä metsänomistajien, urakoitsijoiden, teollisuuden ja toimihenkilöiden kesken. Se, yhdessä pienentyvien toimitusmäärien seurauksena nousseiden yksikkökustannusten vuoksi johti toimintojen alasajoon biokuitumenetelmän ympärillä parin vuoden sisällä erilaisiin syihin vedoten. Keskeisimpinä muina syinä olivat metsäyhtiöiden tekemä kuitupuun latvaläpimitan lasku 6 senttiin, ja selluhakkeelta poistettu kuljetustuki.

Stora Enso oli jo aiemmin tehnyt päätöksen ensiharvennuskuidun käytön lopettamisesta, tai käytön supistamisesta mahdollisimman vähiin. Metsäliiton puolelta mielenkiinto suuntautui sen hetkisen villityksen myötä ympäri Eurooppaa yritysostojen myötä. Kotimaan laitosten kehittäminen ei enää tuntunut olevan niin ajankohtaista. Juurisyyt muutamien kehityskeskustelujen hyytymiseen selvisivät tosin vasta vuosien päästä, kun Paperin painajainen kirja ilmestyi. Investointeihin varattuja ja sovittuja varoja mm. Kemin tehtaan hakekentän uusintaan varatut varat sijoitettiin yritysostoihin, jotka sitten aikanaan muodostuivat ”riippakiviksi”. Onkin aiheellista kysyä, mistä syystä meidän omat maakuntien edustajamme eivät todistettavasti ole missään vaiheessa kyseenalaistaneet holtitonta rahojen syytämistä maailmalle lähes vastikkeettomasti kotimaan kustannuksella.

Haluan ilmaista nöyrän kiitollisuuteni siitä etuoikeudesta, joka minua on kohdannut näiden projektien aikana. Olen saanut nähdä ja kokea kymmenien erilaisten yritysten tapoja toimia, päässyt työskentelemään satojen metsä- ja puutalouden sekä konepajateollisuuden parissa työskentelevien ammattilaisten kanssa. Useimmiten olen saanut olla oppilaana ja suuri on ollut iloni, kun olen voinut vastavuoroisesti auttaa yhteistyökumppania.

Aloittaessani luulin tietäväni puusta ja metsistä paljon, vuoden kuluttua jotain ja näiden vuosien jälkeen voin sanoa nousseeni vaaran laelle ja eteeni avautuu aamusumuinen laakso, jonka takaa aurinko juuri nousee valaisten kirkkaasti usvan yläpuolelle kohoavat kukkulat. Näistä tiedon saarekkeista on muodostettu yhtenäinen toimiva järjestelmä kannolta tehtaalle ja tuotteeksi.

Aloitin puun käyttömahdollisuuksiin tutustumisen tekemällä puusepäntöitä kuusamolaisesta haavasta ja koivusta. Puuaineena ne ovat kauneimpia tuntemiani, laadultaan eivät massatuotantoon sopivia - siis uniikkia. Kun harvennuspuiden koesahaukset saatiin käyntiin ja sieltä löytyi varsinainen helmi, aloin kerran tutkia sitä hieman tarkemmin ja löysin todellisen jalokiven.

Samalla tavalla uskon ja tiedän myös selluteollisuuden raaka-ainehuollossa vielä olevan löytymättä sen käytännön viisastenkiven, joka muuttaa totuttua käytäntöä, antaa taloudellista etua ja parantaa merkittävästi tuotteiden asemaa markkinoilla. Selluinsinöörit ja valmiiden tuotteiden myyjät luettelivat tehdaskierroksilla ja laboratorioissa lukuisan määrän "helposti korjattavia, raaka-aineesta aiheutuvia laatuongelmia, mutta kun ne metsäosastot eivät toimita puita siten, kuin pitäisi." Kuvailin sitten heille niitä mahdollisia syitä, miksi homma ei toimi kuten he toivoivat. Heidän mielestään kuitenkin jopa yhteisen kielen löytäminen metsäosastojen kanssa oli joissakin organisaatioissa toivotonta.

Nämä projektit ovat olleet minulle metsätalouden korkeakoulu ja toivon, että tämän kirjoituksen myötä tietämys kuusamolaisesta ja pohjoissuomalaisesta puusta lisääntyy ja se rohkeus pysyy voimissaan, jolla seutukunnan yritykset ovat projektien aikana investoineet harvennuspuun jalostamiseen suuruusluokaltaan 35 miljoonaa markkaa lisäten pieniläpimittaisen puun vuotuista käyttöä noin 140 000 kiintokuutiometriä. Tämän kaltaiset toiminnot ovat Suomen metsätalouden elinehto.

Tukka pantiksi Metsäliitto Osuuskunnan puunhankintaan vuonna 2000

Green Highlander. "Tullessani taloon kuvittelin, että kun pääpomo levittää itsestään kuvaa perhokalastajana, on oletuksena, että kaikki kuuluvat kalastajien aateliin. Minimivaatimuksena on matikanpyyntitaito. Tehdas ja metsäosasto arvaavat mitä, milloin ja kuinka paljon ehkä tarvitaan tulevana vuotena, ja millä hinnalla pää kelluu pinnalla. Sen budjettiluvun täyttö on vähintä. Siitä hieman palkitaan. Siihen ollaan "tyytyväisiä". Mutta se on vasta matikanpyyntiä koukuilla. Budjettiluku on yläraja, johon tarpeet on suunniteltu. Toimintojen turvaamiseksi muuttuvissa olosuhteissa on tärkeää pitää monipuolinen ja riittävän suuri, seuraavan kauden yli vievä varanto. Sieltä on sitten helppo ottaa käsittelyyn leimikoita, satoi tai paistoi - tilasivat markkinat mitä tahansa. Se on vähän sama asia kuin perhokalastajan pakki. Siellä on riittävä määrä erilaisia perhoja. Löytyvät vavat ja vieheet niin isoille, kuin pienille kaloille. Siitä huolimatta kala syö milloin sitä huvittaa. Siis hauskaa tämän pitää olla, kaikesta huolimatta. Tämän pohjalta tulosryhmän tulisi päättää mitä me haluamme, muistaen sen että on hieman hölmön näköistä kalastella perhovehkeillä matikkavesillä."

Parahin piiripäällikkö tämä on Koillismaan tulosryhmän kokouksessa käyttämäni puheenvuoro kertoakseni, että nyt taitaa olla jonkinmoinen ristiriita julkisen kuvan ja arkipäivän todellisuuden välillä.

Aluejohtaja Jari Hurskainen

Kuntivaaran nykyinen laavu.

Näkymä Kuntivaaralta Tavajärven yli Nuoruselle.

Näkymä Suolavaaralta Kuntivaaraan. Korkealla sijaitsevat uudistusalat alkavat metsittymään, korkeus merenpinnasta 350 -400 metriä.

Kokoonnuimme Pudasjärvelle kukin taholtaan. Kemistä aluejohtaja Jari Hurskainen ja hankintapäällikkö Pentti Pajunen, Pudasjärveltä piiripäälliköt Aimo Hiljanen ja Jarkko Parpala, itse ajelin Kuusamosta. Kuusamon Yhteismetsän edustajina hoitokunnan puheenjohtaja Olavi Jäkäläniemi sekä hoitokunnan varapj. Seppo Alavuotunki ja toiminnanjohtaja Martti Rautiainen.

Neuvottelujen pohjaksi Jari Hurskainen esitteli katsauksen metsäteollisuuden yleistilanteeseen todeten: Kauppaa käydään noin 1998 tasolla, ollen edellä vuoden 1999 tasoa. Leimikoiden rakenne on sahapuuvoittoinen. Hankintakauppaa ei ole käyty. Metsä-Botnialla ylimääräisiä seisokkeja tiedossa, ja tästä johtuen epäilemme, ettei budjetoituja puumääriä tarvita. Korkeasuhdanne on ohi, hinnanlaskuja odotetaan ja sellu ja kartonkikaupoissa määrät pienenee. Tuleva vuosi nähdään vielä kohtuullisena, mutta loppuvuodesta ennakoidaan vaikeuksia. Sahoilla hinta ja kauppamäärät pienenee. Paperin hinnankorotukset eivät ole menossa läpi. Puumarkkinoilla Metsäliitto on pyrkinyt pitämään sahapuun ja kuitupuun hinnat vakioina hyvällä tasolla. Koivun käyttö ennallaan, tuodaan Pohjanmaalta. Miesvaihdoksen myötä ei tule muutoksia toimitusmääriin. Kuluvan vuoden toimitukset ovat menneet sopimusten mukaan, keväällä koivua on toimitettu hieman enemmän, muut viivalla, syksyllä havu viivalla, koivua vähän yli. Koivun ylitykset ovat joustoja ostajan tarpeisiin.

- Meillä puiden toimittajanakaan ei ole huomauttamista, mäntytukki meni hieman yli, kun yhdessä junassa meni hieman enemmän. Koivun ylitys voitaisiin ottaa uuteen hintatasoon.

Otettiin käsiteltäväksi uusi runkosopimus, jonka tavoitemääriksi asetettiin tasaisesti aiemman sopimuksen mukainen määrä vuosittain. Aloitettiin vuoden 2001 toimitussopimuksen suunnittelu.

- Kuusitukkia ei tarvita keväällä, eikä koko vuonnakaan, voitaisiin korvata mäntytukilla kokonaan. Koivun määrän lisäys voisi olla tarpeen. Syksy on tiukempi koivun suhteen, Yhteismetsältä tasaustarve. Suunnitellulla tavalla voidaan toimia, kevät/syksy jaksotus tehtävä. Alustavana rytmityksenä esitän nämä ja se voidaan sopia tarkemmin myöhemmin. rautateitse voisi tulla 6 junaa keväällä kaikkea puutavaraa. Tukit Hyrynsalmelta, koivua 1 juna. Aimo Hiljanen tekee esitykset eri kuljetusmuodoittain. Koivua tulee talvikaudella enemmän, Jari esittää.

- Yhteismetsä toimii normaalisti, ei tule haittaa vaikka rytmitys siirtyy, mäntytukkia niukasti, kuusitukkia tulisi enemmän, koska metsänparannusvaroin viljeltävät hankkeet hakattava viipymättä Lapin Lain loppumisen vuoksi, Martti vastaa.

- Sahalta on käsketty minimoimaan kuusitukki määrät. Sahan lopullinen tarve tosin ei ole vielä selvillä. Olisiko koivua mäntytukin tilalle?

- 1500 kuutiometriä on suunniteltu keväälle, uskon että voidaan muuttaa.

- Mäntytukkia -1000 kuutiometriä ja koivua + 1000 kuutiometriä kevätkaudella, silti mäntytukkia voi tulla.

Aimo Hiljanen tekee alustavan toimitussuunnitelman seuraavalle vuodelle. Seuraavaksi siirryttiin neuvottelemaan hinnoista. Lähtötilanne on sellainen, että toimituspuu on selvästi kalliimpaa kuin muu puu.

- Hyrynsalmen junapuu maksaa tehtaalla noin 10 % enemmän, kuin piirin toimittamat puut. Voidaanko Hyrynsalmen junapuut toimittaa autokuljetuksena.

- Kustannuspaineita tulee paljon metsäpäähän ja kun heitätte tällaisia visioita, tulee tunne, ettei sopimusta haluta jatkaa.

- Ei esitetty hinnanalennusta, vain VR puu pois.

- En ymmärrä logiikkaa.

- Valtaosa puista tulee autolla, VR kuljetuksena pieni osa, joka on selvästi kalliimpaa. Onko Hyryn puut välttämättä tuotava Kemiin, ja jos on voiko ne tuoda autolla, tai löytyykö vastaavat puumäärät Kuusamosta?

- Suomussalmi ja Hyrynsalmi on oltava mukana. Hyryn puun kuljetus on sovittavissa niin, että se palvelee molempia.

- Jakoa Kuusamo/Hyrynsalmi ei ole määritelty. Mutta vuosi 2001 saa mennä nykyisellä jaolla. Voisiko automies laputtaa vaunut kuormatessaan?

- Se onnistuu.

Olavi Jäkäläniemi esitti yhteismetsän esityksen vuoden 2001 yksikköhinnoiksi.

- Aika roima esitys, selluhinta oli sama kuin edellisenä vuonna.

- Ei tehty korotuksia, kustannusten nousu pitää saada pois. Kuitujen hinnat ovat menneet 10 vuotta alaspäin. Jos öljyn hinta nousee 1 mk/litra, kuidut menevät polttohakkeeksi. Ei myöskään tukin reaalihinta ole noussut.

- Ei myöskään sahatavaran hinta ole noussut, ei nykyisiin hintoihin kyllä pystytä.

- Silloin näyttää siltä, ettei metsänomistaja kerkeä nauttimaan korkeasuhdanteesta.

- Asetelma on se, että raaka-aineen toimittajat kilpailevat keskenään, joka sisältää myös Venäjän puun. Metsä-Botnian omistuspohja UPM/ML johdosta ei voida maksaa ylimääräistä piilotukea.

- Maanomistajan tulisi hyötyä hyvästä tuloksesta.

- Hyvä tulos johtuu paljolti korkeasta dollarin hinnasta. Metsäliitolla on kilpailijoita parempi puun hinta, ei järkeä nostaa, koska kilpailija saa puut halvemmalla. Lisäksi meillä on lisät ja bonukset yms. - Korotukset ovat laskettu kustannusten nousun mukaan. Keväällä päättyy 3 vuotinen urakointisopimus, joka on sidottu koneurakoitsijoiden indeksiin.

- Nyt mentiin shokkiin. Korjuutaksoissa ei muutosta, autokuljetukset + 3,5 % edellisen sopimuksen jälkeen.

Keskusteltiin kustannusten nousuista ja nousuihin johtavista syistä.

- Vaikea lähteä korotuksiin, koska mitään muutosta edellisen sopimuksen tilanteeseen ei ole. Tukin hintaa voidaan korottaa. Hyryn kuidun hintaa on pudotettava muutaman markan verran.

- Alenevaa sopimusta ei voida tehdä nyt, täytyy käyttää hoitokunnassa. Heikolta näyttää. Hallinnossa ollut vakavia pohdintoja tästä toiminnasta, puut hakkaavat jatkossa ehkä jotkut muut, eikä Yhteismetsä. Nyt kannattavuus näyttää heikolta. Nyt lyödään arkun nauloja. Tämä ei tule onnistumaan.

- Kun lasketaan kantohintaa tästä toiminnasta, pitäisi toiminnan olla todella kannattavaa. Sitä paitsi tämä on + merkkinen sopimus. Kun tukit jäivät keväällä pois niin hieman – merkkinen.

- Toimitusmyynnit ovat vaakalaudalla, miksi silti teidän tarjous on miinus merkkinen. Ja pystykauppojen kannattajat sanovat kuidun hintojen nousseen kymmeniä markkoja pystyostoilla. Sijoitukset Metsäliittoon lähtevät kanssa samalla. Ei ole vielä irtisanottu, mutta päätös on tehty irtisanomisesta. Meillä on 6000 osakasta, joiden hallinta tulee olemaan vaikeaa tällä viestillä puukauppaneuvotteluista. Homma hajoaa kokouksessa helposti käsiin, sanoo Martti ja lyö kansion kiinni, nousten samalla pöydästä ja menee ovelle.

- Tulehan Martti vielä takaisin. Teen kompromissiesityksen + 10 markkaa kuutiolle, jotta voimme jatkaa neuvotteluja, sanoo Olavi.

- On syytä muistaa, että sijoitus on ollut hyvä korkotuottojen osalta ja lisäksi se on riskitön. Korko on säilynyt edelleenkin hyvin. Hintapaineet työnantajan puolelta ovat kovat. Hinta ei nouse, mutta yritetään saada + merkkiseksi.

Laskettiin hintoja eri toimituspisteisiin, ja niiden vaikutusta kokonaisuuteen.

- Tuo vaikuttaa siten, että kantoraha pienenee 5-7 markkaa syksystä. Hoitokunta tehköön ratkaisun, jos hinta + 10 markkaa tehdään heti sopimus. Paineet toimitusmyynnin poistoon ovat kovat

- Kuunnellaan mitä hoitokunnasta kuuluu.

Aikanaan sitten sopimus syntyi ja molemmin puolin on ollut vilpitön tahto toteuttaa tehdyt sopimukset. Vastaavalla tavalla puolivuosittain käydään määrät ja hinnat yhdessä neuvotellen.

Selluhaketyöryhmän kokous Kuusamon hakkeista pidettiin Kemissä 2000 syksyllä. Metsäliiton kehittämispäällikkö Risto Lilleberg kutsui koolle työryhmän pohtimaan hankkeen jatkoa terveisin: Toivottavasti hommat Metsäliitossa luistavat kuten ennen yhdistyksellä.

- Tullessani taloon taisi korjuukelpoista varantoa riittää viikoksi yhdelle koneelle, syyskuun puolivälistä on painettu kahdella harvesteriketjulla ja leimikoita on helmikuulle sakka ostettuna, joten kyllä se siitä. Homma itsessään on sopiva sekoitus rentouttavaa rutiinia pienillä älypeleillä kauppaneuvotteluissa höystettynä, saa sitten nähdä krapulan, kun tuo projektin loppurapportin vääntäminen loppuu, se viides viikko kuukaudessa, vastasin hänelle.

Työryhmän toimeksiantona oli tarkastella selluhaketoimitusten kannattavuutta ja toteuttamiskelpoisuutta jatkossa. Loppupäätelmänä oli, että Kemin tehtaiden mahdollisuudet käyttää metsähaketta sahahakkeiden (oma Kemin saha ja vierastoimitukset) lisäksi eivät mahdollista kannattavilla metsähakemäärillä toimimista. Urakoitsijan toiminnan kannattavuuden ja yksikkökustannusten hallinnan vuoksi määrät tulisivat olla vuositasolla noin 50 000 kuutiometrin luokkaa. Tehtaan vastaanottokapasiteetti mahdollistaa vain 10 000 kuutiometrin toimitukset. Sen lisäksi metsäpäässä tuonkaan määrän liikkeelle saantiin ei olla valmiita sitoutumaan täysimääräisesti.

Osuuskunnat Laatumehtä, Biowood ja Savotta kertauskurssilla

Muistelimme yhdessä aikaa, jolloin kaikki sai alkunsa. Kerron heille muistiin kirjoittamani ajatukset osuuskuntien toimintojen käynnistämisestä:

”Kuulas keväinen päivä kääntyi iltaan. Miehet olivat opiskelleet ryhmänä kolmisen kuukautta. Suurin muutos oli tapahtunut heidän tavassaan kantaa vastuuta. Pitkä työttömyysjakso ennen koulutusta opetti syyttämään muita vaikeuksista, Nyt heidät oli opetettu ottaman vastuu itsestään. Muutoin nousua kurjuudesta ei tapahdu. Istuttiin nuotiolla, tarinat olivat varovaisia, tunnustelevia. Kukaan ei tiennyt mitä me kouluttaja Viljo Nuutisen kanssa olimme siihen iltaan varanneet. Aurinko laski kuusikon taakse valaisten pienen lammikon ensin kirkkaasti ja päästäen sen sitten hämärään. Vastapäisen rinteen männyntaimikko hohti aluksi vaalean vihreänä, tummuen eri sävyisenä sitä muka kun kuusikon varjo kohosi rinnettä ylös. Sen valot ja varjot kuvastelivat osuvasti miesten ailahtelevia mielenliikkeitä. Valoa oli näkyvissä, mutta menneiden vuosien epäilys ja pettymykset hiipivät varjojen lailla jarruttamaan liikaa innostusta.

- Nyt on sillä tavalla, että me kouluttajat olemme antaneet teille kaiken sen tiedon mitä meillä on. Teidän on nyt vuorostaan tehtävä päätös siitä, otatteko elämänne omiin käsiinne ja tartutte itse töihin. Tai jäätte odottamaan entiseen malliin. Välimuotoa ei ole, keskeytin metsureiden tarinoinnin. - Me siirrymme Villen kanssa tuonne sivummalle ja kutsukaa meidät kun päätös on tehty. Ja muistakaa, että se on ainoa oikea päätös ja sen kanssa teidän on elettävä lähivuodet.

Vakavaa pohdintaa kesti puolisen tuntia. Sitten joku miehistä lisäsi puita nuotioon. Se oli hyvä merkki. Veijo huusi Villen ja minut nuotion ääreen.

- Me olemme päättäneet yksimielisesti lähteä mukaan tähän savottaan. Otamme vastuun omasta elämästämme. Te olette antaneet meille enemmän kuin osasimme odottaa. Meitä pelottaa, ja samalla olemme intoa täynnä. Haluamme näyttää, että kykenemme kantamaan vastuun itsestämme ja perheistämme. Ja olemme päättäneet, että yrityksen nimi on Osuuskunta Laatumehtä, koska laatuahan te olette meille korostaneet, lopetti Veijo.

- Onnittelemme teitä. Olette rohkeita, kuten metsien miesten kuuluukin. Jos kukaan ei pane pahakseen, nyt on pienen konjakkitilkan aika, sanoi Ville ja alkoi kaadella hedelmäjuomaa miesten kuksiin.

Seuraavana vuonna syntyi Osuuskunta Biowood ja kolmantena vuonna Osuuskunta Savotta. Nyt muutaman vuoden päästä täydennyskoulutuskurssilla tavatessamme kerroin miehille nykyisen työnantajani Metsäliitto Osuuskunnan terveisiä: Muistakaa, että edelleen kaikki on teidän omissa käsissänne. Innostakaa te yhdistyksen neuvojat hankkimaan työmaita, minä ostan puut, rohkaisin heitä.

Pari oppituntia jätti miellyttävän jäljen syvälle sisimpään onnistuneesta, uhkarohkeasta työstä, jonka ansiosta 50 perheenpäätä sai töitä ja pääsi uudelleen kiinni elämään.

Talvella 2002 – 2003 muutosten tuulet puhaltavat

Marraskuu, on tulosryhmän koulutuspäivä Pudasjärvellä. Laatujärjestelmä muuttuu toimintatapa-järjestelmäksi. Jokaisen toimijan odotetaan ymmärtävän oman toimintansa vaikutukset koko yrityksen tuloksen teossa = prosessissa. No, sama asia se on mutta motivoivammassa paketissa. Oli ihan mukavahenkinen päivä.

Joulukuu. Aamupäivällä oli toimistolla rutiinihässäkkää, iltapäivällä tulosryhmäkokous Taivalkoskella, jossa Sari oli Maurin tilalla (sairasloma vuoden loppuun, paranemassa hyvin). Joulukuu ei mene kuten hän toivoi, koska tilannekuva ei ollut oikea...

Päivä kului moto- ja autoyrittäjien ja heidän kuljettajiensa markkinointikoulutuksessa. Ehkäpä siitä jotain jäi heille - aika näyttää onnistutaanko ongelmat hoitamaan menestyksellisesti. Päivän aikana markkinatilanteen huonous selvisi karmeudessaan. Hakkuut pysähtyvät tällä viikolla ja jatkuvat kuukauden päästä. Kuljetukset sellutehtaalle pysäytettiin eilen ja sahalle perjantaina. Sähkön markkinahinta nousee kohisten vesipulan ja suuren kulutuksen vuoksi - ihmisiä kehotetaan säästämään. Maailma odottaa USA:n hyökkäystä Irakiin helmi-maaliskuussa. Kaikki ovat varovaisia. Vain piensijoittajat ovat liikkeellä - jotkut osakkeet nousseet kesästä 20- 30 %!

Tuiskuinen aamu, joka selkeni illalla komeaan kuutamoon. Töissä selviteltiin viimeisiä työmaita tilityskuntoon, jopa yhdistyksen murskekauppa saatiin loppuun. Taisi olla viimeinen toimenpide haketerminaalilla - teinkö neljä vuotta turhaa työtä?

Aamulla oli kova tuisku menomatkalla Pudasjärvelle piirikokoukseen. Illalla oli kaunis kuutamo ja -30 astetta!! Kokous sujui rutiini- ja jouluasioiden parissa. Suurin huoli on saada kaikki keskeneräiset asiat vuodenvaihteeksi tilityksiin. Pete, Sari ja Mauri Törmänen viimeisen kerran mukana - siirtyvät Oulun piiriin.

Tammikuu 2003. Aamun kireähkö pakkanen vaihtui illan 10 sentin lumisateeksi. Aamulla oli vuodenvaihteen toimien järjestelyjä ja neuvotteluihin valmistautumista. Jarkon kanssa oli ensin Kuusamon Yhteismetsän toimistolla palaveri. Viime vuosi meni sovitulla tavalla ja kevään toimituksista tehtiin kauppa sekä sovittiin aikataulut. Keskusteltiin kevät-kesä otannan tihentämisestä painovaihtelun vaikutuksen korjaamiseksi nopeammin. Hyvähenkinen palaveri. Metsänhoitoyhdistyksellä Juhan puukauppavastuu siirtyy Taisto

Männikölle ja samaan aikaan ajoittuu suuria tietokone- yms. muutoksia. Aika näyttää miten se toimii. Hakehomma näyttää loppuvan, vaikka varaus jätettiinkin.

Tammikuinen hanki kantoi mukavasti hiihdellä Kiviperäntieltä pohjoiseen kohden Vasaluomia. Olin menossa selvittämään 1980-luvun alussa miestyönä hakattujen alueiden harvennustarvetta. Tulen hyvästä nuoresta metsästä osittain ojitetulle suolle. Ensin huomaan korpit, sitten haaskan. Sitten havaitsen ahman tuoreet jäljet. Suolla on hirvenruho puoliksi syötynä. Erikokoisista jäljistä päätellen ahmoja on ainakin kaksi tai kolme. Haaskan ympärillä on selvästi ruokailtu useampia päiviä. Yksi ahmoista on pitänyt vahtia makaamalla parimetrisen tasalatvamännyn latvassa. Kiinnostun siitä, miten hirvenkaato on ahmalle mahdollista. Seuraan jälkiä lampien väliselle harjulle. Hirvi on tullut idästä harjun pohjoislaitaa. Lumi on kantanut ahman hyvin, mutta upottanut hirveä noin 70 -80 senttiä. Ahma on ajanut hirveä juoksemalla harjua yläpuolella ja juoksuttamalla hirveä paksussa lumessa. Ajon jatkuessa harjun länsipäähän ja kääntyessä takaisin itään päin on jäljille hirven jaloista tulleita veripisaroita. Hanki on repinyt jalat auki. Noin kolmesadan metrin päässä ahman jäljet loppuvat. Hirven jäljissä tulee mutkia ja pysähdyksiä. Sitten ne kääntyvät suolle ja hirvi löytyy noin kahdensadan metrin päästä.

Koskenkylään ja tunti moottorikelkan reessä -30 asteen pakkasessa, ja kyllä kannatti! Erittäin hyvälaatuinen mäntytukkileimikko 2000 m3. Taloon kahville ja parin tunnin rakentelun jälkeen teimme kaupat. Luottamus oli lähtenyt rakentumaan jo viime kevään Riikan laivaristeilyllä, jolloin olin istunut juttelemaan heidän kanssaan laivalla.

Jälleen pakkaspäivä. Toimistolla tein pienehköjä kauppoja pari kappaletta. Annoin Jarkolle selvityksen tilanteesta. Kuopiosta soitti arkkitehtitoimiston omistaja ja kertoi Vallioniemen kaupan olevan selvä. Pyysin faksaamaan kartat. Sovin Metsäkeskuksen Pekka Kylmäsen ja Risto Nivalan kanssa leimikon kuviotietojen siirron kokeilusta meidän järjestelmään. Tarkistin Jari Hurskaiselta hinnoittelukuviot - sanoi "kyllä sinä tiedät." Kävin Riekin leimikoiden isäntien luona sopimassa uudet mäntytukin katkontaohjeet.

Tammikuun puoliväli, pakkaspäivä, pilvistyi illalla. Aamulla kokeilimme Timosen leimikon kuviokoordinaattien siirtoa Metsäkeskuksen tiedostosta meidän Patikka-karttajärjestelmään, ja homma onnistui. Kävin Alavuotungin varastot tarkastamassa ja leimikon rajaamassa Särkiluomalla, jonne koneketju menee huomenna. Riekkiin on vietävä pillari tien aukaisuun, poromiehet ovat polkeneet tien niin pahoin moottorikelkoilla. Soitin Jarkolle ja ilmoitin kokeilusta - hän soitti Mäkisen Tommille ja sieltä tuli jäitä - Pajunen kuulemma neuvottelee Metsäkeskuksen kanssa hintaa tästä hommasta, joten peli seis ja perästä kuuluu! Kerroin homman kuuluvan logistiikka-projektiin Jarkko ilmoitti Pentti Pajusen olleen jopa innostunut kokeilustamme, jota hämmästelin. Jatketaan... Kehittämisesimies Kirsi Mulari soitti päivällä ja jotenkin tuntui, että hän ei ollut laisinkaan perillä missä mennään. Pakkasperjantai. Tarkoitus oli lähteä hiihtelemään, mutta... aamulla oli sähköpostiviesti: Metsäkeskuksen kanssa kehittely keskeytetään, syynä Jarin ja Pentin neuvottelut hinta- ja tietosuoja-asioista. Se siitä.

Käväisin parturissa ja Puumoto Ky:n korjaamon 1-vuotissynttäreillä, jossa uusi harvesteri oli esitteillä. Nyt alkaa Timberjackilla olla apteeraus Ponssen malliin! Ukkoa oli kuin pipoa, makkarat ja juomat teki kauppansa. Päivä meni jo pitkälle ja aika meni puhelimessa, joten metsähiihdot jäivät vähemmälle.

Tuhruinen, -14 asteinen pakkastuulipäivä. Aamulla Vesa soitti katkoneensa Särkiluomalla kuusitukit Pölkyn mitoilla, vaikka kauppa oli Kemiin. Selvittelyt - tulos muutetaan päätevarasto Pölkylle. On vielä sovittava myyjän kanssa. Puumoton uusi kone alkaa vähitellen toimia - siirto Siikalaiseen tänään. Koskenkylän tuodaan Paakkolan kone, OK. Kävin Koskenkylässä suunnittelemassa talvitien suunnan ja rajaamassa alkupään leimikosta. Lunta 70 senttiä, upottaa 25 -40 senttiä. Kylmästä tuulesta huolimatta oli lämmintä touhua.

Tänään oli plussan puolella, talvinen suvipäivä. Tiet olivat lumisia, ei kovin liukkaita. Metsäliittopäivä Syötteellä. Koivua ja mäntytukkia tarvitaan, havukuitua liikaa 100 000 kuutiometriä, joka sulatettava kevääseen mennessä. Viime vuosi toteutui 102 prosenttisesti. Uusitun piirijaon sisäänajo alkaa. Palkkausjärjestelmä muuttuu, entistä suurempi osa tulee erilaisista lisistä ja palkkioista. Uutena tulee matkustussäännön tulkinta, joka sallii kilometrilaskutuksen kotoa alkaen silloin, kun toimistolla viivytään alle tunti aamulla tai illalla. Ostoesimies Leino Poussu aikoi jäädä tänä vuonna eläkkeelle!

Tammikuinen, lumiräntä-sadekuuroinen tuulipäivä. Aamulla klo 6.00 lähtö Koskenkylään tien pillarointiin. Suo hyvin jäässä, joten tienteko 80 sentin lumeen oli helppoa. Rajasin leimikon takalaitaa kun pillarimies soitti, että naapurin isäntä tuli myymään männikköä. Siitä vain kiri päälle ja 1,5 km pahnaus takaisin, ettei isäntä palellu ja kauppa tyssää. Tavara tarkastettiin ja kauppa tehtiin. Sitten toimistolle. Kitkan miehen leimikkoon otin aikalisän. Seuraavana tuli Timosen Heikki - suunnittelu ja teimme lähes 2000 kuution kaupat. Kova business-kaveri, joka kertoi vielä kovemmasta venäläisestä, se kun osti 17 000 kilometriä Venäjän valtion rautatietä ja heitti muutaman kymmenen miljoonaa euroa Kuopion Lohimaahan. Työntäyteinen päivä, ihan ok, kun ei oteta tavaksi. Rennomminkin nämä tavoitteet täyttyvät.

Lähtö 6.00 Kierikkikeskukseen Yli-Iihin piirikokoukseen, joka oli ensimmäinen Torniosta Kuusamoon ulottuvalla piirillä. Oli paljon, liian paljon asiaa yhdelle päivälle. Kivalo-tulosryhmä toi mukanaan enemmän ongelmia kuin ratkaisuja tukkihuollon ja kuitumäärien osalta. Tietää tänne töitä. Palikoiden asettuminen paikoilleen vienee koko vuoden. Heinosen Matti Pudasjärvellä vaikuttaa kelpo tyypiltä. Veli Nikula tullee Koillismaan tulosryhmään - sopii tyyliin, olemmehan me aika monessa suhteessa ryhmänä kummajaisia: teemme mitä pitää! Paluu kotiin 19.15 melkoisessa tuiskupyräkässä - onneksi ei sada. Mustikka-talvitie on auki (kun saataisi puut pois) samoin Vasaluoma. Ei kaipaisi tuiskuja.

Aamulla piti järjestellä Siikalaisen savotan puut kuljetuskuntoon, nopeuttaa Paakkolan koneen tuloa parilla viikolla, tehdä pelisääntötarkistuksia kuorma-autoilijoiden kanssa, sillä tuisku-pakkasyhdistelmä raastaa vehkeet ja hermot hajalle. Kiireellä Siikalaiseen tien tekoon. Kaikki oli päin perää: toinen ajokone otti ilmoja, kaivuri jäässä, kannot tiellä! Laitoin moton äkkiä lyhentämään kantoja, ja ainut toimiva ajokone kasaamaan maata kantojen ympärille. Konemiesten maasturi hyytyi kääntöpaikalle ja se vedettiin koneella metsään. Sitten tuli 2 puutavara-autoa ja temppuili kuormat mäntytukkia 50 metrin peruutuksella taipaleelle, niin ja linkomies oli kuumeessa ja tiellä 20 senttiä lunta

Tammikuu päättyi kovaan pakkastorstaihin. Aamulla näytti, etten raatsi repiä autoa käyntiin. Menomatka Taivalkoskelle tulosryhmän kokoukseen oli yhtä kolakärrymeininkiä. Kokouksessa Jarkko, Mäkisen Tommi ja Uusitalon Pentti yrittivät saada Pudasjärven Veli Nikulalla ja Matti Heinosella laajennettua tulosryhmää tarvetta vastaavaan toimintamalliin. Kovat mäntytukkitarpeet ja havukuituvuori ovat mahdollisimman paha yhdistelmä talviteille. Lupasin Kuusamoon kolmannen koneketjun, joka yhdessä Puumoton 1. ja 3. ketjun kanssa tekevät 10 500 kuutiometriä puuta helmikuussa. Tietää kovaa savottatalvea. Uutta ostoakin tarvitaan 5-10 000 kuutiometriä - se on hämärän peitossa. Aloitin heti tulomatkalla valmistelemaan Teerirannan kauppaa, kovaa tämä on. Koneiden tarkastusmittaukset hoidetaan Kainuusta päin, hyvä, että jostakin. Illalla takki oli tyhjä - pitäisi päästä normaaliin toimintaan, mutta pakkaset ja kaikki muu rasittaa.

Helmikuu 2003, tuiskuinen maanantai. 6.15 lähtö toimiston kautta Mattilaan, Mursun lavetti pillari kyydissään perässä. Hyvin mäkistä tietä perille tien puskentaan, talon pihan ohitukseen ei oikein meinannut reittiä löytyä. Kangastietä itään, käännös etelään vanhalle pellolle, joka kantoi kohtuullisen hyvin metristä lunta puskevan pillarin. Hiihtokeli hyvä, upotti 15 senttiä. Pellolta avosuolle, joka kepillä koetettaessa tuntui olevan jäässä, mutta keskemmällä olevat valvakkeet panivat epäilemään pahinta. Kuski puski tietä viisikymmentä metriä suolle ja kone putosi suohon. Kuski lähti hakemaan kaivuria kävellen 1,5 km lavetille, ja sitten kirkonkylälle. Lähdin suunnittelemaan leimikon korjuuta odotellessani, opastaen samalla puhelimessa monitoimikonetta tuovaa lavettia työmaalle. Palasin noin 14.00 ja - moto rikki! Puhelimella tehtaalta ohjeita ja paljastui, että tietokone rikki kourasta; kone tienvarteen ja uusi osa Rovaniemeltä. Kuski kertoi, että aamulla oli tulla isännän kanssa kolari mäenkumpareella, varjeltui, kun isäntä ajoi metsään. Siinäpä sitä tutustuu. Ei alkanut hyvin tämä savotointi, ei.

Aulis Kurtin edustajistovaalin ehdokaspaperit laitettiin kuntoon. Aulis kertoi, että yhdistyksillä on tiukka taloudellinen tilanne. He olivat ehdottaneet häntä tunnustelijaksi Posion ja Taivalkosken yhdistysten yhdistämiseksi. Sanoin mielipiteenäni, ettei se yksin taloutta paranna vaan on saneerattava tuottamattomat hommat pois. Vuotungin isännän kanssa mittis ja rakentava keskustelu yhteismetsän asioista - seurataan. Illalla vein Marin kylälle valmistautumaan huomisiin penkkarijuhliin. Sanoin menomatkalla olevani ylpeä hänestä, kaikesta mitä ja miten hän on toiminut.

Pilvinen maanantai. Aamu oli perinteisesti kiireistä juoksevien asioiden hoitoa. Koneille työohjelmia, Karvosen Pekan kanssa pientä linjausta 2-3 vuoden päähän, mielestäni ei enää uusia koneita, koska leimikkorakenne tulee pienenemään ja näin liikevaihto/määrät laskee ja siirtojen määrät nousee. Pomot hiljaa - ei posteja - lienevät "koulutuksessa". Puoliltapäivin Mattilaan josta löytyi kyseenalainen puro: onko se metsälakikohde, sertikohde, vai ei mikään. Suo ympärillä ojitettu, purokin osin perattu. Oma mielipiteeni oli, ettei se ole erityisen tärkeä elinympäristö, mutta riistan vuoksi 20 metrin suojakaistat ylispuuhakkuin molemmin puolin ovat paikallaan. Metsäpoliisin vaade oli kaistat ilman ylispuuhakkuuta. Kun lain mukaan oli mahdollista hakata kokonaan, päädyimme myyjän toivomuksesta esittämääni ratkaisuun.

Tulosryhmän kokouksessa Taivalkoskella oli normaalin vaikeaa saada hakkuut, hankinnat ja kuljetukset vastaanotot ja ostot sovitettua määriltään, laadultaan ja aikataulultaan yhteen. Helmikuu onnistui hurjista tavoitteistaan huolimatta odotettua paremmin - lasku tosin lankeaa maalis-huhtikuussa, kun niiden mäntytukkivarannot on jo syöty. Aika näyttää. Palatessa kävin Matalajärvellä tarkastamassa kuitupinon "tukkipitoisuuden". Puolenkymmentä rajatapausta - ei tukkia..

Tuiskuinen perjantai. Aamulla tein työohjelmat koneille. Tein varastotarkistukset ja muut rutiinihommat. Maurin kanssa teimme systeemien läpikäynnin. Kuoliolla oli parin leimikon katselu ja hylkäys. Sitten yhdeksi toimistolle, jonne Jarkko ja aluejohtaja Jari Hurskainen poikkesivat jutuntekomatkalla. Kerroin illalla tehdystä sopimuksesta ja se hyväksyttiin. Herroilla ei tuntunut olevan sen kummempaa huomauttamista. Totesimme sen, että yksintyöskentely vaatii aina valvonnan tuekseen.

Taivalkoskella Jarkon kanssa kävimme viime vuoden toteutumat läpi esimies-alainen keskustelussa - korotetutkin tavoitteet puutavaralajeittain ovat toteutuneet täysin. Tulospalkkioita tulee maksun 7800 markkaa miinus verot. Tosin ylenmääräinen rehkiminen toi vain vähän ylimääräistä - ei pelkästään rahan vuoksi kannata! Vuodenvaihteen tienoon hässäköistä olemme yhtä mieltä, sitä ei enää päästetä tapahtumaan. Palaute myyjiltä oli reilusti Pohjois-Suomen parhaita, ostomäärät korkeimmat. Tälle vuodelle sahapuu määrä, jäsenetu-ostot ja tienvarsihinta ovat tarkkailun alla.

On maaliskuun puoliväli, puolipilvinen, kovatuulinen lauantai. Aamukymmeneltä lähtö Liikasenvaraan "Erä-Suden" huskytarhalle Marin 19-vuotis syntymäpäivälahja-ajelulle. Hienoa, että etelän pariskunta on löytänyt sijansa täällä. Mari ihastui kovasti - tosin tervettä epäröintiä työaikojen suhteen, sesonkiaikana 10 -16 tuntia/vuorokaudessa. Mari ajeli kirkolle, ja hänestä on tullut hyvä kuski.

Pölkyllä lippu puolitangossa ja sitten Prismassa samoin - ei kai vain Matti Virranniemi, yksi pitkäaikaisimmista kauppakumppaneistani ole mennyt pois? Asia varmistui Citymarketissa Leenan kertomana. Matti oli kuollut yöllä äkilliseen sairauskohtaukseen. Hän lähti, kuten olemme joskus yhdessä toivoneetkin - se panee ajattelemaan. Aikaa on rajallisesti, miksi me hukkaamme päiviä kylmyyteen, tietämättä vaikka tämä olisi viimeinen päivämme. Kaipaan häntä, ystävällisiä, joskin tiukkoja neuvotteluja, ei koskaan henkilökohtaisia loukkauksia. Otetaan asiat asioina, ihmiset ihmisinä. Suren syvästi.

Huhtikuu 2003. Tänään on lumisateinen, pilvinen sunnuntai. Illalla lähdin Helsinkiin mitalijuhlia varten. Viideksi Taivalkoskelle, mistä tulee Tuomo Horsma kyytiin. Aamulla Tapiolaan, missä metsäpäällikkö Markku Melkko kiitti hyvin menneestä vuodesta 2002 ja totesi samaan hengenvetoon, että tällä liikevaihdolla on tehtävä tuplatulos! Mitskut rintaan pitkin puhein, pieni kevyt ruokailu ja pari maljaa. Sitten näyttelyyn ja iltatilaisuuteen Marina Congress Centeriin. Siellä tapasin paljon vanhoja tuttuja, Pentti Takala, Pentti Hakkila, P-J Kuitto ja monet muut. Jari Hurskainen ilmoitti, että Heikki Timonen on tullut Kuopiosta varta vasten tapamaan minua ja kävimme syömässä pienen iltapalan kaupoista puhuen. Kaiken kaikkiaan reissu osoitti, että tämä porukka on hyvä työyhteisö, jolla on omat puutteensa, mutta näissä epävarmoissa, nopeasti muuttuvissa olosuhteissa on kohtuutonta odottaa enempää.

Aamun hässäkät normaaliin malliin, kuljetukset, hakkuut, mittikset. Sitten lähdin Kurviseen hiihtelemään Väisäsen leimikon nauhoihin. Hossassa käännyimme Hiljasen Aimon kanssa tasan yhtä aikaa Krouvin pihaan. Kevyen ruokailun lomassa totesimme toimivamme jokseenkin samoilla periaatteilla. Hieman järkytti Aimon ehdottomuus asioissa. Varsin antoisa keskustelu - kohtuullistetaan toiminnot terveyden mukaan, viitaten Matti Virranniemen viikon takaiseen kuolemaan.

Puolipilvinen tiistai. 6.50 lähtö Pudasjärvelle piirikokoukseen. Aamupäivä energiapuuhankintaan liittyviä, ennestään tuttuja Kemera-valtionavustuskuvioita. On tässä taas osattu tehdä vähäeuroisesta hommasta pirun mutkikas. Luontoarvot olivat säilyneet 50 tarkastuskalvon mukaan hyvin! Asiakaskysely todisti - hinnat pieniä, emme ehkä kuuntele - puhumme ohi, muutoin kaikki menee ok!

Lankalauantai, puolipilvinen. Aamupäivästä pilkkikisaan Lauliluomalle. Vein Metsäliiton palkinnot. Kova kävely suoraan lammen länsipäähän, josta tulikin 1,5 kiloa ahvenia ja neljäs sija kilpailussa - kokohaalarit. Oli mukava tavata vuoden jälkeen vanhoja tuttuja. Huomenna on sukutoimikunnan kokous, suunnittelimme alustavasti kansanedustaja Tuomo Hännisen kanssa kuvioita.

Aurinkoinen pääsiäissunnuntai. Seitsemältä hiihtolenkki järvellä Liisan ja koirien kanssa Multasniemen talojen kohdalla. Päivällä pilkkiretkellä Suiningilla saarten luona. Viideltä Hännisen sukuseuran hallitus kokoontui. Tuomo, Mourujärven Sisko, Koskelan Pirjo, Leinosen Kaarlo ja minä. Sain luovutettua sihteerin hommat Siskolle.

Lähdin 5.00 Kemiin jäsenpalvelukoulutukseen. Käytiin läpi jotensakin kaikki metsään ja sijoitustoimintaan liittyvät toiminnot. Homma käynnistetään varovasti tapaus kerrallaan asiakkaan pyynnöstä. Matkalla Posion ja Ranuan poikien kanssa pohdiskeltiin energiarangan hankintaa - ei liene kannattavaa urakoitsijalle noilla kohdevalinnoilla, josko ei myöskään taloudellisesti paras myyjällekään, lisäksi perustuu liikaa tukiaisiin. Gyntherin Matti soitti ja oli kiinnostunut selluhakekuvioista, tulee 9.5 käymään. Illalla Lämsän Alpon luona palaveri Nuorisoseura-talon remontista, hiihto-/pururatareitistä ja ampumapaikasta. Kustannusarviona 41 000 euroa, johon saadaan 50 % avustus Myötäle-hankkeelta. Lähdettiin mukaan. Päättämässä oli joka talosta edustus.

Gynther muutti tapaamisen Kemiin ja 7.5 tehtäväksi. Järjestelin Ari Hoolin kanssa demonstraatio-esityksen ketjukarsija-haketuksesta. Toipuminen on hienolleen edistynyt, sillä jonkinmoista revityskykyä näkyy jo löytyvän. Virhealttius ei tosin ole vielä poistunut. Olipahan mukava hangella kävellen nauhoitella metsiä, tämä on homman hyviä puolia.

Huhtikuu loppu, räntäkuroja. Toimistopäivä, johon sisältyi mittaustulosten selvittelyä, paljon suuria kauppoja. Faksilistat aiheuttavat paljon ongelmia, koska osa sivuista tahtoo jäädä matkalle. Pienoisia hankintakauppoja oli kolme. Suuren rutinakaupan loppuselvitys kolmen tunnin jälkeen kohdalleen, ja laitoimme sovitulla tavalla nimet papereihin. Sovimme, ettei asiaa muistella pahalla. Sitten pyörähti nuori tuore isäntämies, joka vuosi sitten oli ottanut isännyyden 190 hehtaarin tilalla. Rakennuspaikka pitäisi raivata ja talon ympärys harventaa. Lupasin illalla tulla, kun kerkeän.

Toukokuu 2003. Oli sateinen, sumuinen aamu. 5.30 lähtö Kemiin. Siellä Matti Gynther, pääkonttorin kehittämismies, Pohjanmaan kehittämispäällikkö ja Pohjois-Suomen kehittämispäällikkö sekä Ari Hooli. Tarkoituksena esitellä Biokuitu-menetelmä, jotta puuryhmä voi tehdä päätöksen siitä aletaanko homman toteutusta tutkia. Asiat käytiin läpi suorapuheisesti, ongelmista oikeilla nimillä puhuen. Ehkäpä asiat ainakin kesäkuun alussa puhutaan läpi ylemmälläkin tasolla hankintapäälliköiden kokouksessa. Työtä arvostettiin perusteellisuudesta ja laajuudesta. Hallin pihalla työnäytös avasi porukan silmät lopullisesti, vasta näkeminen auttoi ymmärtämään. Hankkeelle olisi jälleen tilaa, kun haketoimituksia sopisi tehtaan vastaanottoon. Arilla on huomenna Stora Enson porukat tutustumassa asiaan.

Puukauppaneuvottelun osallistujat Jari Hurskainen, Jarkko Parpala, Juhani Nevala, Jarmo Korhonen, Heikki Kallunki ja selin Timo Pätsi.

Kuusamon Yhteismetsän edustajat Juhani Nevala, Jarmo Korhonen, Heikki Kallunki ja Timo Pätsi.

Piirikokouksen tauolla Sari Sova, Mauri Törmänen, Pekka Käsmä ja Taimi Pekkala.

Päivällisellä puhetta pitää Mauri Määttä.

Hiihtolenkillä Oiva Kallunki ja kirjoittaja.

Metsänomistaja Tuomo Ollila on tullut antamaan tarkempia ohjeita rannan hakkuista konemiehille.

Toritapahtuman arvonnassa voittivat moottorisahan entinen Metsäliiton korjuuesimies Jouko Mäkäräinen ja Iita Mäkäräinen, luovuttajina Jarkko Parpala ja kirjoittaja.

Sopeutumista muuttuvissa markkinatilanteissa

Toukokuun lopulla lähdimme isännän kanssa toiselle kierrokselle Tatangin kankaalla reilut 15 vuotta aiemmin Veitsiluoto Oy:n toimesta karsimattomana rankana harvennettua aluetta. Puusto oli 60 vuotiasta ja reilut 12- 14 metriä pitkää ja kasvanut edellisen hakkuun jälkeen hyvin. Alueella oli selvää vaihtelua puuston järeydessä maaperän ravinteisuuden mukaan. Harvennustarvetta metsissä oli, paikoin työllä oli jo selvästi kiire. Hakkuukertymät vaihtelivat 30 ja 50 kuutiometrin välillä hehtaarilla.

- Hyvin täältä näyttää saksalaisten sota-aikaisen majoituskankaan rautaromut kerätyn pois, vaikka lienee melkoinen kasa jäänyt, kun he kiireen kera joutuivat aikanaan lähtemään pohjoiseen, sanon.

- Oli niitä vielä poikasena mitä ihmetellä. Mitäpä tuumaat, olisiko tästä jo työmaaksi teille, isäntä Leevi Uhlbeck tuumii.

- Onpa hyvinkin, lasketaan ostotarjous ja jos pääsemme kauppoihin, mitä tuumisit semmoisesta, että pitäisimme tässä harvennushakkuiden markkinointitapahtuman. Kuusamossa pitäisi saada harvennusten määrä pysymään mahdollisimman korkeana, jotta metsät järeytyisivät sahojen tarpeisiin ja metsänomistajille olisi jotain hyötyäkin metsien omistamisesta. Tässä olisi hyvät tilat vieraille. Aikansa hintoja ja kaupan yksityiskohtia suunniteltuamme teemme kaupat ja sovimme myös hakkuunäytöksen pidosta. Koska alue on hyvin näkyvällä paikalla, lupasin, että hakkuu tullaan suorittamaan erityisellä huolellisuudella. Muutaman viikon kuluttua hakkuut käynnistettiin ja näytöksessä kävi kaikkiaan noin 200 henkeä. Mauri Määttä korjuuesimiehenä teki motomiesten kanssa tarkkaa työtä, ja hakkuujälki sai laajalti kiitosta. Metsä oli kasvanut harvennushakkuut mukaan lukien hehtaarilla keskimäärin 174 kiintokuutiometriä ja rahallinen arvo runsaat 25 000 markkaa, kun hoitamattomassa vertailumetsikössä samalla kankaalla puumäärä oli tuolloin 132 kiintokuutiometriä, jääden hoidettuun metsään verrattuna 24 prosenttia pienemmäksi ja arvo 16 600 markkaa, ollen 34 % pienempi verrattuna hoidettuun metsään. Kuusamossa on rästissä olevia kasvatusmetsien hoitotöitä noin 20 000 hehtaaria.

- Palataan sitten taas 10-15 vuoden päästä näissä merkeissä, sanoin isännälle erotessamme mittaustodistuksen allekirjoitustilaisuudesta.

- Kyllä se vain sopii, olen hyvin tyytyväinen hakkuun toteutukseen ja kaikkeen mitä tässä on tehty, hän sanoo lähtiessään.

Ruka Nordic Opening

Yhteistoiminnan kehittämisen merkeissä kutsuimme piiripäällikkö Jari Juntusen kanssa läheisiä sidosryhmiä Rukalle hiihtolajien maailmancupin avauskisoihin, seuraamaan perjantai-iltana käytyjä naisten 10 kilometrin hiihtoa ja suurmäen kilpailua. Mukaan kutsuttiin yhdistysten ja yhteismetsien toimihenkilöitä ja luottamushenkilöitä Kuusamosta, Taivalkoskelta, Pudasjärveltä, Utajärveltä, Suomussalmelta ja Hyrynsalmelta yhteensä 35 henkilöä.

Käytin seuraavan avauspuheenvuoron ennen vapaan seurustelun ja kilpailujen seuraamisen alkua:

”Minulla on ilo ja kunnia toivoa teidät tervetulleeksi Kuusamoon ja Rukalle. Me olemme omalta osaltamme Pohjois-Suomen metsätalouden vaikuttajia. Meidän käsissämme on se, mitä ja miten toimitaan. Meillä on valtaa ja sen mukanaan tuomaa vastuuta. Se tarkoittaa sitä, että jos hyödynnämme hakkuusuunnitteesta kuusikymmentä prosenttia, jätämme samalla neljäkymmentä prosenttia mahdollisuuksista käyttämättä. Pahimmillaan säästö jää nuoriin metsiin, joiden hoitotarpeesta toteutuu vain kolmasosa. Siis kaksi kolmasosaa tarvittavista taimikonhoidoista ja harvennuksista jää tekemättä. Laskun siitä maksavat tulevat metsänomistajat, kohonneina korjuukustannuksina ja alentuneina kantohintoina. Miksi jättäisimme käyttämättä tilaisuuden työllistää ja saada kantorahatuloja, sekä samalla säilyttää asemamme kiristyvässä kansainvälisessä puuraaka-aineen toimittajakilpailussa?”

”Metsätaloutta on katsottava pitkällä, 100 vuoden tähtäimellä. Silloin toiminnan tasaisuus ja laaja-alaisuus palkitaan. Metsänviljelyt, taimikonhoidot, harvennushakkuut ja uudistushakkuut ajallaan tekevä metsänomistaja korjaa hyvinkin kaksinkertaisen tuloksen. Lisäksi hän säteilee ympäristöönsä hyvinvointia työllistäen ja rahojaan viisaasti käyttäen.”

”Kuusamossa lähdimme yhteistoiminnan tielle 1990 -luvun alkupuolella. Nyt olemme kymmenen vuotta toimineet ja olen varma, että toimintamalli on antanut sekä kuusamolaisille metsänomistajille, että paikallisille ja maakunnalliselle teollisuudelle arvokkaita etuja. Eräänä tärkeimmistä mainittakoon kuitupuun tasainen ja luotettava markkinakanava yhteistyössä Metsäliiton kanssa. Usein vedotaan siihen, että valtion Kemera-rahat eivät nykyistä suurempaan työmäärään riitä. Tiedän, että rahaa kyllä on, se on varmaa. Poliitikot tekevät puolestamme valinnan, minne sitä käytetään. Ja poliitikko on kuin Petromaksi-lamppu, se syttyy palamaan vasta kun siihen on pumpattu riittävästi painetta."

"Tämän päivän metsätaloutta vaivaa alavireisyys. Poissa ovat reippaat keskustelut ja innostusta luovat yhteiset ponnistelut. Me olemme matkalla etsimässä yhteistä kipinää, joka saa toiminnan liikkeelle. Sain ajatuksen isäinpäivän aamuna, kun näin televisiosta Nokian pääjohtajan Jorma Ollilan silmissä häivähdyksen kipinästä, jonka hän puolestaan sanoi nähneensä kiinalaisten nuorten osaajien silmissä. Se kipinä haihtui kuitenkin nopeasti, kun hän alkoi kaivata samanlaista kipinää takaisin suomalaisen työntekijän katseeseen."

"Me löydämme tänä päivänä sen kipinän. Menemme naisten hiihtokilpailujen lähtöpaikalle ja katselemme nuoria naisia silmiin. Luja voitontahto näkyy ihmisen silmistä, niissä palaa innostuksen tuli. Se antaa varmuutta ja rohkeutta. Etsitäänpä voittaja katseen perusteella."

Hiihtokilpailujen jälkeen yhdessä ja pienryhmissä keskustellen tuumaillaan keinoja innostuksen siirtämisestä Pohjoisen Suomen metsätalouden toimintaan. Meidän käsissämme on se, kuinka hyvin me omissa kisoissamme pärjäämme. On muistettava, että kilpailualueena on Eurooppa ja koko maailma. Olemalla paras on helppo elää. Metsät kasvavat ja metsätaloudella on toiminta -edellytyksiä tulevaisuudessakin myös näillä alueilla.

Kilpailujen seuraamisen ja vapaan seurustelun ohessa syntyikin useita pienempiä oivalluksia paikallisen tason yhteistyöstä. Merkittävin anti illan aikana oli ehdottomasti, että syvennyimme keskustelemaan asioista ilman päivärutiinien paineita.

Kehityskeskustelu

Kajaanin piirin piiripäällikkö Jari Juntunen tulee tasan kahdeksalta. Alkuvaikutelma on sopuisa. Muusta on aikaista sanoa, sillä yhteistyötä on jatkunut vasta parisen kuukautta. Tervehditään, siirrytään kahvihuoneeseen, vaihdellaan kuulumisia. Tunnustellaan aallonpituutta, jolla toistemme ymmärrys löytyy.

- Mitenkä sinä olet sadekelien kanssa pärjännyt, Jari kysyy työasioihin siirtyäkseen.

- Siinähän se on varakohteita arpoessa mennyt. Kun saat työmaan käyntiin, silloin sateen vuoksi tiet pettää. Vettä on tullut koko vuoden sademäärän verran. Toisaalta sovitut määrät on pystytty toimittamaan, kuituja jopa enemmän. Tukitkin ovat katkottuna, niiden ajo jäänee alkukuulle, vastaan piiripäällikölle.

- Kuinka ehdit tehdä kaiken, kun sinulla näyttää kauppamäärät olevan merkittävästi suurempia kuin muilla, Jari kysyy.

- Kiirettä se pitää, ei tämä joutopäiviä salli. Tavoitteena olen pitänyt normaalia työpäivää, mutta aika usein viikon lentotunnit täyttyy jo perjantai-aamuna. Nyt etenkin, kun on hakattu kolmella koneketjulla, vastaan.

- Nämä muutokset ja niiden tuoma epävarmuus lisäävät yllättävän paljon painetta, varsinkin tuo Maurin lähtö. Metsänhoitoyhdistyksellä ollessa totuin yksin työskentelyyn 5 vuoden ajan kehityshommissa. Silloin en voinut puhua asioista kuin kahden kaverin kanssa. Toinen oli Vantaalla ja toinen Jyväskylässä. Tässä hommassa olin vuoden yksin. Nyt kun olen tottunut työskentelemään Maurin kanssa, se sitten päättyy. Täytyy taas opetella uudet rutiinit, mietiskelen ääneen enemmän itsekseni.

- Miltä nämä muutokset sinusta näyttää, Jari kiinnostuu.

- Muutosten nopeus syö ihmistä. Suurin osa meistä ei pysy vauhdissa. Viime kesän epäonnistunut liikkeellelähtö sahapuun katkontaohjelmalla rassasi hermoja. Tämä vuosi menee organisaatiouudistuksen tekoon, tuleva vuosi sisäänajoon. Sitten on uuden vuoro. En usko, että tämä on vielä valmis. Alueurakoinnin sisäänajo on vielä oma lukunsa. Tulosryhmätoiminta hakee henkilövaihdosten jälkeen muotojaan. Mitä seurataan ja miten. Ovatko budjettiluvut vai varanto-/toimitussopimusluvut tarkemmin seurattavia? Aikanaan toimintatavat löytynevät. Toivottavasti sutjakasti ilman isompia riitoja, pohdiskelen.

- Oletko ajatellut miten jatkossa tulosryhmätoimintaa pitäisi viedä eteenpäin, Jari jatkaa.

- Laitatin jo seuraavaan kokouskutsuun kohdan ”syvällisestä keskustelusta seurantalistojen tarpeellisuudesta ja siihen liittyvistä asioista”. Näkyypähän sitten, mitä ja miten porukka päättää, jatkan. Siihen minunkin lienee tyytyminen.

- Nämä ovat niin hyviä ajatuksia, mitä olet esittänyt ja tulokset hyviä, että tulen osallistumaan tuohon keskusteluun, Jari vakuuttaa.

- Mitenkäs näiden Kuusamon Yhteismetsän ja metsänhoitoyhdistyksen kanssa asiat etenee, Jari kysyy.

- Hyvin, ainahan asioita on järjesteltävä. Määrät on yhdistyskin saanut suurin piirtein täyteen. Syyskuulla jopa hieman varastoonkin, joka johtui paljolti keväällä järjestetystä tupailtakierroksesta. Yhteismetsä on hyvä kumppani. Kun autat sitä hädässä, se auttaa meitä puutteessa. Heidän kanssaan kannattaa keskustella herkällä korvalla.

- Yhdistyksen ongelmana on, että vanhat neuvojat "itseohjautuvat". Se menee miten menee. Tekemisen into ja ilo puuttuu. Silloin ei myyntityö suju kuten pitäisi. Ensiharvennushakkuiden tarve on niin suuri, että siinä pitäisi painaa päälle vahvasti. Työnjako on meille hyvä, he harventavat ja me hoidamme päätehakkuut. Näin kustannukset saadaan tienvarressa pysymään kohtuullisina.

- Näitä kuvioita pyritään pitämään pystyssä. Ne ovat toiminnan kannalta tärkeitä, Jari vahvistaa piiripäällikön näkemyksensä. Kuinka näet asemamme laajemmin tarkasteltuna?

- Puunhankintaorganisaatiot alkavat yhtiöillä olla trimmattuna tämän ajan kuntoon. Paikallisesti kilpailu tulee olemaan kovaa. Pölkyn sahat ja Lappipaneeli tulevat sahaamaan noin miljoona kuutiometriä tukkia vuosittain. Hakkuusuunnite tuottaa noin 200 000 kuutiota, joten kisa-asetelma on valmis.

- Valtakunnan mittakaavassa Metsäliiton ongelmat eivät ole ohi. M-Realin kapeat 7 metrin viirat eivät osakeannilla muutu. Kun UPM:llä on 8 metrin viirat ja Ensolla 9 metrin viirojen leveys, on mahdotonta kisailla samalta viivalta. Voi ollakin, että omistusjärjestelyjä tulee. Ehkäpä UPM ottaa M-Realin, Metsäliitolle jää sahat ja Metsä-Botnialla tasataan tilit. Puunhankinta voi tulla Metsäliitolle. Ongelmana on meidän porttihinta tehtaalla, joka on lähes 2 euroa korkeampi kuin UPM:llä. Se taitaa johtua, ei yksin ostohinnasta, vaan myös muista hallinto ja osuuskuntakuluista, Jari toteaa.

- Niinpä, aika sen näyttää kuinka käy. Varmaa on vain se, etteivät muutokset tähän lopu, totean lopuksi.

- Tämä on ollut hyvä keskustelu. Tämä panee ajattelemaan, piiripäällikkömme Jari Juntunen toteaa.

- Täytyy tosiaankin tarkastella näitä asioita kokonaisuuksina, Jari sanoo, kun Mauri Määttä, Pekka Käsmä ja Raimo Palosaari saapuvat yhdessä Koillissanomien toimittajan Eija Kesälahden kanssa saattelemaan Maurin eläkeputkeen.

Ensiharvennusmetsien kunnostus energiapuunkorjuulla käynnistyi Kemera-tukien tultua siltä osin voimaan. Ongelmatonta säännösten tulkinta Koillismaan ylängön olosuhteissa ei ollut.

Työn toteutus selluhaketoimintojen jälkeen ei ollut vaikeaa. Parhaimmillaan poistettiin puuta 71 kuutiometriä hehtaarilta, jotta metsä saatiin kasvatuskuntoon. Keskimääräiset kohteet olivat 30 -40 kuutiometrin luokkaa hehtaaripoistumiltaan. Omat ongelmansa täällä aiheuttivat vanhat, jo osin metsänomistajien poistetuiksi luulemat rantakaavat, joita Kuusamossa on 1980-luvun hullujen vuosien jäljiltä noin 150 kappaletta. Kun sellainen löytyi viranomaisten arkistoista, se aiheutti Kemera-tukien hylkäämisen.

Toinen ongelmia aiheuttanut tekijä oli vaarapuustojen epätasaisuus. Siellä koneenkuljettaja joutui toimimaan epätietoisena siitä, harventaako tiheät ryhmät oikein, vai ottaako aukot huomioon ja jättää ryhmät ylitiheiksi, jotta saa runkoluvun hehtaaria kohden jäämään yli 700. Siitä saimme karvaat kokemukset yhdellä hankkeella, josta katselmustoimikunta antoi vapauttavan päätöksen, mutta Metsäkeskuksen viranomaiset ajoivat asiaa niin pitkälle, että Kemera-tuet poistettiin. Vaikeuksia meidän olosuhteissa oli myös rankojen kuivatuksessa. Aika usein peitetyissäkin pinoissa olivat talven käyttöaikaan kosteusprosentit liian korkealla. Siitä aiheutui hakkeen toimittajalle huonompaa taloudellista tulosta.

Tämän tyyliset savotat päättyivät Kouvervaaran rantakaavan maisemointihakkuuseen 2013. Hankkeella tehtiin miestyönä ennakkoraivaus. Koneellisesti avattiin tieurat ja tonttien rakennuspaikat, sekä harvennettiin loput alueet. Erityispiirteenä alueella oli lukuisa määrä erilaisia metsälakikohteita, lähteitä ja tihkupintoja. Kun kohteita paikannettiin keväällä ennen hakkuuta, ne löytyivät kokonaan eri paikoista, kuin minne ne oli viranomaisten karttoihin merkitty.

Piiripäällikkö Jari Juntunen saapuu aamulla. Haluan tarkoituksella pakottaa Jarin avaamaan keskustelun ja jättäytyä itse mahdollisimman pitkälle kuuntelupuolelle, jotta hän joutuu paljastamaan ensin korttinsa kuluvan vuoden tavoitteiden osalta. Ei ole viime vuoden paineiden jälkeen haluja ylimääräisiin revittelyihin. Se, että olin aloitteentekijä iltapäivän Yhteismetsän yhteistyöpalaveriin, ei tuonut aamun keskusteluun muutenkaan pullisteluhaluja.

- Onko organisaatiojärjestelyistä kuulunut mitään uutta, kysyn.

- Jotain siellä on suunniteltu, mutta ei uutta sen kummempaa, mitä tietokoneella on ollut, Jari vastaa. Piirin asiat on sovittu, kaksi ostomiestä tulee meille ja kolmas vielä miettii, hän jatkaa.

Käymme läpi Metsäliiton edustajistovaalin kiemuroita ja yhteistyön kariutumista Pudasjärven ja Taivalkosken kanssa.

- Sinulla on mennyt viime vuosi todella hyvin. Kaikilla mittareilla mitattuna tulokset olivat parhaat sinun hankintalohkollasi. Siitä vilpitön kiitos sinulle, Jari aloittaa tavoitekeskustelun. - Tuloksista olen esittänyt sinulle korkeinta tulospalkkiota 2400 euroa. Se maksetaan maaliskuun puolivälissä. Metsänmyyjä palautteetkin ovat tosi hyvällä tasolla, Jari jatkaa. Tästä on hyvä työskennellä eteenpäin. Onko kaikki mennyt suunnitelmien mukaan ja onko kaikki pelannut kuten pitää, hän kysyy.

- Monessa suhteessa mennyt vuosi oli poikkeuksellinen. Alkuvuosi oli Miljoonan Motin Metsämarssin kampanjoinnin vuoksi vilkasta kauppa-aikaa, ja eri tapahtumat ja lehtijutut veivät melko paljon aikaa. Sitten kesällä oli koko ajan ylimääräistä kalustoa. Sitten räjähtivät hinnat, kun toisetkin puunkäyttäjät heräsivät matkaan. Syksyllä tuli sateet ja tammikuulle saakka jatkunut kelirikko. Se teetätti monet suunnitelmat uusiksi. Siitä huolimatta toimitukset pystyttiin hoitamaan.

- Piirin sisällä ei toiminnoissa ole valittamista, kuljetukset tosin menee vähän miten sattuu. Ei ole hyväksyttävää, että syyskuussa tienvarsivarasto on yli 12 000 kuutiometriä, kun samaan aikaan on aivan tyhjiäkin pitäjiä, jatkan viime vuoden tarkkailua. - Meillä oli viimeksikin sama ongelma ja silloin esitin varastonhallinta-ohjelmaan 3-portaisen luokituksen käyttöönottoa. Siitä ei ole kuulunut mitään, sanon.

- Tässä myllerryksessä ei kukaan ole tainnut ehtiä tekemään sille mitään, Jari vastaa. - Mitenkä näet tämän vuoden määrät, mennäänkö entisillä linjoilla, vaikka ne ovat selvästi suuremmat kuin muilla, Jari kysyy.

- Sanotaan, että viime vuoden tavoiteluvut voisivat olla mahdollisuuksien rajoissa, vastaan. Katsotaan sitten, mitä iltapäivän keskustelussa tulee esille, sanon lopuksi.

Tapaamme yhteismetsällä toiminnanjohtaja Lasse Lahtisen ja puheenjohtaja Olavi Jäkäläniemen. Käväisemme syömässä ja aloitamme neuvonpidon. Jari kertoo ensin markkinatilanteesta ja sen kehittymisestä eri tehtaiden tuotteilla. Lasse valottaa Yhteismetsän tilannetta ja Olavi kertoo miltä tilanne näyttää puheenjohtajan pallilta katsottuna.

- Meillä on mahdollisuus aloittaa Kuusamossa energiapuun osto ja koska alkuun määrät eivät välttämättä riitä koneketjuille, haluaisimme kuulla teidän suunnitelmia harvennusmetsien osalta. Varsinkin kun oletan, että Suomussalmen giljotiiniharvennus meni meitä molempia tyydyttävästi, Jari toteaa.

- Se oli hyvä koesavotta, Lasse vastaa.

- Kyllä me olimme tyytyväisiä, Olavi sanoo. - Lasse saa kertoa mitä me on suunniteltu.

- Meillä on tavoitteena 150 hehtaaria harvennuksia vuosittain. Se tekee 7-9000 kuutiometriä puuta. Tarvetta harvennuksille näyttää kyllä olevan kasvavissa määrin, Lasse toteaa.

- Oletteko ajatelleen energiapuun hankintaa, Jari kysyy.

- Sitä ei ole tutkittu tarkemmin, kun sitä ei saa suunnitelmista selville, Lasse vastaa. Määrät lienevät kohtuullisen pieniä, koska taimikonhoidot on tehty ajallaan, hän lopettaa.

- Olisiko mahdollista, että kun meillä on yhteinen urakoitsija, niin työllistäisimme puoliksi keskiraskaan ketjun, jossa olisi sekä giljotiinikoura, että tavaralajikoura. kysyn.

- Siinä voisi olla ajatusta, Olavi sanoo.

- Minkälaisilla määrillä Kainuun giljotiiniyrittäjät toimii, kysyn Jarilta.

- Siinä 7-8000 kuutiometriä, hän vastaa.

- Pidän sitä määrää pienenä, sanoisin kokemuksesta, että 5000 kuutiometriä energiarankaa ja 10 000 kuutiometriä pyöreätä puuta alkaa pitämään ketjun jaloillaan ja yksikköhinnat kurissa, vastaan, kääntäen samalla keskustelun konkreettiselle tasolle.

- Minne meillä energiapuu menisi, Olavi kysyy.

- Metsäliitto ostaa puun, hankkii sen tienvarteen ja Vapo hoitaa haketuksen sekä toimitukset, Jari vastaa. Hake menee Suomussalmelle ja Posiolle.

- Olisi siinä merkittäviä etuja toimia teidän kanssanne verrattuna pienempiin toimijoihin, Lasse sanoo. Ei tarvitsisi itse pähkäillä kaikkea.

- Rukallehan on kaavailtu hakevoimalaa, Olavi sanoo. Onko se teidän suunnitelmissanne, hän kysyy.

- Olemme siitä tietoisia. Sen kummemmin asia ei vielä ole ollut esillä, sanon.

- Kyllä tämän laatuinen yhteistyö kiinnostaa meitä, Olavi sanoo, miten tässä edetään?

- Meillä konehommat kuuluu Uurtamon Kimmolle, täytyy viedä asia sitä kautta, vastaan.

- Niin se on, minä soitan Kimmolle, Jari sanoo. - Kimmo saa sopia Karvosen Pekan kanssa menettelytavoista. Kun se on selvä, sovitaan loput yksityiskohdat ja suunnitellaan jatkotoimenpiteet.

- Markkinointi voitaisiin aloittaa Metsäiltamissa ja Yhteismetsän 50 vuotisjuhlissa, jonka jälkeen me voimme järjestää työnäytöksen tähän Kirkonkylän lähelle, linjaan toimenpiteitä.

- Tuo kuulostaa hyvältä, Olavi vastaa.

- Tämä helpotti kovasti meitä, Lasse sanoo helpottuneena.

- Selluhakehommien jälkeen tämä on minulle lasten leikkiä, kevennän leveän hymyn kera. Tästä tulee hyvä homma. Saamme jaettua riskiä ja urakoitsija saa täystyöllisyyden ketjulle, sanon.

- Pidetään maaliskuun loppupuolella tarkemmat keskustelut jatkosta, Jari toteaa lopuksi.

Piiloperän suihkuvirtaus heinäkuun alussa 2004

Keskikesä oli parhaimmillaan. Pilvettömät poutapäivät tulivat idästä, tuuli oli heikkoa. Lämmittelin rantasaunaa. Hätkähdin siihen, että lintujen laulu lakkasi, järvi tyyntyi peilityyneksi. Tuntui, että kaikki luonnossa pysähtyi hengitystä pidättäen.

Laitoin saunan lämpiämään. Palasin kuistille. Noin 500 metriä korkea Kuntivaara on meiltä reilun kymmenen kilometriä koilliseen. Sen ylitse idästä lähestyi arviolta kilometrin paksuinen, synkän musta suihkuvirtaus, joka salamoi lähes sekunnin välein mustan pilviputken sisällä. Seurasin sen nopeaa liikettä lännelle päin. Se näytti laskeutuvan loivasti alaspäin.

Aloin aavistella pahinta. Olin aiemmin nähnyt liian monta kertaa paikan, johon suihkuvirtaus oli iskenyt maahan.

Varasin työpöydälle muistiinpanovälineet ja tarkistin puhelimen. Puolentoista tunnin kuluttua puhelin alkoi soimaan. Parin tunnin aikana tuli toistakymmentä puhelua myrskytuhoista. Virtaus oli iskenyt Piiloperän kylälle Kitkajärven luoteispuolelle 5-tien kahta puolen. Tuhoalueen keskus paljastui myöhemmin noin kilometrin levyiseksi ja 10 kilometriä pitkäksi. Se oli alkusoittoa tuleville tapahtumille, joiden kehykset muotoutuivat vanhan kuusamolaisen sananlaskun mukaan: "Kuusamolainen tusina on kymmenen Määttää ja Lämsät molemmissa päissä", sekä toinen sananlasku: "Antti Kurtti Kuusamosta, pitkän Liisan poika". Jälkimmäinen oli tosin vain puoleksi totta, sillä "Pitkä-Liisa" oli hänen äitipuolensa. Antti itse vaikutti 1800-luvun loppupuolella Lapin puutavaramarkkinoilla Anders Kurth nimellä, ja hän omisti mm. Kuusiluodon sahan Torniossa. Hänestä kiertää yhden romaanin verran tarinoita, vilkas mies kun oli. Tulipa Antin syheröt elävästi mieleen, kun Määttien sukukunta kohtasi syksyllä puutavaramarkkinoilla.

Kaikki siis alkoi heinäkuun alussa onnettomasti, kun raju myrsky kaatoi kymmenessä minuutissa 20 000 kuutiometriä metsää Kitkajärven pohjoisrannalla. Se tiesi lukematonta määrää pieniä ja vähän isompiakin metsäkauppoja.

Hankintapuu-nökköset toimitti suurimmaksi osaksi metsänhoitoyhdistys tienvarteen metsänomistajien valtuuttamana. Ensin suunnitelma, sitten kone tai miehet metsään, puut pinoon ja Metsäliiton lappu kylkeen ilman kaupan numeroa, koska kauppa tehtäisiin myöhemmin isännittäin. Puukauppavastaava kiikutti sitten valtakirjan Metsäliiton toimistolle, kauppa kirjoitettiin ja ajomääräykset annettiin kaupan numerolla ja sukunimellä varustettuna. Samaan aikaan isännät tekivät suoraan kauppoja hankkimistaan pienistä tuulenkaatoeristä.

Lokakuulla alkoi tapahtua. Iikka Määttä möi Rävän tienhaarasta 20 mottia havukuitua, jotka hän aikoi itse hankkia. Hän tuli parin viikon kuluttua uudelleen ja möi toisella kaupalla eri kohdasta koneella teettämiään tuulenkaatoja 30 mottia. Sitten seuraavana päivänä yhdistys toi Määttä Kalle kuolinpesän valtakirjan 20 motin havukuituerästä, jotka puut olivat kahdessa eri paikassa. Toinen lanssi oli metsätien päässä ja toinen Iikan puiden välissä. Kaikkien erien tuli olla valmiina marraskuun loppuun mennessä. Lokakuun loppupuolella kaikki erät olivat samanaikaisesti kuljetusmääräyksellä, jossa kaupan numeron lisäksi näkyy vain sukunimi ja puumäärä.

Raimo Palosaari toimi eläkkeellä ollessaan Kuljetus Palosaaren puutavaran ajojen järjestelijänä. Hän saapasteli aamulla Metsäliiton toimistolle siunaillen neljänkymmenen lanssin listaa, jolla toistuivat Paloniemet, Määtät, Lämsät ja Kurtit useampaan kertaan.

- Näitä ei minun koulupohjalla enää selvitellä, kaivelehan Kalle etunimet näille isännille, Raimo tuumi. Lista käytiin läpi ja etunimiä lisäiltiin kaupan numeron perusteella. Seuraavana maanantaina ajomääräykset uusittiin ja etunimet jäivät vanhalle listalle, häviten teille tietymättömille.

Määtät tulivat ajovuoroon. Kuski katsoi varikolta lähtiessään tietokoneelta lanssien sijainnin. Totesi, että Määttä Iikkaa on kaksi lanssia ja kaksi kauppaa. Määttä Kallea on yksi kauppa ja kaksi lanssia. Selvähän tämä on.

Ajaa rallatteli viitostietä Kuusamosta pohjoiseen. Noukki Määttä Kallen puut metsätieltä, ajeli 5-tielle, otti toisen lanssin puut kyytiin ja tarkasteli paperikartalta Määtän kaupan numeron nippukaavioon. Pahaksi onneksi siinä oli Iikka Määtän kaupan numero lähimpänä. Ihmetteli hetken, kun kauppa oli kolmemetriselle havukuidulle ja puut olivat rankoja - no, sattuuhan sitä näköjään Aikion Kallellekin virheitä. Täytti sitten kuorman toisen isännän puilla, ja vei tehtaalle.

Viikon kuluttua mittatietoihin puutavaraerien ohjausjärjestelmään nousivat Määttä Iikan molemmat kaupat, samoin kuin kymmenkunta muutakin kauppaa. Sen kummemmin asiaa miettimättä aloin rutiininomaisesti tekemään mittaustodistukset kuntoon, ja postiin allekirjoitukselle.

Parin viikon kuluttua Iikka soitti, että onkohan tässä jotain pielessä, kun rahoja jo laitat tulemaan ja puut ovat vielä pinossa tienvarressa. Sovittiin, että hän palauttaa paperit ja tutkin asian. Aikaa oli jo kuitenkin kulunut niin paljon, että maksut olivat lähteneet.

Palosaaren Arton kanssa kävimme läpi tapahtumalistaukset ja muut lanssit samalla alueella. Totuus alkoi paljastua. Iikan toinen kauppa oli mennyt oikein, hyvä, mutta toinen täytyi purkaa. Soittelin toimistonhoitaja Marke Miettiselle Kajaaniin menettelytavoista. Hän alkoi selvittää asiaa Espoon kanssa. Sovittiin jäsenpalvelun kanssa, että he palauttavat lisäosuuksiin menneet puumaksut ja minä hoidan Iikalta alv-rahojen palautukset. Samalla ymmärsin, että voin tehdä oikean mittaustodistuksen, kun saan puumäärät ja Iikka on varmasti palauttanut rahat. Määttä Kalle kuolinpesän mittaustodistusta en uskaltanut edes ajatella siinä vaiheessa.

Kuljetustoimiston kanssa asiaa selviteltiin ja sovittiin, että virheellisesti Iikalle kirjattu tosite peruutetaan ja kirjataan Kalle kp:n kaupalle. Odottelin.

Kun Iikan oikeat, kolmen metrin pituiset puut autoilija vei tehtaalle marraskuun lopussa, sattui käteen myös Kallen puiden mittaustosite, joka oli alun perin kirjattu Iikalle. Kuvalla ei näy Kallen kuljetusmääräyksen mukaista puutavaraerää. Yritän soittaa kuljetustoimistoon - en pääse. No, tuossa on puumäärät, joilla voin tehdä mittaustodistuksen. Näin pääsee metsänhoitoyhdistyskin tilittämään lopulta työmaan rahat isännälle. Nyt pitäisi kaiken olla hyvin ja paperit kunnossa.

Tammikuun viidennen päivän aamu ei ollut vielä valjennut, kun sain edellisen päivän tulosryhmän kokouksen pöytäkirjan valmiiksi. Katsoin sähköpostia ja Määtät siellä näkyi edelleen olevan listoilla pääkonttorilla Pallarin Arjalla. No, selvitellään. Katselen reskontrat, ja puut ja rahat näyttävät menneen oikein. Vastaan viestiin, että kaikki hyvin. Kirjoittelen esimiehelleni kokouksessa sovitut ehdotukset tiedottamiseen ja laatuliitteisiin liittyen sähköpostille ja olen etsimässä liitteitä, kun puhelin soi.

- Pallarin Arja täällä hei! Ei nämä Määttien kaupat ole oikein. Minä kun olen maksanut käsin maksatuksella täältä nämä Määttä Kallen puut, ja nyt ne ovat menneet mittaustodistuksella toiseen kertaan.

- Ei se kyllä täällä tilitetyissä erissä näy, totean hänelle.

- Siinä se ongelma onkin, sinä et siellä sitä näe. Maksettu ne on, ja miten uskot, saataisiinko me yhdistykseltä rahat takaisin, Arja kysyy.

- Siinä ei ole mitään ongelmaa, sanon hänelle ja lupaan hoitaa asian.

Soitan yhdistyksen toimistonhoitaja Maija Pohjolalle ja kerron asian. Hän plaraa joulukuussa tulleet maksut. Yhteen kertaan löytyy aivan oikea tilitys Määttä Kalle kuolinpesän mittaustodistuksen mukaisesti. Eikä muuta. Lupaan selvitellä asian pääkonttorin kanssa.

- Ei sinne yhdistyksen tilille ole tullut toista maksua. Mittiksen maksu on aivan oikein, ei muuta, sanon Arjalle puhelimessa.

- Ei voi olla totta, minulla on tässä maksulapussa selvästi ohje, että se tulee maksaa Kuusamon yhdistyksen tilille. Odota hetki, käyn kassalta tarkistamassa minne maksu on mennyt, Arja sanoo.

- Nyt on käynytkin niin, että ohjeesta huolimatta maksu on maksettu toiselle tilille, joka lienee metsänomistajan tili, Arja sanoo. Saammekohan me sieltä rahoja takaisin, tunnetko sinä heidät?

- Ei minulla ollut heidän kanssaan mitään tekemistä, koska kauppa on yhdistyksen kautta tullut, sanon. Aivan oikein, se sanomasi tili on Käylän Osuuspankin tili ja Määttä Kalle kuolinpesän tili on siellä. Minäpä haen heidän edustajansa puhelinnumeron, soitetaan, siitähän se selviää.

Arja lupaa soittaa heille ja unohdan kiireissäni koko asian. Olin varannut tällä päivälle kolme tienvarsivarastojen tarkastusta ja samalla suuren työmaan lopputarkastuksen, ennen kuin koneet lähtevät työmalta. Sitten pitäisi varmistaa seuraavan työmaan tien aukaisu.

Lähden kierrokselle ja puhelin soi.

- Perälän Juha-Pekka täällä terve! Selvittelen tuossa loppuvuoden papereita ja Määttä Kallen kaupalle ei ole tullut Kuvalle toimituksia. Mikä tässä on tilanne?

- On sille kaupalle kyllä tehty mittaustodistuskin, ja on sitä tälle päivälle kyllä jo selvitelty, sanon hänelle.

Kävimme varttitunnin läpi "Määttäsumaa" ja löytyihän siihen selitys. Kun olin aikoinaan pyytänyt oikaisua Määttä Iikan kaupalle kirjatulle mittaus tositteelle, se oli aivan oikein poistettu sieltä, mutta jostain syystä se oli jäänyt kirjaamatta Määttä Kalle kp:n kaupalle. Hän lupasi hoitaa asian. Niinköhän tämä homma on tällä selvä?

- Maija täällä terve! Nyt on Määttä Kalle kp:n asioiden hoitaja täällä minun luonani ja hänelle oli Metsäliitolta soittanut joku nainen, ja pyytänyt palauttamaan ylimääräisenä maksetut rahat takaisin. Asiakas sanoo käyneensä tilit läpi, mutta sitä maksua ei ole koskaan tullut heidän tililleen.

- Mistä tässä on kyse, hän kysyy jo hieman närkästyneenä.

-Maija hyvä, teetkö minulle vielä yhden palveluksen. Soita Käylän Osuuspankkiin ja pyydä heitä tarkistamaan tilit ja soita sitten minulle, sanon.

Synkähköt ajatukset muljahtelevat sisuskunnassani ajellessani kiireistä päiväohjelmaa eteenpäin. Kunpa ei tulisi mitään ongelmia myyjän kanssa siellä isolla savotalla. Jos tässä jotain myönteistä pitäisi löytää, niin ei tätä päivää voi ainakaan yksitoikkoiseksi sanoa.

- Maija täällä hei, kuule ei se kyllä Käylän pankkikaan löytänyt siltä tililtä niitä rahoja. He katsoivat perikunnan muutkin tilit ja ei sinne ole tullut mitään ylimääräistä.

Teen nopean ratkaisun. Määttä Kalle kp:n edustajat on saatava tyylikkäästi ja nopeasti ulos tilanteesta.

- Saanko sanoa sinulle vielä yhden toivomuksen. Esittäisitkö vilpittömän anteeksipyynnön perikunnan jäsenille aiheuttamastamme vaivasta. Tämä sekaannus on meidän talon sisäinen. Ja kiitokset sinulle Maija, sanon puhelimeen.

Ajatukset alkavat kulkeutumaan suuren työmaan suuntaan ja sen asioihin. Onko hakkuun jälki kelvollinen, myyjä tyytyväinen, olivatko korjuuesimiehen huomautukset aiheellisia ja niin poispäin. Tuhannen pientä asiaa, joista voisi nousta jotain pöydällekin. Soitan Arjalle ja kerron, että Määttä Kalle kp ja yhdistys ovat ulkona syheröstä.

- Mutta Käylän pankkiin rahat ovat menneet, Arja sanoo.

- Sitten tehdään niin, että soita sinä sinne pankkiin. Sinullahan on maksun numerot siellä, joilla voit todistaa olevasi oikealla asialla. He kyllä selvittävät jutun sinulle, sanon Arjalle.

Ajelen työmaalle ja kaikki näyttää olevan ok. Kävelen muutaman lenkin ja suunnitelmien mukaan on toimittu. Kymmenkunta kuormaa näyttää puita olevan vielä ajamatta talvitien varressa. Soitan etäämpänä työskentelevälle motomiehelle kiitokset hyvästä työstä, ja kerron samansuuntaiset terveiset ajokoneen kuskille lanssilla. Hän kertoo isännän poikenneen aamulla työmaalla ja keskustelleen motokuskin kanssa.

Soitan isännälle ja kyselen hänen näkemyksensä siitä miten savotta on mennyt. Hänellä ei ole mitään moitittavaa, päinvastoin jälki on hyvä ja puut on tehty kuten pitääkin. Ja mikä parasta työ on joutunut rivakasti. Kehotan häntä huolehtimaan, että isännälle jäävät koivut tulevat kuljetettua saman aikaan, kun viimeiset puut menevät tehtaalle, jotta tie ei ehdi tukkeutua. Sitten vielä ehdin kinastella automiehen kanssa mäntytukkien kuljettamisesta muiden puiden mukana sahalle. Lupaan kiirehtiä ajomääräystä Perälältä. Soitan hänellekin ja saan melkoisen ympäripyöreitä viikkoja, jopa kuukausia kuljetusajaksi. Sanon, että jos näin on, juonnetaan nämä pari kuormaa mäntytukkia kuitenkin auratun tien varteen täältä vaarasta. Hän lupaa.

- Arja täällä hei, et usko tätä enää. Maksu oli mennyt kassalla Määttä likan tilille. Onneksi pankki palautti rahat välittömästi takaisin. Tässä on näköjään mennyt kaikki mahdollinen pieleen, mikä mennä voi. Ja lisäksi kaikilla, jotka ovat asiaa vähänkin joutuneet sivuamaan. Tämä vaatii jo illalla lasillisen viiniä, hän sanoo.

- Eipä tässä neljän vuoden aikana ole moista sattunut. Minulla on kolmisen sataa kauppaa vuodessa kuljetettavana, ja tämä on ensimmäinen tämän laatuinen seikkailu. Selvittelimme me tässä välillä jo asiaa kuljetustoimistonkin kanssa ja pieleen se oli mennyt sielläkin, sanon hänelle.

Rupattelemme vielä hetkisen niitä näitä päästäksemme normaaliin päiväjärjestykseen.

Pinta-alaverotuksen hautajaiset

Kylä on sijoittunut savolaiseen tyyliin vaaran laelle. Etelän puolelle parin-kolmen sadan metrin päähän jäävät järvi ja jokisuu ovat peltoaukean takana. Taustalla nousevaa vaaraa hallitsee laaja metsä alue, jota taimikot reunustavat.

- Vai siirryit se sinäkin ”vihollisen” leiriin, isäntämies kokeilee kepillä jäätä.

- Miten sen nyt ottaa, yhtä tiukasti Metsäliitto on metsänomistajien käsissä. Oikeastaan tiukemminkin, sillä meidän jäsenemme myös omistavat yrityksen, toisin kuin yhdistyksissä, vastaan heitettyyn koepalloon asiatiedoilla.

- Joo, mutta ainahan ne yhtiöt ovat halvalla puut vieneet ja pienellä petoksella maat ostaneet, hän jatkaa.

- Ei niillä vanhoilla huhuilla ole nykypäivän toiminnan kanssa mitään tekemistä. Sitten kun tulee ajankohtaiseksi metsäkaupat tuolta vaarasta lupaan, että hoidamme homman niin hyvin kuin se on silloin mahdollista, vastaan hänelle. Sinullahan on muistaakseni pinta-alaverotus, joten sinulla on vielä muutama vuosi toiminta-aikaa.

- No joo, hyvähän se on tietää. Mutta ei minulla ole myyntitarvetta, hän sanoo.

Metsäasioista heitellään aina kevyttä herjaa tavattaessa. Tien päällä kommentoidaan lähiseudun savotoita ja maisemanmuutoksia. Joskus todetaan onnistunut tienvarsisavotointi, toisinaan on joku kilpailija kyennyt tekemään rumemmankin jäljen maisemaan. Koko ajan keskustelujen taustalla on valmistautuminen lähestyvään mittelöön, vaikka kumpikin varoo visusti tekemästä suoranaista tiukkaa aloitetta. Mieluummin asiaa kypsytellään hiljalleen haudutellen. Molemmat tiedämme jo mielessämme, etteivät ilman meidän välistä, suurempaa erimielisyyttä kilpailijat tule kauppakumppaneina kyseeseen. Mutta kaikki on silti mahdollista. Siispä tehdään ympäristöön hyviä savotoita malliksi.

On loma-aika, hellepäivä. Muistan jostain syystä vaaran metsä-alueen ja sen, että emme ole pariin kuukauteen nähneet isännän kanssa. Soitan hänelle ja pyydän heidät rantasaunaan illaksi. Asioihin on saatava vauhtia, sillä pinta-alaverotus päättyy puolen vuoden kuluttua.

He tulevat ja käymme lomalaisten keskustelua saunoen kunnolla. Metsäasioita sivutaan ja sovimme, että siihen palataan syksymmällä tarkemmin. Epävarmuus näyttikin liittyvän muuhun sisarusparveen, joiden kova vastustus metsänmyyntiin mietitytti. Sitä huolimatta, vaikka hän omisti yksin metsän.

- Sanohan onko se puun hinta romahtanut, kun "Maaseutulainen" niin kirjoittaa, kysyy Mikko suoraan.

- Viime vuotiseen verrattuna muutos ei ole suuri. Kokonaisuutena hinnat ovat lähes ennallaan. Mäntytukin huiput on leikattu pois, ja kuitupuu on selvästi noussut, vastaan.

- Joskus mietityttää, että pitäisi katella nuo mehtä asiatkin ajan tasalle, mutta ei siihen tule sitten aletuksi, kun tuota touhotusta on niin paljon, hän tuumii.

- Varataan molemmat päivä aikaa ja tutkitaan vaihtoehdot. Sitten on paljon helpompi tehdä ratkaisut sen mukaan, ehdotan hänelle.

- Pitääpä tuumailla, hän sanoo ja lähtee ajelemaan.

Muutaman päivän kuluttua hän soittaa ja kysyy, vieläkö se tarjous selvittelytyöstä on voimassa. Sovimme seuraavaksi aamuksi tapaamisen heillä, sillä varauksella, ettei tule mitään yllätyksiä. Lupaan tulla yhdeksäksi, ja pyydän häntä kaivelemaan metsätaloussuunnitelman valmiiksi esille. Aamulla seitsemältä puhelin soi.

- Joudun lähtemään reissuun, Mikko sanoo. Jätän suunnitelman kotiin. Lapset ovat kotona, saat paperin heiltä. Metsäpalstalla jos haluat käydä, pääset joko tuosta sillankorvasta tai sitten kiertämällä järven ympäri metsäautotietä pitkin. Tee sitten laskelmat siitä mitä siellä on, miten ne voisi käsitellä ja millä hinnalla olisit valmis ostamaan, hän sanoo. Niin, aukkohakkuista en sitten tykkää. Ainakaan näkyvä maisema ei saa mennä pilalle, hän lopettaa.

Siinäpä sitä taas on miettimistä kerrakseen. Käydään nyt sitten katsomassa, vaikka ei tämä taas helpolta tunnu. No, ei se kyllä ole sen helpompaa milloinkaan, tuumin kotoa lähtiessäni. Isäntä jätti itselle kunniallisen perääntymistien hakkuusta ollessaan avohakkuista tiukkana, sillä tietääkseni metsä oli vanhaa.

Otan toimistolta kartat, tutkin menoreitit. Suunnittelen kulkureitit metsässä. Mietin puiden kuljetussuuntia ja loput kysymykset ratkeaa sitten maastossa. Haen suunnitelman talosta. Katson ylimalkaisesti puumääriä ja päätän mennä metsäautotien kautta, sillä pääsen sieltä palstan laitaan autolla. Perillä teen kuviotiedoista omalle kartalleni arvion pohjaksi kuviorajaukset sekä puustotietojen perusasiat. Laskeskelen puumäärät yhteen ja päädyn kuuteen tuhanteen kuutioon hakkuukypsää metsää. Eikä sitten avohakkuuta. Järjestipä se taas semmoisen sopan, että noilla mausteilla syömättä taitaa jäädä. Rutinat pois ja tossua toisen eteen, komentelen itseäni liikkeelle tien päästä.

Tien laidasta on hakattu kymmenisen vuotta sitten "Lapin laki" -aluetta. Taimikko on jo reilusti parimetristä. Katselen tien paikkaa. Oikea paikka olisi oikaista naapurin puolelta harjua pitkin, mutta kyllä siitä nousee rajaa pitkinkin. Tulen metsän reunaan. Hete, perkules. Ei ala hyvin, jos alkaa näitä olemaan kovin tiheään. Merkkaan kartalle. Metsä on tyypillistä vaaranrinteen sekametsäkuusikkoa., satakunta mottia hehtaarilla. Puiden laatu on kohtalainen.

Nousen vaaraan rajalinjaa pitkin. Erottelen heikommat puustokuviot. Mietin vaihtoehtoisia hakkuutapoja. Selvittelen rajojen sijainnit. Olisi tuossa näkyy naapurillakin samanlaista metsää, tuumailen. Takalaidassa on kova männikkö, ei ihan huippulaatuinen, mutta hyvä kuitenkin. Tuosta voisi tehdä siemenpuuasennon, jos on valmiudet tuulenkaatojen keruuseen.

Jatkan vaaranrinnettä kylään päin, tai järvelle, joka on ennen kylää. Löytyy kapea, rinteen suuntainen soistuma-alue, joka on satakunta metriä pitkä. Pienoista kuusta ja mäntyä kasvavana sen voisi jättää säästöpuuryhmää tukemaan. Samalla se katkaisee tehokkaasti aukon. Merkkaan kartalle. Kiertelen vaaranrinnettä edestakaisin. Tarkastelen puustokuvioita ja teen joitakin korjauksia. Jyrkempiin rinteisiin voisi jättää silmänlumeeksi säästöpuuryhmät. Eiköhän tästä hyvä tule, sikäli kun avohakkuut voivat hyviä olla, ajattelen.

- Kappas, varpuspöllöhän se siinä petäjän oksalla istuu. Kuulehan, taitaa tulla muutto eteen, höpöttelen pöllölle. Se killistelee päätään pyöritellen outoa kulkijaa. Jatkan matkaa ja pöllö seuraa tovin aikaa minua puusta puuhun lennellen, kunnes tympääntyy seuraani. Metsoja ja teeriä ei alueella näkynyt, tosin tähän aikaan ne viihtyvätkin enemmän taimikoilla marjojen perässä. Jokin jää minua vaivaamaan, kaikki ei ole kohdallaan. On kuin olisi ukkosta ilmassa. Selvinnee aikanaan, kunhan ei vain kovin hintavana.

Toimistolla teen tarkemman laskelman puutavaralajikertymistä. Lähden hinnoittelussa kesätiekorjuusta metsäautotien kautta, koska tie tulee tilan rajalle. Hieman epäilyttää päästää korkeita hintoja tarjoukseen, kun leimikolla on paljon pienirunkoista kuusikkoa. Kilpailutilanne ja myyjän täydellinen luottaminen meihin vaatii tekemään kerralla oikean ja riittävän tarjouksen. Niin teenkin, sen hetkisen tiedon mukaan.

- Mikko täällä terve, Se on kuule niin, että kuusitukista ja kuusikuidusta maksetaan muualla paljon paremmin. Onko sinulla varaa nostaa hintoja, hän heittää.

- Voihan se noinkin olla. Taisit muuten kertoa osan totuudesta. Luulen, että toisissa puutavaralajeissa meillä on selvästi paremmat hinnat ja meillähän oli keskusteluissa mukana vähän muutakin, vastaan asiatiedoilla. Muistanet, että sisällytimme sen penkkatien joen yli tulevia metsänhoitotöitä palvelemaan, jatkan.

- Joo, pitihän minun kokeilla kepillä jäätä, hän vastaa. Pikkusen tosin olen epävarma siitä, mikä tarjous on paras. Jotenkin vaan luotan tähän sinun kokonaispakettiisi eniten, hän tuumii avoimesti.

- Voit luottaa siihen, että mikäli emme kykene olemaan kilpailukykyisiä kerron sen sinulle, vahvistan hänen luottamustaan.

Korjuu ei mahtuisi loppuvuoden ohjelmaan, ja pinta-alaverotuksen etujen saaminen edellyttää kauppasumman myymistä pankille, jotta rahat saadaan maksettua myyjän tilille ennen vuoden vaihdetta.

- Oletko kysynyt pankistasi mahdollisuutta kaupan rahoitukseen, kysyn.

- Ei ne tienneet koko kuviosta mitään. Lupasivat selvittää asian, hän vastaa.

Täytynee ottaa tuleva viikko lisä-aikaa, sanon puhelimeen. Hyvää viikonloppua.

- Kiitos samoin, hän vastaa.

Seuraavalla viikolla selviää, ettei hänen pankillaan ole valmiuksia metsäkaupan rahoitukseen. Nordea olisi valmis rahoittamaan myös jonkun toisen pankin asiakkaan kaupan. Vaikka naapuripankkiin meno ei houkuttele, näyttää pankin vaihto olevan edessä.

-Ymmärrän täysin tunteesi. Paikallisella pankilla ei pitäisi olla rahoituksen kanssa isompaa tekemistä, rahoitusyhtiö hoitaa järjestelyt. Voisimmeko katsoa tarkemmin sopimusten sisältöä, ehdotan hänelle.

- Niinhän meidän pitäisi käydä läpi ehtoja. Nyt on muitakin kiireitä ja tässä täytyy vähän selvitellä muutenkin ajatuksia, hän lopettaa.

Taas kuluu viikko. Näinköhän hän alkaa luistella suhteellisen selvästä sopimuksesta irti, tuumailen katsellessani toimistolla hänen papereitaan. Tiedän, että kisa on paljon tiukempaa nyt, kuin aloittaessamme kuukausi sitten tiukemmat kauppaneuvottelut. Nyt ei vahvakaan painostus auta, päinvastoin asiat voivat mennä pahastikin takalukkoon. On vain uskottava, että asian perustaksi rakennettu luottamus kantaa kauppasopimuksen tekoon ja hankkeen toteutuksen loppuun saakka.

- Sopisiko sinulle huomenaamuna yhdeksältä, niin katseltaisiin sopimusehtoja, Mikko kysyy puhelimessa.

- Kyllä se voidaan järjestää, vastaan. Voin keitellä kahvit, niin katsellaan kaikessa rauhassa asia läpi.

Aamulla kaikki on valmiina kun hän saapuu. Tiedän hänen olleen aamun töissä ja juomme kahvikupposet ensin. Siinä samalla käymme läpi hankkeen vaiheet ja toteutusvaihtoehdot. Käymme sopimuksen kohta kohdalta läpi ja alamme henkisesti olla valmiina päätöksentekoon. Sitä ei sanota suoraan, vaan kannanotot alkavat kääntymään myönteisiksi. Kun ilmoilla on enemmän hanketta tukevia, kuin epäileviä lausahduksia, on aika auttaa myyjää.

- Meillä näyttäisi olevan hyvät mahdollisuudet saada toteutettua onnistuneesti tämä hanke, sanon hänelle.

- Olet sinä kyllä perustellut hyvin nämä toimet, ja tuntuu teillä tämä homma toimivan. Miten lienee hakkuuporukat. Ketkä teille hakkaa, heidän käsissäänhän loppujen lopuksi on, mitä sieltä leimikosta tulee. Tekevätkö he kunnon työn, hän vielä yrittää.

- Puumoton Karvosen veljekset meillä hakkaa. Isännät ovat olleet tyytyväisiä ja minä luotan heihin täysin, sanon.

- Tehdään Kalle paperit kuntoon. Ei tämä jahkailemalla parane, hän sanoo ja ojentaa kätensä.

- Kiitos, sanon, kun tartun käteen. Uskon, että olemme luottamuksesi arvoisia.

Kirjoittelemme kauppasopimuksen ja rahoituspaperit pankkia varten ja sijoitusasioihin palaamme, kun rahoituspäätös tulee aikanaan.

- Terve, sieltä Nordeasta soitettiin, että sille metsälle täytyy ottaa myrskyvakuutus. Eihän semmoisesta ollut mitään puhetta, Mikko sanoo puhelimessa.

- Se ei ole sopimuslomakkeella, kuten Osuuspankin sopimuksessa on, sanon. Kuitenkin siellä ehtosivulla siitä on maininta. Suurissa kaupoissa pankki halunnee turvata saatavansa, sanon hänelle. En usko, että se tälle ajalle on kovin kallis.

- Eipä se liene hinnan kiroissa. Käyn hoitamassa asian, Mikko vastaa.

Kuluu viikko ja piennartien kunnostusaika lähenee. Ilmat ovat leutoja, suorastaan vetisiä. Pieniä pakkasaamuja on vain muutama. Ehkäpä rasitetie kestää koneen viennin. Maanantai-aamun työpalaverissa suunnittelemme torstaiksi hakkuutyön aloitusta.

- Kuule Kalle, nyt se pirun lykkäsi. Ne soittivat pankista ja sano, että ne haluavat siihen metsään kiinnityksen, vai mikä kirjaus se on tuomiokunnasta. Rahat ovat kyllä jo tulleet viime viikon lopussa, hän jatkaa.

- Nyt tuli aivan uusi asia eteen. Sovitaanko, että selvitän asian meidän kautta. Soittelen Kajaaniin ja otetaan sieltä selvää, vastaan hänelle.

Soittelen Markelle ja hän ei tiedä menettelystä mitään. Sovimme, että kysyn piiripäällikkö Jarkko Parpalalta Kemistä, sillä hänen pitäisi asia tuntea.

- Aikion Kalle täällä terve, mitäs Kemiin kuuluu, sanon.

-Terve, ei hullumpia, tätä samaa tohinaa kaiken aikaa, Jarkko vastaa. Entäs itsellesi?

- Niitä rahoituskiemuroita selvittelen. Nordea vaatii semmoisessa reilun sadan tuhannen euron kaupassa saatavansa kirjausta alioikeudessa myyjän kustannuksella. Lieneekö se meidän sopimuksen mukaista, kysyn Jarkolta.

- Täytyy sanoa, etten ole ennen kuullut, Jarkko vastaa. Laitatko kirjallisena asian minulle, niin otetaan Arpiaisen Matilta selvää, hän lopettaa.

Seuraavana aamuna on sähköpostissa viesti Espoosta, jossa selviää, että ehtojen mukaan heillä on kyllä oikeus, mutta käytännössä hakkuuoikeuden omistaa Metsäliitto ja sen kirjausta ei periaatteessa pankki voi tehdä. Meillä kirjaus tehdään vain myyjän vararikon uhatessa, ei muulloin, Matti kertoo ja jatkaa, että hän on kehottanut pankkia luopumaan asiasta.

Torstaiaamuna lähdemme Karvosen Pekan kanssa tientekoon. Menen puoli kahdeksalta katsomaan senssit valmiiksi. On täydenkuun aika ja näkee suhteellisen hyvin käveleskellä tien suuntaa Sammaljoelle saakka. Joki on vuolas ja leveyttä ylityskohdassa on kolmisen metriä. Ei hyvältä näytä.

- Tähän saakka työ onnistuu hyvin, ojaa vain oikealle puolen koko 300 metrin matkalle, tuumailen. Täytynee tehdä tilapäinen ratkaisu. Kavennetaan kivillä jokea kahteen metriin. Silloin saadaan kantava silta vaikka laatongeilla.

Palaan autolle. Lavetin jyrinä kuuluu maantieltä. Kääntyy rasitetielle. Muistan pahan mäkinousun tien alussa mutkan jälkeen. Moottorin jyrinä kasvaa, vaimenee sitten. Niinköhän tuo laski persemäen, ajattelen huolestuneena. Puhun pari kolme muuta työpuhelua ja yhden myyjänkin kanssa, ja kerron tilanteen joella. Kaivuri saapuu ja aloittaa ojaan kaivuun.

Kivennäismaata, soransekaista savea nousee ojasta riittävästi. Kyllä tämä tästä luonnistuu.

Lähden yrittämään joesta yli. Kiviä pitkin sauvan kanssa taiteilen. Saapasvarret riittävät nipin napin. Pari sataa metriä on helpohkoa vaaranrinnettä. Sitten 50 metriä suota, tämä voi olla ongelma. Ei pääse oikein kiertämäänkään. Tuosta oikealta on kovemman näköistä. Siitä yli ja sitten tuon taimikon reunasta leimikolle, vasemmalla parin sadan metrin päässä näkyvän kuusikon laitaan. Kävelen sinne nauhoittaen tien suuntaa. Nousen metsän laitaa pari sataa metriä ylöspäin. Syvälle kynnettyä kuhvelikkoa, ei tämä tie tule onnistumaan. Puut me kyllä saamme talvella pois, mutta ei tästä kesätietä isännälle tule, hylkään suunnan.

Kierrän leimikon laitaa mäen päälle. Lunta on kymmenisen senttiä, alla sula maa. Saapas vajoaa kunttaan, niin että lunta näyttää olevan saapasvarren verran. Katselen maisemaa, vaarojen kylkiin on nousemassa hyviä taimikoita ja nuoria metsiä. Aukkoja näkyy enää vähemmän. Kylä näkyy joen takana reilun kilometrin päässä. - Tuosta, tuota kumparetta pitkin merkkaan tieuran paikan, totean ja alan vetää uutta nauhoitusta alas halki kynnöstaimikon.

Laskeutuessani rinnettä alas vertaan vanhaa, metsätaloussuunnitelman pohjalta tehtyä leimikkokarttaa maisemaan ja havaitsen, että se ei pidä alkuunkaan tässä kohtaa paikkaansa. Kun tie tulee tuohon suolle ja on tuon ojan kulmassa, täytyy taimikon mennä siitä pari sataa metriä itään, ja se on kuitenkin merkitty kartalle hakattavaksi metsäksi. Sitä paitsi puustoinen mäntyvaltainen kuvio näyttäisi olevan paljon kapeampi kuin kartalla.

Epäilys nakertelee mieltä, ja päätän kysyä Metsäkeskuksesta, josko heillä olisi tuoreempaa tietoa metsävarannosta. Soitan sinne, ja sieltä luvataan minulle kartta ja ilmakuva alueesta, jotta saan kuviot kohdilleen. Tiistaina menen metsätien kautta uusien kuviotietojen kanssa tutustumaan alueeseen uudelleen.

Leimikon kokonaisala näyttää pitävän paikkansa, sijainti vain muuttuu pari sataa metriä itää päin. Kuviointi poikkeaa merkittävästi aiemmasta kartasta. Nauhoittelen lähteikön ympäryksineen pois leimikosta, merkkaan rajat. Erotan kasvatusmetsäryhmän vaaran laella. Tässä voisi jopa metsokin viihtyä, ja se on perusteltu syy erottaa metsikkö pois leimikosta. Samassa rysäyttää musta metso itsensä lentoon puskan takaa. Aivan oikein tuli kuvio tulkittua.

Ehdin astua vain muutaman askeleen, kun rysähtää toisen kerran toisen metson siiveniskujen hakatessa lumista maisemaa. Olen tyytyväinen alueen rajaukseen. Onneksi tämä laaja kuvio näyttää vanhaa kuviotietoa runsaspuustoisemmalta ja järeää mäntyä on enemmän. Ehkä se korvaa muiden alueiden vajeita. Tapaan vielä kahden hirven jäljet, joiden näin tullessani tulevan tännepäin metsätien yli. Eilen ovat menneet vaaran yli jokivarteen talvehtimispaikoille aivan kalenterin mukaan.

Rajaan siemenpuuhakkuualueen sinisellä nauhalla. Tuosta voisi myös tuoda tien ylös, ajattelen nauhoittaessani. Laskeudun alas taimikon laitaan, jonne olen tuonut tien suunnan. Siemaisen kahvit ja ihastelen kirkkaassa marraskuisessa auringonpaisteessa lumista maisemaa. Tuntuu hyvältä olla omalta vähäiseltä osaltaan edesauttamassa hyvinvointia seutukunnalle. Maisemankin voi säästää jättämällä pitkin vaaranrinnettä menevien parin suolämpäreen ympäristöt hakkaamatta. Eikä niihin tarvitse jättää edes kovin paljon puustoa, mietin itsekseni.

Maanantaina Karvosen Pekka soittaa ja sanoo, että toisen ojan ylitys ei onnistu ilman rumpua. Soitan isännälle, ja sovimme hänen kanssaan puhelimessa, että Pekka noutaa rummun ja asentaa sen samalla paikoilleen ojaan. Isäntä sanoi, ettei ehtinyt käydä viikonloppuna työmaalla, joten hän ei sanonut tietävänsä siitä mitään ja että hän luottaa siihen, että homma hoituu. Soitan Pekalle ja annan luvan putken vientiin. Sitten keskityn toiseen samassa vaarassa olevaan 900 motin leimikkoon, jonka perikunnan edustaja saapasteli sisään samanaikaisesti. Hän oli epäillyt, ettei joen yli pääse. Sanoin siltapaikan olevan jo valmiina ja tienkin olevan vaaran alle penkattuna.

- Enpä olisi uskonut, tämä teidän vaihtoehto alkaa tosissaan kiinnostaa. Tämä jahkailu vie minulta jo hermot, Reima sanoo enemmänkin itsekseen.

Selvitän hänelle tukkien katkontamittoja ja kuulostaa hieman siltä, että todellinen syy käyntiin on tien teon onnistumisen varmistaminen. Pohdimme asiaa useammalta kantilta ja Reima lupaa keskustella asiasta muiden osakkaiden kanssa meille myönteisessä hengessä.

- Päivää, metsän myynnissäkö se Reima täällä on, Taavetti töksäyttää naapurikylän miehelle.

- Päivät, puunmittojahan tässä tarkastellaan, sanon.

- Perkele, on se taas kalastuskunta sopan keittänyt. Se julkisin varoin tehty venevalkama on nyt määrätty meijän osalta käyttökieltoon, mutta on se vaan varma, että torstaina kalastuskunnan kokouksessa katsotaan missä kaappi seisoo, hän jatkaa römäkkään tyyliinsä.

- Sekö se esimies on sen sopan keittänyt, Reima kysyy.

- Se perkelehän se on kaiken takana, Taavetti sanoo.

Hetki selvitellään kalastuskunnan asioita ja torstain kokouksesta näyttää tulevan lämminveristen ottelu.

- Oli mulla leimikkokin, mutta kannattaako tätä enää tarjotakaan, kun näin mekastettiin, Taavetti sanoo anteeksi pyydellen.

- Annahan tänne ne paperit, niin katsotaan, sanon hänelle.

Katselemme leimikon paikan kartalta ja lasken paikallistuntemukseni perusteella tarjouksen leimikosta.

- Ristiin nämä hinnat näyttävät menevän, Taavetti sanoo. - Olisi mulla se petäjikkökin, mutta jääköön penskoille, hän jatkaa. Täytyy tätä miettiä, hän sanoo.

- Voisitko tehdä niin, että otat sen suunnitelman mukaan ja tulet lähipäivinä käymään. Lasketaan ja katsotaan asiaa tarkemmin. Se ei sido sinua mitenkään, teet sitten päätöksen sen mukaan, mikä parhaalta silloin näyttää, esitän hänelle. Näen, että esitys herättää selvästi kiinnostusta.

- Niin taitaapa tuo mietinnän paikka olla, vaikka olen kyllä sen asian toisin ajatellut, Taavetti sanoo lähtiessään.

Samalla ovenavauksella tulee sisään Aaro, jolla on 5000 kuutiometrin leimikko neuvottelun alla. Hän esittää kilpailijoiden hinnat ja pyytää vastausta niihin. Lasken hänelle puutavaralajikertymät ja todennäköiset toteumat. Lisään siihen sijoitusvaihtoehdon meillä ja mahdollisuuden käyttää hintatakuuta. Totean, että tarjoushinnoilla ja arviomäärillä laskettuna ero on 1-2 %:n luokkaa, joten ei voida sanoa varmasti, onko olemassa havaittavaa eroa tarjousten välillä. On muistettava, että Metsäliitolla on ainoana hintatakuu ja sijoitusmahdollisuus.

- Onhan se kyllä noin, minä kuitenkin katson UPM:n miehen lopullisen tarjouksen huomenna. Hän lupasi soittaa illalla. Palataan sitten asiaan. On se tuo kuusitukin hintaero yli 5 euroa vähän liian iso, hän sanoo lähtiessään.

Saapa nähdä miten tässä käy. Vaaka voi kallistua minne vain Enson, UPM:n ja meidän kesken. Me tässä olemme selvästi heikoimmalla pelillä liikkeellä, totean hänen lähdettyään. Runkojen keskikoko leimikolla on sen verran vatimaton, etteivät hintojen korotukset olleet mitenkään perusteltuja. Yritetty ainakin on.

- Et usko minkälaisen puhelun sain tänään, Mikko sanoo illalla puhelimessa.

- Terve, taitaa niitä sinullekin tulla monenlaisia, en käy arvaamaan, vaikka aavistelenkin, vastaan hänelle.

- Nordeasta soitti joku kaveri, en muista nimeä. Sano vasta tulleensa töihin lomalta ja tehneensä päätöksen, että he luopuvat siitä hakkuuoikeuden kirjaamisvaateesta aivan Metsäliiton neuvon mukaan. Et arvaa miten tämä helpotti, vaikka ei sen pitänyt niin iso asia ollakaan, hän jatkoi.

- Onpahan tuo mukavaa, että päästään takaisin päiväjärjestykseen, sanon hänelle. On tässä ollutkin tätä ylimääräistä touhua aivan riittämiin. Jatketaan alkuperäisen suunnitelman mukaan, lopetan puhelun.

Juhannuksen jälkeen korjuuesimies tuli kahdeksi viikoksi tarkastamaan talven korjuujälkiä. Koska juhannusviikolla oli hankintaesimies saanut potkut tunnin varotusajalla, halusin varmistella selustaani.

- Minulla olisi kyllä hyvä ja aika iso kohde avohakkuun tarkastukseen. Siinä ovat molemmat koneet olleet töissä ja selvästi erottuvilla alueilla, sanon hänelle, kun suunnittelemme työohjelmaa.

- Mikäs siinä, hän vastaa ajattelematta kuinka iso alue 39 hehtaaria on luonnossa.

Tarkastuksessa kävi, kuten pelkäsinkin. Olin keskittänyt jättöpuut lähteiden ympärille muodostaen samalla pitkin vaaranrinnettä kaukomaisemaa suojaavan 3-4 hehtaarin kaistaleen. Tulkinta oli, että ne muodostavat oman kuvion, koska se on niin iso ja siinä olevia alueita ei huomioida säästöpuuryhmien määrittelyyn. Vähimmäismäärä 5 puuta hehtaarille eli noin 200 runkoa olisi pitänyt löytyä. Korjuuesimies oli soittanut hankintaesimiehelle asiasta. Hän hoiti omaa työtään Rovaniemen alueella ja sivuhommana meillä. Hän oli Kajaanissa käymässä ja lupasi tulla torstai-aamuna tarkastamaan alueen.

-Pikkusen näyttää teillä olevan pelipöytä sekaisin. Eikä nyt ole kelläkään kehumista Mekin olemme tapelleet koko talven turhanaikaisten valituksien kanssa, jotka johtuvat etupäässä usein vaihtuvista koneenkuljettajista, hankintaesimies aloittaa.

- Meillä ei onneksi ole pariin-kolmeen vuoteen ollut erikoisempia kinkereitä, vastaan. Jos nyt tämä korjuuesimies ei ole semmoista löytänyt, sanon päivän aiheeseen viitaten.

- On siinä minusta selvästi se yksi lähde hakattu pilalle, hän yrittää puolustella heti. Nämä kun ovat minullekin uusia asioita, haluan saada varmuuden raajanvedosta itselleni, korjuuesimies aloittaa.

- No katsotaan ne siellä maastossa, hankintaesimies vastaa.

Totuushan on, että kun organisaatiossa joku saa virheen vuoksi potkut, kaikki tutkivat päiväkirjansa. Haetaan mahdolliset epäonnistumiset ja virheet. Arvioidaan onko niissä syytä vakavampiin seuraamuksiin. Jos ei, meno jatkuu. Jos voisi olla, pelon kehä ympäröi henkilön. Kaikki alkavat toimimaan selustaansa varmistaen, myös tarkastajat. Se on paha kierre. Jos päällikkö ei älyä katkaista sitä, organisaatio pelkää itsensä markkinoilta ylivarovaisella toiminnalla.

Saavutaan leimikon laitaan.

- Tässä tämä ensimmäinen lähde on, sanon. Sen ympärille olen tuplanauhoituksella rajannut suojavyöhykkeen, kuten kuuluu. Luulisin, että tämä menettelee, lopetan.

Suunnittelu ja toteutus todetaan hyväksyttäväksi..

- Toisaalta tämä linjauksen tarkistus on ymmärrettävää, ja kieltämättä tässä on hieman sovellettu virallista ohjetta luontoarvojen huomioimisesta enemmän parempaan suuntaan maiseman suhteen, totean kävellessämme hakkuuaukean laitaan seuraavalle hetteelle.

Toteamme, ettei puutavaraa ole jäänyt palstalle ajamatta. Kannot ovat siedettävissä pituuksissa ja latvat on tehty asianmukaisen tarkasti. Hyvä tämä on tältä osin.

Saavumme ”maisemakaistan” päähän.

- Tässä minusta on selvästi hakattu liian lähelle hetettä. Ja tuo valuma-alueen kosteikko on hakattu myös väärin, korjuuesimies aloittaa.

- Nyt kun näitä maastotarkistuksia on tehty, on todettu, että vähimmäiskaista hetteen ympärillä on 5-10 metriä. Se entinen puun pituus 15 -20 metriä on todettu turhan suureksi, hankintaesimies vastaa. Sitä paitsi tiukalle menneessä käräjöinnissä päädyttiin ratkaisuun, että kun 90 % alueesta oli hyvin hakattu ja 10 % puutavarasta täydellisesti tuhottu, työ tuli hyväksytyksi, hän päättää.

Katselen samalla nauhoituksen sijaintia. Se näyttää olevan sen 15 -20 metrin päässä hetteestä, ja kone on jostain syystä ajanut 10 metriä sen yli.

- Tuonne vasemmalle on puolenkymmentä hetettä lisää, ja päätin yhdistää niiden suojakaistan kylään näkyväksi maisemakaistaksi. sanon heille.

- Mennäänpä katsomaan, hankintaesimies sanoo.

Kiertelemme hetteiden kautta hakkuun rajalle. Suojametsää on riittävästi ja asia näyttää olevan kunnossa.

- Mutta eikö tämä ole oma erillinen kuvio, korjuuesimies aloittaa. Tämä on jo niin suuri, 2-3 hehtaaria ainakin. Jättöpuukuvio on vain muutaman kymmenen puun kokoinen, hän jatkaa perustelujaan. Ei tätä voi siihen hyväksyä.

- Meillä on täällä ollut tapana jättää jättö- ja säästöpuuryhmät soiden reunoille tai tämmöisten luontokohteiden ympärille vahvistamaan niitä muodostaen samalla riistalle hyviä suojapaikkoja ja kulkureittejä, aloitan. Sitä paitsi olen saanut tälle linjaukselle Metsäkeskuksen hyväksynnän useammallakin retkeilyllä. Viimeksi oli koko Metsäkeskuksen paikallinen väki suunnittelijoita ja Kylmäsen Pekkaa myöten mukana ja hyväksi tämä havaittiin, perustelen jälkeä.

-Kyllähän minä metsämiehenä tämän ymmärrän, hankintaesimies sanoo. Sertifikaattitarkastuksessa kirjaimellisesti ottaen voidaan tosin tämä tulkita eri kuvioksi ja siten jättää huomiotta. Silti, koska tämä on meidän suunnittelun tuloksena syntynyt, on se huomioitava mielestäni, hän jatkaa.

- Joo, mutta meidän viralliset ohjeet sanoo tämän olevan liian ison, ja silloin sitä ei huomioida, näin ainakin ennen lomaani oli, korjuuesimies vastaa.

- Tarkalleen ottaen näinkin voidaan tulkita, hankintaesimies sanoo. Kaikkineen tämä on niin hyvä ratkaisu kokonaisuutena, että kyllä minä Kallen puolelle tässä asetun, hän päättää.

- On se vaan perkele kumma että kun tekee, ei rimaa hipoen hyvän, vaan reilusti kaikki toiveet täyttävän homman, niin se voidaan haluttaessa tulkita pirun huonoksi ja moitittavaksi toiminnaksi. Tässäkin oli ehtona vaaramaiseman säilyttäminen ja nämä hetteet tuli siinä sivussa säilytettyä. Koko alue on metsätaloussuunnitelmassa määrätty hakattavaksi. Hetteitä ei ollut kenenkään tiedostossa. En edes yritä ymmärtää miksi firman oma tarkastus ajaa jotain eri linjaa kuin Metsäkeskus, vuodatan tuntojani.

- Tuossa olet kyllä oikeassa, mutta voidaan tämä tosiaan tulkita toisinkin, hankintaesimies vastaa. Kyllä ne ohjeiden tulkinnat ovat siitä parin vuoden takaisesta muuttuneet järkevämpään suuntaan, hän heittää korjuuesimiehelle.

- Joo, on mullakin varaa antaa periksi. Pitää tutkia ne uudet ohjeet. Mutta kun en minä ymmärrä näitä riista- ja maisema-arvoja sillä tavalla kuin Kalle. Siihen haluankin saada selvyyttä itselleni, hän perustelee kantaansa.

Palaamme Kirkonkylälle, ruokailemme, käymme asiat vielä kertaalleen läpi ja yritämme saada ajatukset oikeille raiteille yhden korjuuesimiehen äkillisten potkujen jälkeen. Tämä työpaikka ei ole enää sama kuin keväällä. Nyt on lisäksi kahden ostomiehen YT-neuvottelut menossa. Eläkepakettien tilalle ovat tulleet irtisanomiset.

Jäähyväiset pinta-alaverotukselle

Pinta-alaverotuksen siirtymäkausi päättyi 2005 vuoden lopussa. Metsäkauppojen teko oli vuoden loppupuolella tyrehtynyt vain pankkirahoituksen turvin tehtyihin, suurempiin kauppoihin, koska kaupat oli maksettava ennen vuodenvaihdetta. Metsätalouteen olivat hiipineet maailmanlopun tunnelmat jälleen kerran. Päättyneen monimutkaisen veromallin mukaan oli totuttu elämään. Suojeluväki loi kauhukuvaa, että "Käytännössä kaikki suojelemattomat vanhat yksityismetsät hakataan vuoden 2005 loppuun mennessä. Vaikutukset ovat Suomen metsänhoitomaineelle ulkomailla tuhoisat. Sahat joutuvat todella vaikeaan tilanteeseen. Tietämättä lain todellisia tavoitteita, laki aiheuttaa suurta ja peruuttamatonta vahinkoa."

Samansuuntaisia kirjoituksia oli ollut jo parin vuoden ajan, ja yhdessä ne loivat eväät toimintojen lamaantumiseen vuodenvaihteeseen mennessä. Näistä lähtökohdista laadin pakinan tammikuussa 2006, jonka kuitenkin muista syistä kärjistyneen Kuusamon synnytyslaitoksen sulkemiskeskustelun vuoksi jätin julkaisematta sillä kertaa.

Visioita

Tämä on pakina. Elämästä, joka koostuu valinnoista. Taistele tai luovuta, siinä vaihtoehdot. Silloin, kun sen ymmärrät, teet tietoisia valintoja. Teetkö valinnat sattumanvaraisesti, vai perustuvatko ratkaisusi johonkin pidemmän aikavälin suunnitelmaan - hienosti sanottuna visioon - määrää menestymisesi laadun.

Metsäbyrokraatit pelotelkoot metsänomistajat odottelemaan hinnannousuja siihen saakka, kun viimeistä edellinenkin tuotantolaitos on suljettu. Silloin ei tarvita enää byrokraattejakaan. Toivottavasti laitosten omistajat ovat siihen mennessä ehtineet siirtää rahansa turvaan. He ovat vääriä henkilöitä kärsimään tästä kehityssuunnasta. Sillä he ovat ainoita, jotka ovat edes yrittäneet jotain hyväksemme tehdä.

Rukalle ei tarvita parkkihalleja maan alle, eikä päälle. Tulkoot ne turistit, jotka omia aikojaan tulee. Jos ei tule, eipähän tule jätevesiä, eikä roskiakaan. Ei tarvitse aukoa latuja, eikä tampata rinteitä. Säästyvät nekin eurot. Tällä mallilla voisi veroäyrinkin saada putoamaan 15 prosenttiin, se kyllä kiinnostaisi. Keinot tosin eivät ole kovin houkuttelevia. Tätä rataa kun jatketaan, ollaan pian tavoitteessa. Hieman tosin hirvittää, sillä kovin lähelle tämän mallin toimenpiteet menevät Linkolan oppeja.

Jospa sittenkin päättäisimme taistella. Väkilukutavoitteeksi laitetaan 20 000 henkeä, ja kaikki laadukasta väkeä. Ei mitään rupusakkia. Päätetään, että jokaisen byrokraatin on luotava edellytykset vähintään neljälle työpaikalle säilyttääkseen omansa. Meiltä taitaa löytyä viitisen sataa byrokraatiksi luettavaa. Se tekee parisen tuhatta työpaikkaa. Suunnataan ne perheellisille, tai vähintään lisääntymiskykyisille, jolloin vaikutukset koskevat kahdeksaatuhatta ihmistä. Joko siellä ensimmäiset huutaa huuli pyöreänä: Ei sitä voi tehdä, hulluja puhut. Niin puhunkin, jos tahto ja halut puuttuu. Muistakaa, että panoksena ovat teidän omatkin työpaikkanne. Sitten tarkastellaan niitä keinoja ja käyttämättömiä mahdollisuuksia. Luodaan edellytykset pienyritystoiminnalle. Se joka työllistää itsensä, palkitaan. Se joka työllistää kaverinsakin, palkitaan kaksinkertaisesti. Kannattavaa tekemistä löytyy, kun annamme markkinamiehille ja naisille luvan tuoda puolitoista miljoonaa matkailijaa vuosittain nauttimaan erikoislaatuisesta luonnostamme. Sen erinomaisuudesta kertokoon erään ystäväkseni ajautuneen sydänsavolaisen maailmanmatkaajan toteamus:

- Se on kuule kummallinen tämä teidän luontonne. Täällä kun kerran käy ja täältä pois lähtee, niin tuolla sisimmässäni on kuin kaipauksen kammari, joka ei ennen takaisinpaluuta lämpiä. Kun tulen kanssasi metsiin röntöstelemään, jäävät huolet ja murheet. On kuin eläisin poikavuosiani uudelleen. Tämä on koettava vähintään kerran vuodessa. Siispä panostamme markkinoinnin ensikertalaisten vieraiden altistamiseen luonnollemme.

Sitten metsätalous. Puuston kasvut ovat miljoonan kuutiometrin luokkaa. Siitä hyödynnetään viidesosa. Se nostetaan puoleen, eli viiteensataan tuhanteen kuutiometriin. Metsien hoitotyöt kolminkertaistetaan. Silloinkin tehdään vasta puolet tarpeesta. Siellä syntyy parisataa työpaikkaa, ja kerrannaisina vielä sata. Puutuoteteollisuuteen kehkeytyy vielä sata. Maataloustuotantoon ja luonnontuotteisiin perustuvaa jalostustoimintaa on mahdollista tehostaa rajattomasti ja niin edelleen. Jokainen byrokraatti miettiköön oman hallinnon alansa läpi.

Jos ymmärrys, tai halu ei hyvien neuvojenkaan jälkeen riitä toimintaan, ei täällä ketään pakolla pidetä. Tässä mallissa ei tarvita laitoksissa saneeraajaa, vaan työn järkeistäjää. Kukin tekee sen työn, missä parhaiten palvelee tavoitettamme. Muutos on ainoa pysyvä olotila. Mikäli ryhmä pystyy tekemään työnsä tuloksellisesti, se jatkaa. Muutoin tulee muutoksia. Siinä ei ole demokratialla enää osaa eikä arpaa. Se on omistajan päätös - ei kenenkään muun.

Kuntakeskusteluun tämä liittyy siten, että on aivan sama tehdäänkö liitokset ja kenen kanssa tahansa ne tehdään, tai sitten ei tehdä ollenkaan. Sillä ei ole mitään väliä. Jos nykyinen toimintatapamme ei muuttuneissa olosuhteissa toimi, on edesvastuutonta johtajien lupailla, että muutoksia ei tule, jos yhdistytään. Tehtäköön tietoinen valinta näiden kahden vision välillä. Muunnelmat sallitaan, mutta vesittämistä ei.

Ammattivalittajat älkööt vaivaa vastaamiseen nähkö. Tämä on pakina.

Sitten erehdyin Maamiesseuraliiton tupailtakierrokselle mukaan Määttälänvaaraan. Siitä illasta lähti esimiehille Hurskainen Jari, Parpala Jarkko, Juntunen Jari, Pirttilä Ilari ja Mattila Pekka seuraava sähköposti:

Tervehdin Teitä, arvon esimiehet!

Aikion Kallella petti hermot viime viikolla. Olen lähtenyt jälleen liikkeelle, huolimatta säästötoimenpiteistä. Viheltäkää pilliin, jos teen väärin. Ensimmäinen kauppa on jo tehty ja toinen parin tuhannen motin erä on pitkälle työstettynä. Tupailtakierros on käynnissä. Pekalle jo kerroin missä mennään. Juntusen Jarillakin on aavistus olemassa.

Eilen illalla kuuntelin puolitoista tuntia listauksia mitä on tekemättä. Yhtään toimijaa listoilla ei ollut. Nyt on. Alustuksestani syntyneen, hankkeillemme myönteisten mielipiteiden vaihdon seurauksena olen vakavasti harkitsemassa liitteenä olevan tiivistelmän julkaisemista. Mikäli teillä ei ole tänään mitään sitä vastaan, lähetän sen paikallisille lehdille ja jatkan samoilla linjoilla. Takaan, että toimintaa syntyy... Kaarlo

Koillissanomissa julkaisin lukijoiden kirjeet osastossa 3.2.2006

"Niin kuin sammakonkutu sormihaaroista

Hyvä lukija. Olemme kuulleet ansiokkaita listauksia tekemättömistä töistä maaseutupaikkakunnilla. Ensin kuulimme asiasta Oulun Maaseutukeskuksen ja sitten Kuusamon kaupungin virkamiesten koostamina. Vanhana toimijana kuuntelen niitä kallella kypärin. Onhan se hyvä, että joku on edes miettinyt jotain. Mutta, yhtään tahoa en nähnyt ilmoittautuneeksi toimijain joukkoon. Me Metsäliitossa ilmoittaudumme nyt. Metsäliitto on suomalaisten metsänomistajien omistama yritys. Jäseneksi pääsee, kun omistaa vähintään kolme hehtaaria metsämaata.

Silloin saa sijoitusmahdollisuuden 22,5 euroa metsämaata kohden. Jäsentemme puut lupaamme saattaa markkinoille samalla varmuudella, jolla olemme toimineet viimeiset viisi vuotta. Olen kolmekymmenvuotisen metsämiesurani aikana nähnyt, että Kuusamon metsien kasvu on kolminkertaistunut miljoonaan kiintokuutiometriin. Samana aikana ovat metsien hakkuut pienentyneet puoleen. Taimikonhoidoista ja harvennushakkuista toteutetaan vain pieni osa metsänhoitotarpeesta. Jätämme hyödyntämättä sadan (100) ihmisen työllistämismahdollisuuden. Se tarkoittaa parhaimmillaan sataa perhettä. Siinä pysyisi jo useampikin kyläkoulu toiminnassa.

Tämän muuttaminen vaatii meiltä itse kultakin vain pienen, samansuuntaisen askeleen. 1990-luvulla loimme 40 -50 työpaikkaa nuorten metsien hoitoon perustuen. Niistä kymmenkunta meni länsirajalle. Tänne syntyneistä työpaikoista osa häviää omaa saamattomuuttamme. Elämämme näyttää valuvan kuin sammakonkutu sormihaaroista keväisellä ojalla. Tartutaan jälleen toimeen ja pelastetaan se, mikä vielä pelastettavissa on. Hoidetaan metsät taas tuottokuntoon ja annetaan nuorillemme mahdollisuus elättää itsensä ja perheensä kotiseudullamme. Pidetään metsät kasvukunnossa, jos ei itsemme, niin lastemme ja lastenlastemme hyväksi.

Maailmalla odotettiin maailmanloppua vuosituhannen vaihteessa. Sitä ei tullut. Viime vuodenvaihde synnytti myyntiveron voimaanastumisen vuoksi samanlaisia tuntemuksia. Minusta meillä on nyt käsissämme loppuelämämme ensimmäinen päivä. Meillä on mahdollisuus sijoittaa osa metsätuloistamme metsien tuottoa lisäävästi ja verotusta vähentäen. Voittajia ovat ne metsänomistajat, jotka toimivat metsähehtaariensa tuottoa lisäten. Ja häviäjiä ne, jotka eivät saamattomuuttaan tee mitään. Lähdetään yhteistyössä hyödyntämään sitä mahdollisuutta, jolle loimme pohjan 1980-luvun laajoilla metsänviljely- ja taimikonhoitotöillä.

Me Metsäliitossa pyrimme turvaamaan jäsentemme puille markkinointikanavan ja tarvittaessa olen valmis auttamaan asioiden liikkeelle saattamisessa. Päätös liikkeelle lähtemisestä on Teidän, metsänomistajien käsissä. Turvataan vielä käynnissä olevien tehtaiden toiminta ja taataan näin metsiemme puille markkinat tulevaisuudessakin. Meillä kuusamolaisillakin on oikeus ajatella ja toimia tässäkin tilanteessa itsekkäästi puoliamme pitäen ja yhteistä hyvää kasvattaen."

Valmistelun aikaisia tuntojani kuvaavat hyvin lähettämieni viestien katkelmat: "Elämme poikkeuksellisia aikoja ja ne vaativat poikkeuksellisia toimia. Tänään kello 12.00 lähtee liikkeelle juna, joka toivottavasti johtaa hyvinvointiin...?"

"Tunnelmat ovat hieman sekavat, mutta aie on vakaa. Tässä vaiheessa ei tiedä vielä miten tässä käy, mutta perusta on vankka."

"Huomisissa paikallis- ja maakuntalehdissä pitäisi jotain alkaa näkymään ja torstain aikana uskon tekeväni ensimmäisen kaupan tämän tunnuksen alle"

"Kaupunki innostui rekvisiitan kustantajaksi. Ok."

"Keskustelin "Miljoona" -sanan käytöstä tällä termillä kovasti markkinoineen kauppaneuvos Vesa Keskisen kanssa ja tulimme siihen tulokseen, että koska asia on erityisen hyvä ja meidän molempien sydäntä lähellä on myös sotaveteraanien asia, tulemme tässä yhteydessä järjestämään heidän hyväkseen jotain. Hän toivotti menestystä hankkeellemme."

Parin viikon kuluttua, ystävänpäivänä Kuusamon Eläkeliiton tiistaipalaverissa, voitiinkin parin sadan hengen läsnä ollessa antaa seuraava julistus:

sanomat

Kuusamossa käynnistyy miljoonan motin metsämarssi

Vuosittaisesta kasvusta vain neljännes hakataan

Kuusamon metsien kasvu on noin miljoona kiintokuutiometriä vuodessa.

Viime vuonna paikkakunnalla hakattiin 250.000 kiintokuutiometriä eli vain neljäsosa kasvusta.

Näin jätetään hyödyntämättä 10-15 miljoonan euron tulot. Asialle pitää tehdä jotain, Metsäliiton Kuusamon ostoesimies **Kaarlo Alkio** sanoo.

Kuusamolaiset metsäalan toimijat ovatkin käynnistämässä erityistä "Miljoonan motin metsämarssia".

Tavoitteena on nostaa taimikonhoito- ja harvennushakkuutyöt jälleen metsänhoitosuositusten tavoitemääriin. Miljoonan motin hoitosavotta tuottaa kolmen vuoden aikana kerrannaisineen kuusamolaisille miljoonien eurojen välittömät rahatulot. Tämä tulee jo pelkästään tekemällä metsänhoidon erääntyneet rästityöt kuntoon, Alkio toteaa.

– Metsissämme on lähes rajattomat mahdollisuudet taimikonhoidon ja harvennushakkuiden toteuttamiseen ja näin tuoton kohottamiseen sekä työllisyyden parantamiseen.

Hankkeeseen ovat tähän mennessä ilmoittautuneet Metsäliitto, Pölkky Oy, Lappipaneli Oy, Stora Enso Oy, Kurtin Saha Oy, Kuusamon metsänhoitoyhdistys, Kuusamon yhteismetsä ja Pohjois-Pohjanmaan metsäkeskus. Hankkeen tiimoilta esitellään tarkempi toimenpideohjelma huhtikuun alussa pidettävien [illegible] yhteydessä.

Metsätarkastaja Jouko Kujala Pohjois-Pohjanmaan metsäkeskuksesta Kuusamosta toteaa, että Kuusamossa on käytetty valtavasti valtion ja metsänomistajien rahaa metsien uudistamiseen. Tätä sijoitusta kannattaisi hoitaa, että se tuottaisi, hän sanoo.

– Ongelma on yhtä suuri taimikoissa ja nuorissa metsissä. Ilmeisesti Kuusamossa ei ole oikein perinteitä metsänhoitoon, koska isojako tehtiin täällä niin myöhään. Isojaon jälkeen uudistuskypsät metsät hakattiin lyhyessä ajassa ja jäljelle jäi paljon nuorta metsää.

Kujalan mielestä metsänomistajia nuorten metsien hoito ei tahdo oikein kiinnostaa, koska kohteet eivät ole aina rahallisesti tuottavia. Ensiharvennuksia pitäisikin ajatella metsien hoidon ja tulevaisuuden kannalta, hän toteaa.

Miljoonan Motin Metsämarssi

Olemme päättäneet kutsua kaikki Kuusamon metsätalouden toimijat, ennen kaikkea metsänomistajat mukaan metsätalouden toimintaedellytysten parantamistalkoisiin. Metsiemme kasvu Kuusamossa on miljoona kiintokuutiometriä vuodessa. Metsissämme on lähes rajattomat mahdollisuudet taimikonhoidon ja harvennushakkuiden toteuttamiseen ja näin tuoton kohottamiseen sekä työllisyyden parantamiseen. Metsiemme hyvä hoitotaso takaa lisääntyvälle puutavarallemme parhaat markkinat myös tulevaisuudessa. Kestävän hakkuumahdollisuuden täysimääräisellä hyödyntämisellä turvaamme teollisuuslaitosten toiminta edellytykset ja ennen kaikkea luomme pohjaa Kuusamolaiselle kannattavalle metsätaloudelle jatkossakin.

Puun myyntiverotus mahdollistaa nyt metsänhoitoon sijoitettavien varojen täysimääräisen vähennyksen. Aktiivinen metsänomistaja hyödyntää sen. Me metsäalan toimijat olemme edesauttamassa kukin oman organisaatiomme toimintaedellytysten puitteissa taimikonhoidon, ensiharvennusten, väljennyshakkuiden, päätehakkuiden ja metsänviljelytöiden toteuttamista ajallaan. Lupaamme auttaa metsänomistajan tarpeisiin sopivan toteuttajan löytämisessä kaikissa tapauksissa.

Yhdessä nostamme taimikonhoito- ja harvennushakkuutyöt jälleen metsänhoitosuosituksien tavoitemääriin. Omalla toiminnallamme luomme metsätalouden harjoittamiseen elämänmyönteisen yhteistyön ilmapiirin. Miljoonan Motin hoitosavotta tuottaa kolmen vuoden aikana kerrannaisineen Kuusamolaisille miljoonien eurojen välittömät rahatulot. Tämä tulee jo pelkästään tekemällä metsänhoidon erääntyneet rästityöt kuntoon.

Metsäalan toimijoina haluamme kantaa kortemme arvokkaaseen kekoon. Keinoinamme ovat koulutus- ja neuvontatilaisuudet, metsäiltamat, tupaillat, lehdistötiedotteet, teollisuus- ja metsäretkeilyt sekä avoimien ovien päivät. Ja ennen kaikkea tärkeää on positiivinen asenne päivittäisessä työssämme. Metsien hyvä tuottokunto on meidän jokaisen kuusamolaisen yhteinen satsaus tulevaisuuteen.

Hankkeen toimintaan ovat ilmoittautuneet: Metsäliitto, Pölkky Oy, Lappipaneli Oy, Stora Enso Oy, Kurtin Saha Oy, Kuusamon Metsänhoitoyhdistys, Kuusamon Yhteismetsä, Pohjois-Pohjanmaan

Metsäkeskus, hankkeesta on informoitu Kuusamon Kaupungille. Hankkeen suojelijaksi on lupautunut kansanedustaja Tuomo Hänninen.

Jo parin päivän kuluttua pystyin lähettämään esimiehilleni lehtijuttujen tiimoilta seuraavan viestin:

”Tämmöiseltä nämä markkinahommat näyttää lehtimiesten silmin katsottuna, ja mikä parasta nämä näköjään toimii. Muuten ensimmäinen 2000 kuutiometrin harvennuskauppa tehtiin tänä aamuna, eikä minkäänlaisia epäilyksiä enää ollut. Henki oli muuttunut kokonaan tuskaisesta helpottuneeksi... ihmeellistä. Sovimme jo isännän kanssa työmaakäynnistä lehtimiesten kanssa maaliskuulla, kun aloitamme hakkuut.”

Seuraavana päivänä sain vastauksen: ”Mahtava juttu. Pääkonttori on myös noteerannut hankkeen ja sen saaman julkisuuden myönteisellä tavalla. Aikovat ottaa oppia.”

Helmikuun lopulla toimijat pitivät kokouksen, jossa Anne Polojärvi yhdistyksen toiminnanjohtajana valittiin suunnitellusti vetämään hanketta.

Hankkeen taustoina todettiin leimausmäärien jääneen vuonna 2005 vain 120 000 kuutiometriin, kun määrät ovat yleensä noin 200 000 kuutiometriä. Mietittiin metsästysseurojen valjastamista esimerkiksi veteraanien taimikonhoitotöihin. Tiedottaminen todettiin tehokkaimmaksi keinoksi asian eteenpäin viennissä. Suunniteltiin kunkin toimijan toteutettavissa olevia tilaisuuksia. Metsäiltamien ohjelmarungon valmistelu käynnistettiin.

Toukokuun alkupuolella luonnehdin hankkeen etenemistä seuraavasti:

”Tämmöisin eväin täällä on puuta ostettu ja metsiä hoidettu. Alkaa jo hiukkasen pelottaa se innostus, minkä tämä tönäisy on saanut aikaan. Ei ne liikkeelle lähtevät niinkään, vaan se, että tuleeko sama määrä kunnialla hoidetuksi loppuun asti valmiiksi kaikilla toimijoilla? Ihmiset todella ovat liikkeellä ja tilaisuuksissa he innostavat toisiaan eteenpäin. 80-luvun Lapin Laki -villitys oli hieman samanlainen, ja 1990-luvun Kuusamon Klusteri -selluhake-harvennusprojekti sai samanlaisia liikahduksia aikaan. Niiltä jäljiltä nuo epäilykset töiden valmiiksi saattamisista ovat jääneet.”

”Tilaisuuksissa oli parhaimmillaan tungokseen saakka osanottajia, esimerkiksi Naisten Metsäpäivän linja-autoon sopi 50 henkeä, ja kymmeniä olisi vielä halunnut mukaan.”

”Hanke laajeni jo kesällä Taivalkoskelle, kun Jokijärvellä pidettiin suuri yleisötilaisuus.”

”Lehdissä tapahtumista uutisoitiin noin 30 000 palstamillimetrin verran vuoden 2006 aikana. Uutisointeja oli loppuun 40 eri lehdissä. Hanke sai myös valtakunnallista huomiota, sillä siirtyminen puun myyntituloverotukseen ei sujunut kaikkialla lähellekään yhtä sujuvasti.”

”Junan liikkeellä pitäminen vaatii kiskottomassa pitäjässä jatkuvaa huolenpitoa ja mielialaa vahvistavia tapahtumia. Nyt ei enää niinkään puhuta asiaa, vaan enemmänkin pidetään yllä hyvää tekemisen meininkiä, joka vetää viimeisetkin metsänomistajat mukaan.”

Seuraavina vuosina pidettiin toritapahtumia ja erilaisia työmaaesittelyjä. Hanke saavutti kolmantena vuonna tavoitteensa, vaikka vuosi 2008 päättyi lamaan. Puukauppaa tehtiin noin miljoona mottia ja metsänhoidon määriä saatiin selvästi nousemaan. Metsänomistajat pääsivät alusta alkaen mukaan hyödyntämään puun myyntituloverotuksen tarjoamia mahdollisuuksia, joita pelkillä luokassa tapahtuvilla koulutustilaisuuksilla olisi ollut mahdotonta saavuttaa.

Otsikoita Miljoonan Motin Metsämarssista Koillissanomat ja Koillismaan Uutiset -paikallislehdissä.

Harvennushakkuutyömaalla piiripäällikkö Jari Juntunen, metsänomistaja Tauno Lämsä, kirjoittaja, Seppo Enojärvi, Pekka Karvonen ja Vesa Karvonen.

Lehtien tekemiä otsikoita Miljoonan Motin Metsämarssin myötä toteutuneista metsänhoitotoimenpiteistä. Jutut ovat julkaisseet Koillissanomat ja Koillismaan Uutiset.

Metsäliiton Viestin uutisointia. Kuvassa Taivalkosken Jokijärvellä sijaitsevalla Vonkamiehen patsaalla Kuusamon yhdistyksen toiminnanjohtaja Anne Polojärvi, kirjoittaja sekä paikallinen Metsäliiton piiritoimikunnan puheenjohtaja ja edustajiston jäsen Aulis Kurtti.

Kompuutteri-mänitsmentti

Rakkaudessa ja pisneksessä tulee toimia samalla strategialla. Ensin määritellään tavoite ja sitten keksitään keinot sinne pääsemiseksi. Puunostotoiminta on puhtaimmillaan jossain näiden kahden välimaastossa. Ostomies myy luottamusta ja isäntä puuta. Muu on kosmetiikkaa. Menestyvä ostomies muistuttaa suuresti Suomen pystykorvakoiraa, joka ilmavainuisena vaeltaa vaaranrinnettä laitavastaiseen, keräten kuonollaan ja korvillaan heikotkin saaliin lähettämät tuoksut ja äänet. Kun merkit ovat riittävän vahvat ja oikeat, pannaan toimeksi. Nostetaan lintu puuhun ja annetaan haukkumyllyn pyöriä. Silleen sopivasti. Lintua käännellään, sille ikään kuin rupatellaan mukavia. Siihen saakka kunnes isäntä ehtii paikalle. Maavainuinen koira ei ole hyvä linnunmetsästyksessä, eikä varsinkaan puunostossa. Kun kuljet nokka maassa ja saat hajut, nousee pää ylös valitettavan usein naapurin emännän hameen alle. Näin tulee menestymään aikovan ostomiehenkin tehdä itsensä tunnetuksi ja luotetuksi. Sitten "mooli tolkkia" Tikkasen malliin. Sieltä se kauppa sitten tulee. Kenen kanssa milloinkin, ei sen ole väliä. Mennään mukaan kaikenlaisiin tilaisuuksiin. Havainnoidaan, kuunnellaan, osallistutaan myönteisiin keskusteluihin. Luodaan hyvää henkeä. Rakennetaan luottamusta. Puukaupoista ei hevillä puhuta, muusta sitäkin enemmän. Madalletaan yhteydenottokynnystä. Viritellään myönteistä asennetta metsätaloutta kohtaa. Kun meillä on runsaasti ihmisiä, jotka ovat olleet puheillamme muissa asioissa, kuulleet esityksiämme, osallistuneet, silloin on aika tarkastella asiaa Tuumaillaan itsekseen kaikki käytettävissä olevat keinot. Määritellään varannon rakenne ja määrä - ja arvataan lopuksi tehtaiden puuntarpeet. Tarkkaillaan merkkejä, alkuun ne ovat heikkoja; olisikohan aika, on sitä vähän ajateltu, en ole oikein perillä, ei ole vuosikymmeniin tullut käytyä. Pannaan isäntä korvan taa muistiin, muistetaan. Lähitulevaisuudessa tärppää, jos me muistamme seuraavan kerran tavatessamme vahvistaa merkkiä. Tällä välin on tietysti otettu selvää, mitä siellä metsissä on tarjolla. Silloin voidaan vahvistaa niiden isäntien merkkejä, joiden puita tarvitaan. Kysyntä ja tarjonta kohtaavat. Loppu on sitten tekniikkaa.

Jos yrityksessä harjoitetaan "kompuutteri-mänitsmentti" -johtamismenetelmää, ei edellä kuvatulla toimintamallilla välttämättä päästä hallitsijoiden suosioon. Heidän toimintansa kun perustuu tietokoneohjaukseen, ja sieltä koneestahan ei tule ulos muuta, kuin se mitä sinne sisään pannaan. Jos panet tyhmiä - saat tyhmiä vastauksia. Jos arvaat laittaa oikean kysymyksen, laskee konekin oikean vastauksen. Pahimmillaan asetetaan väärä kysymys, ja kentältä haetaan väärään aikaan ja jopa aivan vääriä, markkinatilanteeseen sopimattoman hintaisia ja jalostukseen sopimattomia puueriä.

Kompuutteri onkin pahuksen hyvä ja tehokas väline jälkiseuraamiseen. Puukauppaa käydään kuitenkin maakunnissa aamuhämärän rajamailla. Siellä pitää johdonkin toimia, tuntien tuulet ja tuiskut, paskanhajusta nauttien. Se on elämää. Ajatellaanpa "kompuutteri-ukkelia" lintukoirana. Nätti koira, ei siinä mitään. Kulkee vaaranrinnettä laitavastaiseen, ihan hyvä. Mutta, hän kulkee takaperin. Näkee vain sen mitä koneeseen on pantu - siis omat jälkensä. Haistaa oman hikensä, ei muuta. Kuuntelee hörökorvillaan tulojäljilleen. Muutaman askeleen välein pyllähtää persuuksilleen, selvittelee itsensä pystyyn - jatkaa sinnikkäästi eteenpäin. Ja ihmettelee, kun riistaa ei näy, ei kuulu. Metsästys ja kalastus ovat oivallisia harrasteita, kun haluamme ymmärtää sen, mistä tässä on kysymys. Muistaen kuitenkin, että kulkija tietää, mutta vain paikoilleen asettunut ymmärtää.

Nämä terveiset menivät päälliköille, kun mielestäni ohjeet olivat ajastaan jäljessä, eivätkä sopineet millään tavalla toimintamalliini, "sinisen meren periaatteeseen". Sen mukaan liikutaan aina sellaisilla vesillä, että ollaan puoli vuotta edellä kilpailijoitamme.

Metsätalousyrittäjä Heikki Timonen

Linnustajat tauolla, kirjoittaja, Antero Laakso ja Heikki Timonen

"Elämä itsessään on sattumuksien summa. Se, riittääkö rohkeus mahdollisuuksiin kiinni tarttumiseen, on jokaisen oma valinta."

"Kaikki sai alkunsa, kun hoidimme yhden yhtiön asioita Savossa. He päättivät luopua kaikista kiinteistöistään, joihin kuului 20 hehtaarin metsäpalsta kaupungin lähellä. Tarjosin summassa 240 000 markkaa. Yhtiö hyväksyi tarjouksen. Kävimme asiantuntijan kanssa palstalla, hän heitti hinnaksi 500 000 markkaa. Metsäliitto osti leimikon. Kävin katsomassa hakkuuta. Kone pyöri pitkään yhden 3,6 kuutiometrin puun kimpussa. Sanoin, että olisipa kaikki puut noin isoja. Kuski tuumi, että "hän olisi lähtenyt kotiin silloin". Tilan möin lopuksi kaupungille. Kokonaistuotto oli lähes miljoona markkaa. Siitä syntyi kiinnostus."

”Kuusamoon tulin siten, että Lapin reissulla Kauppalehdestä huomasin Kuusikon tilan olevan myynnissä. Ajoimme katsomaan lammen yli palstaa. Itse palstalla emme käyneet. Teimme kaupan Turussa kaupunginsihteerin kanssa. Kun laitoimme nimet paperiin, hän ojensi avaimet. Epäilin, että onko siellä joku portti. Ei, siellä on mökki, hän vastasi. Siitä nämä kaupat lähtivät etenemään. Nautin aina kun tulin yksikseni käymään täällä. Kuusamon metsät ovat niin selkeitä. Kiertelin katselemassa kaikki tilat. Se oli henkireikä varsinaisista töistä.”

”Metsäpalstojen myyntikin oli hyvä asia. Aina sitä rahaakin tarvitaan. Metsävähennysten maksu verottajalle tuli yllätyksenä. Myynti tuli ajankohtaiseksi, kun nämä tilat sijaitsevat niin kaukana. Nuorilla ei ole läheskään samanlaista mahdollisuutta hoitaa asioita täällä. Kainuun tilat ovat huomattavasti lähempänä. Myydyt tilat sijaitsivat hankalammissa paikoissa. Jäljelle jääneet tilat ovat meidän pankki. Harkitusti metsiä käyttäen hakkuumahdollisuudet säilyvät ja jopa kasvavat. Työt tehdään sillä ajatuksella, että kasvu tuottaa hakkuussa korjatut puumäärät takaisin 5 vuoden aikana.”

”Kiitos siitä että olet hoitanut nämä asiat täällä paikan päällä. On ollut mukavaa käydä vuosittain kanssasi katselemassa metsiä ja metsästämässä täällä.”

Tintti Iivaaran laella: Nyt on meidän vuoro

Linnustajat miettivät teerien olinpaikkaa, vai katsellevatko vain maisemia.

Ukkosmyrsky nousee Palovaaran selkosen päälle

Aluejohtaja Jari Hurskainen kertoo, että vuosituhannen vaihteen muutokset olivat nopeita ja usein ennakoimattomia metsäteollisuuden toiminnoissa.

Organisaatiomyrskyt

Aluejohtaja Jari Hurskaisen tullessa 1990-luvun lopulla Pohjois-Suomeen toiminnassa oli seitsemän piiriä. Kussakin piirissä oli piiripäällikkö ja toimistonhoitaja, sekä korjuuesimies ja jokaisessa kunnassa oli omat ostoesimiehet. Parin vuoden välein organisaatiota muutettiin vastaamaan muuttuvia olosuhteita. Joskus joku henkilö aiheutti omalla toiminnallaan syyn muutokseen, tai sitten ulkoiset olosuhteet markkinoilla ajoivat toimintamalliin muutoksia.

Tietojenkäsittely siirtyi vaihe vaiheelta ostoesimiehille. Kun kaikki toiminnot tehtiin kerralla valmiiksi tietojärjestelmään, aiheutti se väliportaan hallinnon alasajon. Alueet lakkautettiin ja Pohjois-Suomeen jäi kaksi piiriä, Kemi ja Oulu. Kymmenessä vuodessa henkilömäärä putosi lähes kolmannekseen. Tulosryhmät vastasivat itsenäisesti piirin antamien puutavaratilausten toimittamisesta laitoksille. Ostoesimiehet ostivat leimikot ja myivät metsänhoitopalvelut. Korjuuesimies vastasi hakkuiden ohjauksesta ja rytmityksestä tehtaiden puutilauksien mukaisesti. Metsänhoitoesimiehet toteuttivat metsänomistajille myydyt metsänhoitopalvelut.

- Johtajan tärkeimpiä ominaisuuksia on löytää oikea mies oikeaan paikkaan, Kun tulin, minulla oli täällä miehistö valmiina. Ei niitä mennä vaihtamaan noin vain. Sitten sattui semmoinen sauma, että sain siepattua sinut yhdistykseltä. Se oli Metsäliitolle hyvä homma.

- Aina niissä valinnoissa ei onnistuta. Kaikista ikävimpiä tilanteita ovat ne, kun joudutaan työsuhde päättämään jonkun eteen tulleen syyn perusteella. Huonot ajat tulevat useimmiten yllätyksenä. Hyvinä aikoina ei riittävästi varauduta tuleviin ongelmiin ja se aiheuttaa äkkiliikkeitä kaikille. Samalla tavalla muutoksen kouriin jouduin itsekin, kun alueet ajettiin alas, Jari muisteli.

Valtakunta syöksyy henkiseen lamaan

Tapahtumat seuraavalla vuosikymmenellä perustuivat suurelta osin siihen, että liioin kenelläkään ei ollut viisautta ja/tai rohkeutta nähdä, saatikka tunnustaa tosiasioita. Kaikki toiminta perustui uskoon ja toivoon, että maailmalla ehkä liikkeelle lähtevä nousu pelastaa meidät mukaan, riippumatta siitä hoidammeko omat asiamme kuntoon vai ei.

Onneksi Metsä Group onnistui johtajavalinnoissaan, ja nämä henkilöt lähtivät vuoden 2005 jälkeen tekemään määrätietoisesti oikeansuuntaisia, kipeitäkin toimia tulevaisuuden hyväksi.

Stora Enson Kemijärven tehtaan alasajo tapahtui huhtikuussa 2008. Se tuli kuin salama kirkkaalta taivaalta. Käsky oli selkeä: alkakaas kaivaa omaa hautaanne. Kasvoton, persoonaton teollisuusjätti puhalsi tuomiopäivän pasuunaa posket pullollaan amerikkalaisten eläkeläisten voimin.

Porukat syöksyivät hallitussa paniikissa lapioita ostamaan, ensin pieniä, koska niillä olisi helpompi kaivaa. Keskustavetoinen liike porhalsi uskomattoman nopeasti vauhtiin. Sitten seurasi kokouksia, huutoa, melskettä, uusia isompia lapioita. Jos muu ei auta, mennään Rysseliin !

Näin uhottiin miehissä. Demarikäyttöinen valtamediaporvari oivalsi bisneksen. Jokainen kokous, jokainen lapionpisto, kaikki uutisoitiin isoilla kirjaimilla. Lehdet painoivat sivukaupalla toinen toistaan kauheampia maailmanlopun ennustuksia kasvottomille yrityksille. Sitten tuomio tuli koko "auringonlaskun teollisuudenalalle", ja sitten vielä kaikille teollisuuspaikkakunnille. Kesän lopulla nuori käkönen lehahti vaunun aisalle kukuttelemaan omia tuhotuomioitaan.

Heiltä unohtui yksi vanha viisaus: "Älä koskaan sahaa oksaa, jolla istut".

Mediaporvari ei muistanut, että nämä pienet ihmispoloiset, jotka tilasivat uskollisesti heidän firmoiltaan kahta, jopa kolmea sanomalehteä, alkoivatkin perumaan tilauksiaan laman pelossa. Niitä tuli uskomaton määrä, miljoonia lehtitilauksia lopetettiin. Markkinoilta poistui parisen miljoonaa lehteä päivittäin. Niin, ja syksyllä kukkuvan käkösen on syytä muistaa, että Pohjan perukoilla tuppaa perän öljyt hyytymään talven tullessa. Ei siinä sitten enää huuto auta, silloin on toimittava, jos meinaa henkensä talven yli säilyttää.

Kun ei painotaloilta tilattu lehtiä, eivät ne tarvinneet paperiakaan. Paperitehdas ei tarvinnut sellua. Ja kun ei sellua mennyt markkinoille, ei tehdas tarvitse pöllejäkään. Siitäkös rysähtivät hinnat laskuun ja isäntien edusmiehet parkumaan. Koneet laitettiin seisomaan, äijät lomalle. Ja taas lähtivät patruunat tehtaita sulkeman.

Silloin kun pitää uudistua, sopeutua ympärillä tapahtuviin muutoksiin, jämähdetäänkin paikoilleen ja aletaan parkumaan puulusikan perään. Koska itse kullakin on vain rajallisesti voimia, olisi paljon järkevämpää keskittyä synnyttämään uutta. Aivan kuten sodasta palanneet veteraanimme ja sotainvalidit aikoinaan siittivät ensi töikseen suuret ikäluokat. He ovat kantaneet kunnian kilpeä jälleen rakentamalla tämän maan. Nyt on meidän vuoromme luoda uusien ajatusten aika. Enkä tarkoita tällä ”pyramidipellejen” virityksiä.

Näiden tapahtumien ennusmerkit sain kymmenisen vuotta aiemmin, kun Veitsiluodossa istuimme Etelä-Eurooppaan hienopaperia myyvän kaverin kanssa pohtimassa keinoja metsäosaston mahdollisuuksiin tuotteiden laadun kohottamiseksi. Samaan aikaan tuli uutinen radiosta, jossa kerrottiin Stora Enson ostaneen USA:sta suuren metsäteollisuusyrityksen. Kaveri totesi tehtaiden alasajolistan päivittyvän nyt uudella tavalla.

Lähes kymmenen vuotta sulkemisen jälkeen siihen meni, ennen kuin uuden luontiin oltiin valmiita. Toivotaan, että käynnistyneet hankkeet Kemijärvellä onnistuvat tuomaan taloudellista lisäarvoa seutukunnalle.

Metsäliitossa uskotaan metsätalouden tulevaisuuteen

Aulis Kurtti valittiin Kajaanin piirin piiritoimikunnan puheenjohtajaksi vuonna 2008. Hän on aktiivinen metsätalousyrittäjä, ja hänen kanssaan pohdimme usein eteen tulevia tilanteita ja keinoja niistä selviämiseen.

Totesimmekin, että suomalaisilla on aihetta ylpeyteen metsäteollisuuden ja metsätalouden savutuksista. Siksi meidän on herättävä puolustamaan asemiamme. Vain parantamalla tehokkuutta ja karsimalla tarpeettomia toimintoja voimme säilyttää kilpailukykymme.

”Maakunnissa on tiestön ja metsätieverkoston kunnossapito tärkeintä. Rästissä olevien hoitotöiden toteuttamiseksi esitimme Kemera-tukien tilalle porrastettua metsäverotus-vähennysoikeutta. Perusvähennys normaalisti kulujen mukaan ja pitempiaikaisista investoinneista porrastetusti korotetut vähennykset puunmyyntituloista. Metsävähennyksen teko-oikeus tulee saada kaikille tiloille.”

”Rästitöiden tekoon tulee säätää oma määräaikainen laki ja rahoitus. Perikuntien ja yhtymien päätökset tulisi hyväksyä enemmistöpäätöksinä, jolloin yksittäinen osakas ei voi estää toimenpiteitä. Koulutus tulisi saada vastaamaan elinkeinoelämän tarpeita. Metsätaloussuunnitelmat kaikille tiloille ja niistä tiedot kaikille metsäalan toimijoille, jolloin syntyy tervettä kilpailua.”

”Koska metsänomistajien keski-ikä on 60 vuotta, tulisi sukupolvenvaihdosten vauhdittamiseksi perintö- ja lahjaverotus poistaa. Metsäalan organisaatiot tulisi valjastaa toteuttamaan tavoitteita. Esimerkiksi Miljoonan Motin Metsämarssi sai vuonna 2007 liikkeelle Kuusamossa 380 000 kuutiometriä puuta, joka oli sen hetkisen hakkuusuunnitteen mukainen määrä. Toteutus on siinä mielessä merkittävä, että vastaava määrä saatiin liikkeelle edellisen kerran vuonna 1985 Lapin Lain toteutusten huippuvuotena.”

”Vuosittainen hakkuusuunnite nostettiin 500 000 kuutiometriin vuonna 2008, jolloin vastaavasti myyntimäärät romahtivat alle 200 000 kuutiometrin. Jos voimakkaita toimenpiteitä ei tehdä, Kemijärven kaltaiset tehtaiden lopettamisuutiset jatkuvat.”

Tässä hengessä syötimme ajatuksiamme ylöspäin, milloin Metsäliiton organisaatiossa, milloin kansanedustajien kautta politiikoille.

Tapaan huoltoaseman pihalla vanhan tutun, joka haluaa tehdä kauppaa vajaatuottoisesta metsäkuviosta. Seuraavalla viikolla ajelen hänen mökilleen. Katselemme hänen puutarhaviljelyjään, mansikat, viinimarjat, vadelmat, ahomansikat, mesimarjat ja muut kasvit näyttävät viihtyvän erinomaisesti. Olli esittelee viljelyksiään ylpeänä. Tunnustelemme äänenpainoista ja eleistä toistemme aikeita. Olen tässä melko vaikean päätöksen edessä, hän avaa pelin.

- Aivan kuten vuosi sitten, kun asiaa viimeksi tutkittiin. Minulla ei ole mitään rahallista tarvetta hakata metsää. Mutta toisaalta se on vanhaa ja lahoavaakin. Ja se perkeleen veromuutos tässä vähän suivauttaa, vaikka senkin vielä menetyksenä sietää, kun vaihtoehtona on käveleskellä vaimon kanssa täydessä metsässä hakkuuraiskion sijaan, Olli pysähtyy pihalla.

- Ymmärrän aika hyvin tilanteesi. Me molemmat tiedämme tosiasiat, ja käydään vielä paikan päällä tarkentamassa ajatuksia, sanon hänelle. Toivon saavani hänet kertomaan tarkemmin ja syvemmälle tuntojaan.

Kävelemme rivakkaan tahtiin noin 15 hehtaarin metsikön läpi. Männyt ovat suurelta osin pystyyn kuivuvia ja kuuset pahoin lahovikaisen näköisiä. Koivu on kookasta, hyvälaatuista, mutta vanhaa. Hakkuukypsää tämä metsä on kaiken kaikkiaan.

- Voisiko tähän jättää jotain kasvamaan, ettei se olisi aivan aukeaa, Olli kysyy.

- Kyllä tähän rajan ja tien kulmaukseen voi tehdä hehtaarin-parin harvennuksen, ja tien laitaan 2-3 säästöpuuryhmää. Suuret aihkimännyt voi jättää muistopuiksi ja painanteisiin voi jättää pieniä riistan suojametsiköitä, luettelen mahdollisuuksia hänelle.

- Olet sinä epeli. Kun sinua hetken kuuntelee, tuntuu, ettei 1400 kuution avohakkuu olekaan pahan näköinen ollenkaan, kun jää kasvamaan tupas sinne ja toinen tänne.

- Keväällä se sijoitushomma meni Metsäliiton osalta pipariksi, kun se korkoprosentin päätös venyi. Laitoin sen rahan ulkomaiden pankkiin. Siellä valtio antaa täyden takauksen. Korko on lähes sama. Minulla on vävy siellä pankinjohtajana, Olli vaihtaa aihetta.

- Olisihan me Metsäliittoonkin se raha mielellään otettu korkoa kasvamaan, sanon. Mutta näinhän se on, ettei kaikkea voi saada, jatkan pehmentääkseni tilannetta.

Menemme mökille, keittelemme kahvit. Porisemme niitä näitä. Koska huomasin metsässä, että joka tapauksessa edessä on kova tinkaaminen, lasken pöytään vedenpitävät perushinnat avatakseni pelin omalta puoleltani. Olli on vanhana kettuna antanut koko ajan ymmärtää, ettei hän ole kovin hyvin perillä hintatasosta.

- Tässä nämä hinnat nyt sitten ovat. Yhteensä 31 000 euron kauppa, esittelen hänelle tarjousta. Ja yksikköhinnat ovat tässä.

- Eihän tuo ole siellä päinkään, Olli riemastuu. Mäntytukki on ainakin 3-4 euroa alle markkinahinnan, ja onko kuitupuu noin halpaa? Ilman ne puut menevät. Eikö etelässä makseta paljon enemmän, hän kiihdyttelee hyökkäystään.

- Enpähän ole viime aikoina kuullut paremmistakaan hinnoista. On niitä tietysti joskus ollut ja ehkä joskus tulee. Päivän hinnat ovat nämä, sanon perusteluina.

Tiedän, että jatkossa pelataan venäläistä rulettia.

- Otetaanpa nyt tuumaustauko, sanon Ollille. Palataan asiaan huomenna. Tutkin sillä välin mahdollisuuksia.

- Oikeastaan se on hyvä. Tässä täytyy selvitellä ajatuksia, Olli vastaa.

Soitan perjantaina tunnin parin välein Ollille. Ei vastaa. Niinköhän tuo jänisti vanha kauppamies. Iltapäivällä alkaa mieleen hiipimään pelko siitä, ettei hänelle vain ole sattunut mökillä mitään. Päätän käydä kotiin mennessäni katsomassa, mikä tilanne siellä on. Kuuden maissa hän vastaa.

- Muistin tuossa puoli tuntia sitten, että meillä oli sopimus tälle päivälle. Olen pahoillani. Olen ollut Pääjärven reissulla. Sopiiko, että palataan maanantaina asiaan, hän ehdottaa.

- Mikäs siinä. Ehdin jo huolestua, että sinulle on sattunut jotain. Hyvä kuulla, että kaikki on kunnossa, sanon puhelimeen.

Lauantaiehtoolla vaihdamme muutaman ystävällisen sanan Multasniemen Nuorisoseuran 60-vuotisjuhlien humppatansseissa. Asia näyttää menevän suotuisaan suuntaan kaupan kannalta. Tosin arvaan, että Ollin velipoika on kokeneempana metsänmyyjänä hintatietojen takana.

Soittelen Ollille maanantaina. Hän on mökillä, jonne menen tapaamaan häntä. Katselemme tarkistetun tarjouksen läpi. Hän on tarkentanut kantojaan. Rahallisesti kokonaisuus on hyväksyttävissä, mutta mäntytukissa on periaatteellinen ristiriita. Keskustelemme sahojen tilanteesta ja sahausmäärien supistuksista Pohjois-Suomessa. Työmarkkinaselkkauksista ja sen syistä olemme samoilla linjoilla. Hän kertoilee elämäntilanteestaan. Liikkeen vetovastuuta hän on siirtämässä nuoremmille säilyttäen omistuksen samalla itsellään.

- Ymmärräthän sinä Kalle, ettei minulla ole mikään pakko tehdä tätä kauppaa, hän kysyy.

- Olen hieman sitä mieltä, että se tekee tämän päätöksenteon sinulle niin vaikeaksi, vastaan. Tässä on tehtävä ratkaisu järjen tai tunteen pohjalta. Jompikumpi tässä joutuu joustamaan, totean hänelle.

- Kuule, on tämä hankala homma. Sopiiko, että tulen keskiviikkona aamulla käymään toimistolla, hän ottaa aikalisän. Laita silloin kaikki eurot peliin, hän pyytää.

Tarkistelen kuituhintaa puolisen euroa. Mäntytukkiin en koske. Soittelen piiripäällikön mietteet peliin. Tukin osalta on oltava tiukkana. Päätän, että puolikas euro on varaa, ei muuta.

- Terve, onpahan auto kuin karamelli, totean hänen saapuessaan toimistolle.

- Terve, mitenkäs sinä olet tämän meidän hankkeen laskeskellut. Ei mäntytukki ole oikein. Ainakin 4 euroa pitää sada lisää, hän aloittaa.

- Kyllähän sinä tiedät, että en voi siitä enempää maksaa, kuin mitä markkinoilta saa, vastaan.

- Muuten nämä hinnat voisi hyväksyä, mutta mäntytukkia ei, hän kiristää ruuvia.

- Mennäänpä juomaan kahvit ja mietitään mitä tässä voidaan tehdä, otan aikalisän.

Käymme kahvin aikana läpi viime vuosikymmenen osakemarkkinoita ja hänen sijoituksiaan. Pääsemme hyvin samoille linjoille, kun muistelemme eri yhtiöiden taivalta 1990-luvun laman läpi. Olemme valmiita käymään lopulliseen taistoon. Haluan varmistaa hänelle kunniallisen ulospääsyn tilanteesta, mikäli keskustelussa käy ilmi, ettei hän kykene tekemään vieläkään hakkuupäätöstä. Rahasta tämä hanke ei ole kiinni.

- Se on 44 euroa, tai ei mitään, hän avaa.

- Katsotaanpa kokonaisuutta. On syytä katsoa kaupan arvo ja verrata sitä markkinahintoihin. Verrataanpa tarjousta Maaseudun Tulevaisuuden hintatilastoon, ehdotan.

Teemme vertailun, ja huomioimme kuitupuun 0,5 euron hinnan noston. Hän myöntelee, että taisi olla turhan jyrkkä äsken.

- Tulen vastaan 42 euroon, hän liennyttää.

Keskustelemme tovin ja kuulostelen hänen syvimpiä tuntojaan, sekä sitä, kuinka paljon vaimo ja lapset painavat päätöksen taustalla. Perheen sana tuntuu painavan, mutta ratkaisut hän tekee yksin. Ja sitä ratkaisua hän pelkää perkeleesti, vaikka peittää sen välillä rehvakkuuden taakse.

- Onko tosiaan näin, tulen vielä vastaan 41 euroon. Siinä on raja. Se on periaatekysymys, hän sanoo semmoisella äänenpainolla, josta on mahdotonta perääntyä ilman hametta.

- Nyt näyttää siltä, ettei kauppaa synny. Tosin en ole koskaan ennen jättänyt 32 000 euron kauppaa tekemättä 60 euron hintaerimielisyyden vuoksi. Mutta otetaan aikalisä. Käy sinä se etelän reissu ja katsotaan sitten, mihin maailma on mennyt, sanon hänelle.

- Olkoon niin. Olipa hyvä, että tässä kävi näin. Olisin minä sen kaupan tehnyt, jos olisit viimeisen pyyntöön suostunut, mutta silti se hakkuu hirvittää, hän huokaa huojentuneena.

Olen tyytyväinen siihen, että molemmat säilytimme kasvomme ja voimme hyvinä kauppakumppaneina palata asiaan milloin vain. Olisi ollut helppo poimia kauppa kotiin, mutta sitten olisin joutunut seuraamaan hänen kärsimystään hakkuusta. Parempi, että hän tekee aidon hakkuupäätöksen- sitten kun tekee. Ja pystyy elämään sen päätöksen kanssa.

- Jos tulet Kalle toisiin aatoksiin ja päätät nostaa hinnan, niin soita milloin vain. Ja voit soitella muutenkin, vaihdetaan vaikka kuulumisia, hän sanoo vielä ovella lähtiessään ajelemaan Etelä-Suomeen päin.

- Hyvää ja turvallista matkaa. Pidetään yhteyttä. Ja kuule Olli, älä anna tämän jutun mieltäsi painaa. Ei tämä työ mennyt hukkaan. Olemme molemmat edistyneet taas hieman, toivottelen hänet taipaleelle.

Aikanaan sitten soittelin, ja sovimme kaupan teon hänen palattuaan Kuusamoon.

Meillä unohtuu melko usein, että vaikka päätyömme on puunhankinnan hoitaminen tehtaille, me kuitenkin hoidamme ihmisten elämän suurimpia kertakauppoja. Ja ne kaupat vaikuttavat lähimaisemaan voimakkaasti. Siksi meidän tulisi muistaa myös inhimillinen näkökulma ihmisten metsissä toimiessamme.

Sukellus lamaan 2008 syksyllä. Kevätaurinko paistaa ja miesten mielessä myllertävät mustat myrskypilvet. Toinen toistaan synkemmät uutiset talouselämästä ovat saaneet kaiken järkevän toiminnan raiteiltaan. Viimeinen pisara oli kuuden viikon lomautusten iskeminen kouraan parhaan kevään kynnyksellä.

- Saakeli, parasta taitaisi olla lampsia kevätporeisiin jäiden sekaan, säästyisi akka ja kakarat tämänkin rähjäkkeen näkemiseltä. Kärsimystä koko hemmetin talvi ja parempaa ei ole luvassa, nurin se mennee varmasti koko virma, paasaa Tane synkkyyttään.

- Elä nyt tuommoisia puhu. Kerran yksi mittamieskaverini käveli lampeen vain sen vuoksi, että isännät sattuivat peräkanaa keljuilemaan mittaustavasta, jonka työnantaja oli määrännyt. Samaan aikaan sattui pomollekin huono päivä, ja hän kailotti mittaerosta, joka pitäisi olla mieluummin sahalle kuin isäntään päin, koska hän on se, joka palkan maksaa.

Olimme totisen paikan edessä, työnantajan luvut olivat olleet vuosikausia miinuksella ja vanhat pääomat olisivat pian syöty. Olisi aika katsella uusia vaihtoehtoja elämälle - tai kävellä lampeen. Urakoitsijat olivat vielä totisemman paikan edessä. Koneita oli jo vähennetty, miesmäärää pudotettu puoleen; mistä seuraavat leikkaukset tehtäisiin, vai leikkaisiko konkurssi ja armahtaisi koko kidutukselta.

Minulle toimihenkilönä lähtö ajoissa pelastaisi henkilökohtaiselta tuholta. Silloin kyllä urakoitsijani suurella varmuudella kaatuisivat. Samalla menettäisin joukon hyviä työkavereitani, joiden kanssa on selvitty pahemmistakin karikoista. Siitä jäisi pirunmoinen peikko mielen päälle pitkäksi aikaa, sen muistan edellisestä lamasta 1990-luvulla. Silloin olin vähällä päästää yhden hyvän ystäväni konkurssiin. Viime hetkellä ymmärsin hänen kiertoteitse kertomansa jutun ja heräsin toimintaan.

Se meuhkaaminen kesti vuosia, toi viitisen kymmentä työpaikkaa metsätalouteen, ja vei serkkupojan eduskuntaan. Silloin opin, että asioille voidaan aina tehdä jotain, tahto se on joka ratkaisee. Silloinen mottoni oli: ”Hän joka tahtoo, löytää keinot, he jotka eivät tahdo, keksivät selitykset”.

Johtoryhmä oli kutsuttu koolle löysällä asialistalla. Puhuttiin niitä näitä. Johtaja pyydettiin puhelimeen. Salkusta otettiin nippu kalvoja. Hallitus oli päättänyt sopeuttaa organisaatiota 60 hengellä.

- Perustoiminnot jaetaan prosessin mukaisiin linjoihin, organisaatiota siis selkeytetään. Toimintoja johdetaan pääkonttorista Espoosta. Maakunnissa sopeudutaan. Meillä suurin muutos on Pudasjärven piirin lakkauttaminen. Eläkkeelle pääsevät lähtevät. 5-10 henkeä supistetaan Pohjois-Suomesta. Seinäjoen alue lakkautetaan.

Ja tarina jatkuu näin edelleen. Yhteistoimintalain mukaisesti piirien henkilöstö kutsutaan koolle tiedotustilaisuuksiin huomenna kello 10.00.

Siitä alkaa YT-neuvottelut, joissa ehdot sanellaan. Lähdet sinne tai tänne tai lähdet. Saat valita.

Huhtikuussa ratkaisut ovat valmiina ja heinäkuussa aloittaa uusi organisaatio. Entinen organisaatio kesti vuoden. Ei liene kovin pitkäikäinen tämäkään.

Jospa putoan? Entä sitten?

Tili jää tulematta. Ei tarvitse lähteä mihinkään. Paineet helpottavat siltä osin. Millä laskut hoidetaan? Auton voisi vaihtaa halvempaan. Viimeisenä vaihtoehtona talo myyntiin, ja laitetaan mies maantielle. Rahaa pitäisi olla 2000 euroa kuukaudessa. Ei tule olemaan helppoa, ei.

Ensimmäisenä tulisi mieleen vetäytyä kuoren alle kuin kilpikonna. Kaikki yhteydet laitetaan kaikkialle poikki. Kauanko sitä omassa paskassaan jaksaisi keittyä, tuskin viikkoa pitempään. Sitten itsesääli alkaisi nakertaa raajan kerrallaan. Saattaisi erakon elämä hyvääkin olla, jos nuppi kestäisi. Siis pärjäisi itsensä kanssa. Ehkä ei vielä, sitten vanhempana kyllä. Taidan tehdä katastrofisuunnitelman, jos... Valmistelen mitä menoja on katettava ja mitä tuloja tulee, jos... Ja paljonko pitää hankkia väliin lisää rösettä. Sen teen ja homma on hanskassa, toistaiseksi.

Tänään Metsäliitto ilmoittaa vähentävänsä 60 työpaikkaa piiritason toimihenkilöistä. Pudasjärven piiri lakkautetaan. Päivittäin kerrotaan kymmenistä, sadoista ja tuhansista yksittäisten yritysten työntekijöiden irtisanomisista. Irtisanotut ovat jäävuoren huippu. Heille lappu on lopullinen isku siinä työyhteisössä. Taustalla kiehuu. Tehtäviä lopetetaan, uudelleen järjestellään. Ihmisiä siirrellään. Kysytään, lähdetkö siihen hommaan vai lähdetkö? Joka tapauksessa lähdet. Saat valita. Pysyvä vakaa olotila nykytyöyhteisöissä on jatkuva muutos. Joskus se toimii hieman hidastuen, yleensä kiihdyttäen. Välillä mennään pusikkoon rysähtäen, kuin talvinen mäenlaskija. Sieltä sitten kamppeita keräillen tutkiskellaan, mitä jäi jäljelle. Kukaan ei liukuun lähdettäessä tiedä, mitä käyttökelpoista jää lopulta mäen alla käteen. Tämmöiseksi olemme maailman halunneet, vai olemmeko?

Kaukaa keskusjohdettua mallia kokeilivat neuvostoliittolaiset 80 vuotta. Huonosti kävi. Tehokkuuden nimissä perustettiin suuria tehtaita milloin minnekin. Työntekijät määrättiin sinne tai hautaan. Tehdas pyöri kunnes raaka-aine loppui. Sitten haettiin uusi paikka. Näin se eteni, kunnes joku yritti lopettaa viinatehtaan viljapulaan vedoten. Silloin loppui Neuvostoliitto. Jonain päivänä tehdään saman laatuinen virhe meilläkin

Euroopassa. Kaikki tehdään ahneuksissaan, tehokkuuden nimissä, ihmisen hyvää tavoitellen. Sitten seuraa suurempi myllerrys. Jaetaan palikat uudelleen. Käräjöidään. Elämöidään. Hiljalleen elämä asettuu uomiinsa. Elintaso voi olla muutamaa sataa euroa alempana. Elämisen taso on merkittävästi ylempänä. Jos meistä on vielä silloin nauttijoiksi.

Velvollisuudentunnon hinta. Olen onnellinen. Sain töitä. Ei sen niin tarkkaan ole väliä, mitä täytyy tehdä. Pääasia on, että toimeentulo on turvattu ja työ on mielekästä. Tarkoitan, että käden jälki näkyy. Pian esimies huomaa minun pitävän tekemisistäni, vielä enemmän, kun huomaan saavani parempia tuloksia aikaan kuin toiset työntekijät. Hän antaa lisää valtuuksia. Tee enemmän, saat pari promillea tuloksista. Hyvä on, himoa riittää. Kierre vie mennessään. Aikanaan tulee ongelmia ajan kanssa. Aika ei riitä. Ensin jäävät ystävät. Sitten perhe. Sitten - jättää elämä.

Paras kaveri soittaa: Tuletko pelaamaan, et ole käynyt viikkoihin? En ehdi, kun on pari kauppaa kesken, enkä jaksa kun on aamulla aikainen lähtö, vastaan. No, olkoon, tule toiste, hän vastaa. Vaimo pyytää mukaansa Kari Tapion konserttiin. Vastaan: - En jaksa innostua, olen väsynyt. Se maksaakin niin paljon. Tosiasia on, että rinnasta on puristanut jo viikkoja. Ja pahasti. Tunnen, että lepo on se, jota tarvitsen. Mutta ajatusten siirto pois työstä voisi sittenkin auttaa paremmin. Käymättä se konsertti jää, kuten niin monta muutakin harrastusta. Ei lenkkeilykään jaksa innostaa. Stressiajatus puristaa verisuonia ja saa aikaan rasvahyytymiä ahtaumakohtiin. Kipu niissä lisää ahdistusta. Mieleen iskostettu velvollisuudentunto pakottaa jatkamaan entisellä vauhdilla. Köysi kiristyy. Onneksi loma alkaa tulevalla viikolla.

Korjuuesimies Mauri Määttä soittaa: - Ari on kuollut. Eilen illalla 22.00 Pekka on käynyt Kuntijärven työmaalla, ja silloin ei ole ollut mitään hätää. Ajokoneen kuski on lähtenyt viemään kuormaa tienvarteen ja palannut noin 23.00. Moto on silloin seisonut paikoillaan.

- Hän meni katsomaan ja löysi Arin koneen vierestä makaamassa. Vaahto oli valunut suusta. Ambulanssi tuli 23.30. Hänet todettiin kuolleeksi, Mauri kertoo.

Hän oli yksi kovimpia tuloksia tekevä motokuskeista. Ei tupakoinut, ei juonut viinaa. Halusi tehdä yövuorot. Halusi aina tehdä vähintään saman kuin toiset. Taas meni yksi korvaamaton mies hautausmaan puiden alle.

Yltiöpositiivinen lamankaato keväällä 2009

Nyt ikää on viitisentoista vuotta enemmän, kuin aloittaessani kehityshankkeet 1990 -luvulla ja olin jo lausunut ääneen, etten taida enää aloittaa suurempia hankkeita omalla työurallani päätettyäni Miljoonan Motin Metsämarssin parisen vuotta sitten.

- Kuule Kalle, tämä on sitten semmoinen juttu, johon sinun ei ole pakko alkaa, mutta meidän on saatava koekäyttöön jossain yrittäjävetoinen puunhankinta. Jos haluat kuulla lisää, voin tulla esittelemään sen minkä tiedän, piiripäällikkö Jarkko Parpala avaa ajatuksen yllättäen puhelimessa.

- En suoraan sano mitään, mutta melkein mikä tahansa voi olla parempi vaihtoehto, kuin se mitä tänä keväänä on koettu, vastaan puhelimeen. Tule vain, keskustellaan.

Tapaamme, porisemme, puhumme asiaa. Epäilen, mutta näen samalla avautuvan mahdollisuuden. Jos luovun oikeuksistani lomiin ja turvattuun toimihenkilön elämään, saattaisin pystyä pelastamaan joukon urakoitsijoitani, jopa auttamaan nykyistä työnantajaani ja ehkäpä myös itseäni ja perhettäni. Sanotaanhan, että se ei pelaa, joka pelkää. Ja sitä paitsi, rahat lasketaan tässä pelissä vasta pelin päätyttyä, kun kirstu on jo laskettu multiin.

- Pannaan Jarkko asia tutkintaan. Ilmoita Maarannan Antille, että selvitetään mitä hanke pitää sisällään, mutta vielä en lupaa mitään, sanon Jarkolle.

Monet keskustelut käytiin, juhannuksen aatonaattona väännettiin pykäliä kohdilleen, ja noin kello 20.00 väänsimme Jarkon ja Antin kanssa alustavan sopimuksen kasaan. Siitä alkoi "Yltiöpositiivinen lamankaato".

Juhannuksen aikaan kävimme vaimon kanssa kahdet tanssit monen vuoden tauon jälkeen. Heinäkuulla osallistuin kaikkiin mahdollisiin tilaisuuksiin, joissa oli vähintään kymmenen ihmistä koolla. Missään en puhunut puusta, enkä laman surkeuksista. Kaikkialla valoin uskoa tulevaisuuteen, ja siihen, että loppujen lopuksi kaikki on kuitenkin meidän omissa käsissämme. Kertoilin siitä, miten loimme pitkäaikaistyöttömille metsureille 1990-luvulla mahdollisuuden selviytyä normaaliin perhe-elämään ja niin edelleen. Kaiken aikaa myönteisten ajatusten voima alkoi voittamaan puolelleen enemmän ja enemmän ihmisiä. Osa palasi kertomaan, kuinka oli jo helpompi elää, kun näki pienenkin mahdollisuuden selviytyä. Suurempi osa palasi tekemään puukaupan, ja sehän alkoi olla minulle mieluisaa.

Heinäkuun lopussa järjestettyyn Metsätoripäivään Kuusamossa osallistui jo 750 henkeä, joten selkeästi ihmiset alkoivat kyllästyä lamakirjoituksiin toden teolla. Samaan aikaan kirjoitettiin, että kuntatalous on romahtaneiden yhteisöverotulojen vuoksi syöksykierteessä. Joulukuulla sitten tulikin rajaton ostovelvoite pysty- ja hankintapuulle. Suunnitteet nostettiin 1,5 -kertaisiksi. Tehtaiden ilmoitettiin käyvän myös joulunpyhinä täysillä.

”On kulku elämämme, kuin matkaa satamaan” laulaa Danny taustalla vankkumattomalla filosofiallaan. Siinä laulussa on sanomaa tähänkin aikaan. ”Kun uusi aika koittaa, ja uudet äänet laulaa, tuon elämisen riemun, ken vois sen vaientaa, kun uudet äänet laulaa.”

Pari kuukautta jaksoin painaa ilman suurempia ongelmia. Sitten näin, ettei tämän mittakaavan peli pyöri omin voimin. Siispä lokakuun alussa aloitti parina kesänä harjoittelijana ollut metsätalousinsinööri-opiskelija Jaakko Pitkänen apulaisena sillä ehdolla, että suorittaa opinnot työn ohessa loppuun. Marraskuulla alkoi tuntua, että noutaja saapuu, ellei tahtia hiljennä. Tasaamalla töitä sain kehon jälleen tasapainoon. Joulukuu alkoi taas näyttämään sen, mihin pystymme.

Olen vain pieni osanen tässä pelissä. Yhdessä osaavien ja työtä pelkäämättömien ammattilaisten kanssa olemme jälleen kerran pystyneet osoittamaan, että kaikista karikoista voidaan selvitä. Tahto se on, joka ratkaisee. Yksin ei kukaan voi kovin paljoa, mutta astumalla joukolla samaan tahtiin ja samaan suuntaan on voima moninkertainen.

Allekirjoitin yrittäjäsopimuksen juhannuksena 2009. Se oli askel tuntemattomaan, sillä siinä tilanteessa ei mihinkään ulkopuoliseen voinut luottaa. Vakainakin pidetyt rakenteet sortuivat yksi toisensa perään.

Aulis Kurtti, aktiivinen edustajiston jäsen ja Kemin piiritoimikunnan puheenjohtaja. Hänen kanssaan olemme ideoineet lukemattoman määrän parannusesityksiä, joista parhaita on otettu käyttöön.

Multasniemellä järjestettyihin Kuusamo Sprint -koiravaljakkokisojen järjestelyihin osallistuimme useina vuosina.

Joukkokäsittelyn suunnittelua, Kimmo Uurtamo, Tommi Mäkinen ja Jarkko Parpala.

Ja toteutusta, Janne Soimasuo haluaa tietää Jarkko Parpalalta kuinka kuormapainot saadaan tällä oksaisuudella täyteen, ja Sari Sova epäilee kiinnostaako tehdasta "latvahännät".

Oivangin Lomakartanon "terävän pään" mietintähetki. Janne Aikio ja Jaakko Pitkänen ovat syventämässä "Metsägrouppilaista ajattelumallia".

Aloimme kuljetusyrittäjä Erkki Pitkäsen kanssa vuonna 2010 tutkimaan terminaalitoiminnan hyödyntämismahdollisuutta Kuusamossa jopa 100-tonnisten rekkojen käyttöönottoa varten. Tavoitteena oli tutkia, onko paikallisilla metsäalan toimijoilla halua ja edellytyksiä kehittää logistiikkaa tehokkaammaksi. Samalla pyritään selvittämään puunjalostajien tarpeet.

Tuolloin oli julkaistu tieto Mustavaaran kaivoksen avaamisesta vuonna 2016, ja siellä tultaisiin käyttämään metsähaketta jopa 600 000 kuutiometriä. Maantiede rajoittaa vaihtoehtoja siten, että rautatie ei ole olemassa oleva vaihtoehto. Tieyhteydet rajoittavat painorajoituksillaan suurempien rekkojen käyttöönottoa etenkin siltojen osalta. Painojen lisäksi metsäpään ajoneuvojen mittojen suurenemista rajoittavat myös maantie- ja metsäautotieverkoston kantavuus, kääntöpaikat yms. Pohjatietona tutkimme aiheesta Ruotsissa tehtyjä kokeita, ja työntekijäni Jaakko Pitkäsen metsäopiston seminaarityönä tekemää tutkielmaa ruotsalaismallisen rekan käytöstä puunkuljetuksissa.

Osallistuimme Erkki Pitkäsen kanssa Sallassa järjestettyyn Pohjois-Kalottialueen logistiikkaseminaariin. Siellä Kuusamossa autokuljetuksia palveleva terminaali nousi listalla tärkeysjärjestyksessä heti Kemijärven rautatieterminaalin jälkeen. Esillä oli myös Sallan Soklin kaivoksen perustaminen. Yaran edustaja piti avaamista lähivuosina hyvin todennäköisenä. Heidän suunnitelmissaan oli vahvasti esillä malmin rikastaminen Venäjän puolella tyhjillään olevassa rikastamossa. Sitä varten he rakentaisivat rautatien Soklista Venäjän puolelle. Työryhmässämme oli Murmanskin alueen logistiikkapäällikkö, joka totesi ykskantaan, ettei Nato-maa tule koskaan rakentamaan rautatietä rajan yli. Sen jälkeen hankkeesta ei ole puhuttu julkisuudessa.

Huhtikuulla 2012 pidimme Metsäliiton Koillismaan hankintaryhmän kanssa aiheesta seminaaripäivän. Mietimme kukin omien pitäjiemme kannalta vaihtoehtoja kustannuspaineen hillitsemiseksi. Kävimme myös tutustumassa Pölkky Oy:n laitoksiin. Illalla syvensimme keskusteluja Rukalla. Seuraavana päivän järjestimme torilla markkinointitilaisuuden metsänomistajille. Paikalla vieraili noin 400 henkeä, ehkä osin myös onnittelemassa täytettyäni 60 vuotta.

Keväällä 2012 päädyimme siihen, että terminaalitoiminnoilla pystytään periaatteessa tehostamaan toimintoja ja jopa säästämään kustannuksia. Useiden toimijoiden toimintojen yhteensovittaminen taas nostaisi helposti terminaalin rakentamiskustannukset suureksi, ja vaatisi teknisiä laitteita toimintojen erillään pitämiseksi. Metsähakkeen käyttö energiapuuna alkoi hiipumaan hankkeen aikana. Kokemukset yhteisterminaaleista muualla Suomessa eivät olleet valtakunnallisten puunostajien mielestä rohkaisevia. Hankkeen käytännön toteutukset osoittautuivat liian kalliiksi läpi kulkevaan puumäärään nähden. Hankkeessa olivat mukana kaikki metsäalan toimijat ja Kuusamon kaupunki. Seurauksena on päädytty 76-tonnisten rekkojen käyttöönottoon hyväksymällä liikennöintiongelmat heikommalla tieverkostolla. Kelirikkokausia varten vuokrasimme Metsäliitolle kaksi pitäjäterminaalia.

Yhdistelmäpuunkorjuumenetelmää (ainespuun ja energiapuun samanaikainen korjuu joukkokäsittelyä käyttäen) kokeiltiin Kuusamossakin, mutta aika pian todettiin samat ongelmat, jotka havaittiin 1990-luvulla selluhakeprojekteissa. Meidän metsissämme joukkokäsiteltävien runkojen määrä työpistettä kohden on liian pieni, ja useimmiten siihen sisältyy 1-3 liian oksaista runkoa. Silloin nipun karsinta samalla kertaa on mahdotonta. Lisäksi energiapuun käyttö alkoi supistumaan.

Tammikuulla 2012 oli aika tarkastella minne olemme menossa. Kutsuin koolle piiripäällikön Jarkko Parpalan, metsänhoitoesimiehen Jouko Sarajärven ja Salmelan Hannun, joka oli myös yrittäjänä puunhankinnassa Pelkosenniemellä. Otin mukaan Pitkäsen Jaakon ja kokoonnuimme Saariselälle keskustelemaan lähiajan muutoksista.

Metsäliiton metsänhoitoyrityksen Metsämantujen yhdistäminen osaksi Metsäliitto Osuuskunnan toimintaa, sekä puunhankinnan kehittämissuunnitelmat vaativat kaikilta toimintojen tarkastelua ja sopeuttamista - mitä metsänhoitopalveluja tarjotaan ja missä laajuudessa, ja mitä kaikkea pystytään toteuttamaan? Samalla on päätettävä, millä alueilla itse kukin pystyy muuttuneissa olosuhteissa toimimaan. Käyttöön tulee myös uusia ATK-ohjelmia, joiden kitkaton käyttöönotto vaatii perehtymistä. Lisäksi pyrimme kartoittamaan puunhankinnan ja metsänhoitopalveluiden kipupisteitä ennakkoon. Edelleen on hyvin todennäköistä, että perinteinen toimintamalli ei välttämättä kaikilta osin palvele palvelukokonaisuuden myyntiä ja toteutusta kaikissa olosuhteissa.

Päivien päätössanoissa voimmekin todeta olevamme entistä tietoisempia tulevista ongelmista, ja valmistautuneita kohtaamaan ne muotoilemillamme toimintamalleilla. Aikanaan monenlaisia ennakoimattomiakin muutoksia tuli, mutta suurimpaan osaan oli jo valmiiksi keskustellut ratkaisumallit. Turhan paljon työtä aiheuttivat kahden vuoden kauppasopimukset ja vähintään 1-2 kertaa vuodessa vaihtuvat sahojen tukkien vastaanottomitat. Siinä ei tahtonut pysyä mukana laatuliitteet, eivätkä kuskit sen kummemmin kuin toimihenkilötkään.

Syksyllä Aulis Kurtin kanssa tuumailtiin yhteismetsien hyödyntämistä kylien elävöittäjänä. Hän laati "Kotikylän Yhteismetsä" -alustuspohjan, jossa oli paljon hyviä ajatuksia. Sen kautta olisi mahdollista pyörittää taloudellista toimintaa metsän myynnistä, tonttien vuokrauksesta ja tiestön kunnossapidosta alkaen. Ongelmaksi muodostui se, ettei meitä kylähullun tapaisia tahdo enää mistään löytyä asiaa eteenpäin viemään.

Metsärikkomus

Hakkuista tehdään metsänkäyttöilmoitukset vähintään kaksi viikkoa ennen hakkuun aloittamista. Alkujaan ilmoitus tehtiin lomakkeille paperisena. Sitten lähdettiin sähköiseen ilmoitukseen. Tietoliikenne ja ohjelmistojen ongelmat kuitenkin aiheuttivat melkoisen paljon häiriöitä. Useimmiten lähetykset menivät hyvin, joskus jokin lähetys häipyi avaruuteen.

Jos ilmoitus ei mennyt läpi, ja sitä ei huomattu ennen hakkuuta, metsäkeskus teki poliisille rikosilmoituksen. Sitten seurasi kutsu poliisikuulusteluun. Aikansa asiaa veivattiin edestakaisin. Sitten loppujen lopuksi todettiin, että asia ei anna aihetta syytteen nostamiseen.

Paikannuslaitteista oli paljon apua rajojen määrittelyssä, kun puusto oli kasvanut avatun linjan umpeen. GPS-paikannuksen ongelmana kuitenkin olivat päivittäin puolen päivän aikaan esiintyneet häiriöt. Oman lukunsa aiheuttivat rajojen digitointivirheet, joko maastorajan tai GPS-kartan raja-aineistossa. Silloin yleensä tuli ikävä 1950-luvun selkeitä, vanhaan metsään avattuja rajalinjoja.

Vanhoihin metsiin tehtiin 1960 -1980 luvuilla laajoja avohakkuita, jotka aurattiin metsänviljelyn onnistumiseksi. Sitten perikunnat aikanaan jakoivat tilan. Maanmittari veti metrin levyisen piirron keppeineen taimikkoon. Metsä kasvoi ja rajat hävisivät.

Seuraavan hakkuun suunnittelija oli tilanteen kanssa vaikeuksissa. Tilalla saattoi kolme rajaa pitää täsmälleen paikkaansa, mutta neljäs raja heittikin 10 -20 metriä. Rajan paikka ei näy metsässä. Rajapyykit ovat sammalen sisässä. Mitäpä sitten, kun suunnitteluajankohtana on lunta puolisen metriä.

Oma lukunsa olivat sitten vaarojen rinteet, joihin GPS-paikannuksen viisaus ei satelliittien viiston katselukulman takia riitä. Eteläpohjoissuuntainen leveys saattoi kuviolla heittää kymmeniä metrejä. Omat pienet neuvottelut syntyivät myös, kun oikein merkityllä rajalla syystalven tykkymetsässä lumi peitti leimikon rajauksen merkkausnauhat, ja kone ajoi naapurin puolelle. Onneksi koneiden paikantimet auttoivat kuljettajaa palaamaan takaisin leimikkoon. Korvaukset koskivat yleensä muutamia kymmeniä puita. Tapaukset ovat olleet hakattujen leimikoiden määrään nähden hyvin harvinaisia.

Oma lukunsa oli myös purojen, norojen ja lähteiden suojavyöhykkeiden tulkinta. Aikanaan monet purot oli perattu kaivinkoneella soiden kuivattamiseksi. Sitten ne olivat jääneet kehittymään luonnon omaan tahtiin. Reunoille kasvoi puita. Sitten Kuusamo sai erinäisten suojelutappeluiden yhteydessä 1980-luvulla oman termin "luonnontilaisen kaltainen", jonka tulkinta on aiheuttanut omat keskustelunsa virkaansa tarkasti hoitaneiden kanssa.

Itse asia oli useimmiten käytännön toimijan kannalta vähäpätöinen. Näin totesivat viranomaiset kerran, kun olimme kävelleet päivän alkuperätiedoiltaan virheellisten kartta-aineistojen mukaan tehtyä talvihakkuuta ja totesimme, että tarkasti tulkiten oli hakattu 4 runkoa liian läheltä puroa. Mutta asia on niin merkityksetön, että ei anna aihetta enempään. Sen jälkeen olemme päässeet hyvään yhteisymmärrykseen asioiden tulkinnoissa.

Metsänhoitotöiden toteutusvastuu

Metsäliiton myymien metsänhoitotöiden toteutusvastuu Kuusamon, Posion, Taivalkosken, Suomussalmen, Puolangan, Ristijärven ja Hyrynsalmen kunnissa vuosina 2012 -2015 hoidettiin Kuusamosta päin. Pinta-alaa alueella on reilut 2 miljoonaa hehtaaria. Lisäksi meillä oli vajaan vuoden verran Puolangan puunhankintatoimien tuuraus sairasloman vuoksi. Metsäliiton metsänhoitopäällikkö Oijalan Teppo ja jäsenpalvelupäällikkö Jumppasen Juha takasivat, että asioita hoidettiin terveellä maalaisjärjellä, jota Pihlajamaan Heikki sitten toimistopäällikkönä yritti pitää organisaation vaatimalla kaidalla tiellä. Tohtorismies Rantalan Juho sai Tepon sapattivuotta tuuratessaan aikaan selkeät ohjeet eri metsänhoitotoimenpiteisiin. Monenlaisia vaihtoehtoja mietittiin tapaamisten yhteydessä, kun lähdettiin laajentamaan metsänhoitopalveluiden myyntiä jäsenistölle. Nopea määrien kasvu ja levittäminen koko Suomen alueelle aiheutti omat kasvukipunsa. Järjestelmät ja ammattitaito kasvoivat kuitenkin kohtuullisen hyvin muutoksen mukana.

Hyöteikön Yhteismetsän metsänhoitotöiden toteutusvastuu on kuulunut muutaman vuoden ajan Metsäliitolle. Työt on hoidettu hoitokunnan kanssa metsätaloussuunnitelman mukaisesti markkinatilanteet huomioiden.

Lokakuun puolivälissä 2013, sunnuntaiaamuna viiden jälkeen tuli pohjoisesta itärajaa pitkin suihkuvirtaus, jonka tuulen nopeus oli 25 -34 metriä sekunnissa. Heräsin voimistuvan tuulen ääniin, menin rantaan katsomaan tilannetta. Määttälänvaaran suunnasta tuli järveä pitkin noin metristä aallokkoa. Sitten veden pinnassa näkyi "pomppiva" virtaus. Sen iskiessä veden pintaan siihen syntyi paineaallon vaikutuksesta laaja tyyni kohta, hetken päästä sadan-parinsadan metrin päässä seuraava. Se tulee suoraan kohti taloa. Onneksi viimeinen pomppu ennen rantaa oli vajaan sadan metrin päässä ja tuuli tavoitti vain puolenkymmenen suurimman puun latvat. Kaikki ne kaatuivat, kuin suuren käden työntämänä. Tuuli kulki pääsääntöisesti muutaman kymmenen metrin korkeudessa, mutta siellä missä se iski maahan, kaikki puusto kaatui. Aukot olivat puolesta hehtaarista muutamiin hehtaareihin. Tuhot olivat kaikkiaan suuruusluokkaa 25 000 kuutiometriä. Suurimmat tuhot syntyivät Koskenkylässä. Mitkään sääennusteet eivät myrskyä havainneet.

Metsäliitto Osuuskunta 80 vuotta 1934 - 2014

- Mitä sinä ajattelet, kun ovat jättäneet Kuusamon pitäjän kokonaan pois Metsäliiton 80-vuotisjuhlapaikoista, kysyy Kemin piirin piiritoimikunnan puheenjohtaja Aulis Kurtti.

- Olen kyllä ollut jo valmiiksi kallella kypärin sen asian kanssa. Meidän tuhannesta jäsenestä löytyy varmasti sata tai kaksi, jotka eivät katso tätä hyvällä mielin, vastaan hänelle.

Asiaa muutaman päivän selviteltyäni ilmoitin Metsäliiton luottamusmiehille Unto Kotipalolle ja Aulis Kurtille, että omatoimisesti järjestettynä juhlien pito onnistuu. Olen saanut kumppaniksi paikallisen Nordean konttorin. Nyt pitää saada vain riittävän arvovaltainen juhlapuheen pitäjä, totesin ja Unto lupasi entisen hallituksen jäsenen ominaisuudessa hoitaa asian.

Juhlapäivän aamuna toimistolle saapuikin Metsäliitto Osuuskunnan hallituksen puheenjohtaja Martti Asunta. Olin suunnitellut hänelle päivän ajaksi metsäkierroksen parille hakkuutyömaalle sekä muutamalle aiemmin harvennetulle kohteelle, jotta hän saisi olosuhteistamme käytännön kuvan. Välitin hänelle kiitokseni siitä linjakkaasta työstä, jota he pääjohtaja Kari Jordanin kanssa ovat tehneet Metsäliiton nostamiseksi eturivin metsäyhtiöksi.

Pidin iltajuhlassa tervehdyspuheen:

Herra Metsäliitto Osuuskunnan hallituksen puheenjohtaja Martti Asunta, Nordean paikallisjohtaja Raija Kauttio, arvoisat juhlavieraat, minulla on ilo ja kunnia toivoa teidät tervetulleiksi Metsäliitto Osuuskunnan 80-vuotisjuhlaseminaariin, muutamin aiheeseen johdattelevin sanoin.

Koillismaan ylänkö on sallinut nykyihmisen vaellella metsissään kolmisen vuosisataa. Maantieteelle me emme voi mitään. Meret ovat parinsadan kilometrin päässä ja junatkin kulkivat toisen maailmansodan aikana täällä aivan väärin perustein. Metsämaisemaa olemme muuttaneet aloittaen huhdanpoltolla ja kylämaisemaa useampaan kertaan uudelleen rakentaen, polttopuina käyttäen, sekä teollisuuden raaka-aineena hyödyntäen.

Yli viidentuhannen rakennuksen jälleenrakennus 1940 -50 -luvuilla synnytti paikallisen sahateollisuuden. Enimmillään yli kymmenen sahalaitosta jalosti tukkia. Kuitupuulle saatiin kantohinta vasta 1960-luvun puolivälissä Kemijärven sellutehtaan käynnistyttyä. Nykyisen kaltaiseen metsänhoitoon käännyimme vasta 1960-luvun loppupuolella, kun muokkausmenetelmät kehittyivät riittävän tehokkaiksi, ja paikallista siementä alettiin saamaan metsänviljelyyn.

Sitä ennen oli pakko kokeilla tukkipuun harsintahakkuita tilojen rahoituksen turvaamiseksi. Poikkeuksetta ne alueet eivät taimettuneet ja jouduimme ne viljelemään myöhemmin. Olen kokenut kunnia-asiakseni työnteon itsenäisyytemme pelastaneen sukupolven kanssa vajaatuottoisten harsintametsien uudistamiseksi tuottaviksi. Siihen saimme hyvän mahdollisuuden 1980-luvun alussa säädetyn Lapin Lain myötä. Seuraava vuosikymmen toi eteen harvennuspuun hyödyntämisen ongelmat. Laajat istutusalueet uhkasivat jäädä hoitamattomiksi. Metsäliitto lähti ennakkoluulottomasti mukaan kuusamolaisten isäntien kanssa kehittämään vaihtoehtoisia korjuu- ja jalostusmenetelmiä pieniläpimittaiselle nuorelle puulle.

Maailman myllerrykset vuosituhannen vaihteen tienoilla heiluttelivat tavoitteita ja mahdollisuuksia äärialueiden metsätalouden harjoittamiseen. Jouduimme sopeutumaan maantieteen ja markkinoiden aiheuttamaan paineeseen. Jalostuslaitokset karkasivat satamien lähietäisyydelle ja kustannusten nousu nakertaa pohjaa kannattavalta metsätaloudelta. Omassa ajassaan ymmärrettävät ratkaisut saattoi jo lähitulevaisuus hakata pirstaleiksi. Meidän omissa käsissämme on tehdä viljelytyöt kunnolla ja taimikonhoidot ajallaan. Näin takaamme mahdollisuuden kannattavaan koneelliseen puunkorjuuseen ja lyhyenpään kiertoaikaan, joka taas on kannattavan metsätalouden harjoittamisen edellytys. Toimimalla tehokkaasti ja ajoissa tasaamme lapsillemme tien tulevaisuuteen.

Lainaan lopuksi "Paperin painajainen - Metsäliitto, metsät ja miljardit Suomen kohtaloissa" -kirjan viimeisen kappaleen: "Metsäteollisuuden yritysjohtajat eivät ainakaan vuoteen 2014 mennessä kokeneet rooliaan saattohoidoksi. Edelleen kyse oli isosta liiketoiminnasta, arvokkaista tehtaista, luonnonvaroista ja ihmiskunnalle tarpeellisista tuotteista. Miljardeja oli tullut ja mennyt. Yksi omaisuus ei saa unohtua Metsäliiton ja Suomen välintilinpäätöksestä. Tallella olivat metsät, jotka yhä humisivat hoidettuina, hyödynnettyinä, uusiutuvina ja kukaties parempaa päivää odottaen."

Samansuuntaisten puheiden ja leppoisan seurustelun jälkeen noin 150 hengen juhlayleisön piiristä tuli runsaasti kiitosta siitä, että yhtiö muisti myös Koillismaan metsänomistajajäseniä tällä tavalla.

Pöllinparkkuun MM-kisat Taivalkosken Jokijärvellä

Kesäkuun puolivälissä oli jälleen aika luoda uskoa tulevaisuuteen juhlapuheen muodossa, tällä kertaa Taivalkosken Jokijärvellä pidetyissä Pöllinparkkuun MM-kisoissa:

Arvoisat kisavieraat! Koillismaan ylänkö on sallinut nykyihmisten vaellella metsissään kolmisen vuosisataa. Olemme oppineet hankkimaan elantomme alkuun keräilytaloutta harjoittaen, savolaiseen malliin huhtaa polttaen ja vähitellen metsien raaka-ainetta puuta teollisuuden tarpeisiin toimittaen. Näissä merkeissä olemme kokoontuneet perinteitä kunnioittaen säilyttämään yhtä näiden selkosten merkittävää työtä, pöllinparkkuuta, joka oli hakkuun ja uittoväylien varteen kuljetusten jälkeen keväisin merkittävä työllistäjä ennen uiton alkua. Täällä elämä ei ole koskaan ollut helppoa, eikä näytä helpommaksi muuttuvankaan. Jokaisella aikakaudella on ollut omat vitsauksensa. Valitettavasti talouselämämme näyttää lähes tismalleen elävän sadan vuoden takaisen rytmityksen mukaan, jolloin syvät pitkät lamakaudet rajusti pysäyttivät orastavan talouden kehityksen. Talouden taas elpyessä näiden selkosten metsille alkoi muodostumaan taloudellista arvoa, ja isäntä saattoi pelkällä pukinsorkan töherryksellä kauppakirjan nurkkaan muuttua kyläkunnan napamiehiäkin varakkaammaksi rahavaroiltaan. Se toi työtä näille selkosille. Olemme oppineet nousemaan hyvin syvän laman pohjalta 1990-luvulla. Teknologiahuuman aikana unohdimme varautumisen huonompiin aikoihin. Näyttää kuin emme ymmärtäisi mistä tässä on kysymys, kaikessa yksinkertaisuudessaan: menojen on oltava pienemmät kuin tulot. Metsäteollisuus on kahlannut läpi vaikeuksien, tehden päätöksiä kulloistenkin tunnettujen tosiasioiden pohjalta. Siitä huolimatta talouselämän nopeat ja rajut muutokset saattoivat syödä pohjan vilpittömässä mielessä tehdyiltä päätöksiltä jo lähitulevaisuudessa. Paperin markkinat supistuvat sähköisen tiedonvälityksen vallatessa markkinoita. Pitkäkuituisen selluloosan ja kartonkien markkinat taas antavat uskoa tulevaisuuteen, kuten Metsä Groupin Äänekosken suurinvestointi osoittaa. Me kaikki voimme omalta osaltamme osallistua lamankaatoon hyvin yksinkertaisella tavalla. Te olette valinneet kotimaan loman ulkomaan loman sijaan. Se on merkittävä, isänmaallinen teko. Astukaamme seuraava askel parempaan tulevaisuuteen: kun suunnittelemme seuraavia hankintoja ja meillä on valittavana kotimainen ja ulkomainen vaihtoehto, valitaan seuraavien 10 tuotteen ostossa kotimainen vaihtoehto. Toteutuessaan esim. 10 tuotteena per asukas, se tarkoittaa 55 miljoonaa kotimaista tuotetta, ja jos keskihinnaksi laitamme sata euroa, tulee kotimaisen työllisyyden tukemiseen ja kulutuskiertoon 5,5 miljardia euroa. Ei tämä sen ihmeellisempää ole. Toivotan kilpailijoille turvallista, rehtiä kisaa suomalaista savottaperinnettä kunnioittaen.

Piiripäällikkö Parpalasta tuli Hirvimies Kuusamon Yhteismetsän jahdissa.

Kuusamon Yhteismetsän toiminnanjohtaja Jarmo Korhonen toteaa Metsäliiton harvennushakkuun jäljen hyväksi Luoman palstalla.

Lisä-Juusolan palstalla leimikonteossa isännän Martti Määtän kanssa 2014. Alueelta hakattiin kuusikko 1980-luvun alkupuolella, maaperä aurattiin paksun kuntan vuoksi, sekä istutettiin männylle. Taimikon harvennus on tehty 1990-luvun puolivälissä metsänomistajan toimesta.

Saarisavotat

Muojärven Porosaari

- Olisiko teillä mitään mahdollisuutta toteuttaa saarisavottaa, kysyy isäntä istuessamme kahvipöydässä tulisijojen huollon jälkeen.

- Aika harvoin niitä tulee tehtyä, mutta jos puumäärä on riittävän suuri ja yläkerran isäntä antaa pakkasia, niin voidaanhan asia ottaa harkintaan, vastaan hänelle. Tunnemme toisemme jo vuosikausien takaa työn puolesta, enkä suoraan voi tyrmätä ajatusta - vaikka eivät ne saarisavotat mitään himohommia ole.

Metsänomistaja oli sitten keskustellut naapurinsa kanssa, ja palasi asiaan syksymmällä. Menimme käymään saaressa ja metsät vaikuttivat savotointiin aivan kelvollisilta. Kartoilla ollut suojelurasterointi vaatii lisäselvityksiä, mutta muuten tämä voisi olla toteutettavissa.

Kaupat tehtiin syyskuun puolivälissä 2011 ja pyysin Metsäkeskusta toimittamaan suunnitelman ELY-keskukselle tarkastettavaksi. Saimme v. 1994 päivätyn luonnonsuojelulain mukaisen päätöksen, jonka mukaan saari kuuluu rantojensuojelualueeseen. Sen mukaan hakkuut on toteutettava siten, että rantamaisema säästetään 30 -50 metrin matkalta. Ojituksia saaressa ei saa tehdä. Muutoin metsienkäsittely on sallittua.

Naapuritilan metsien kauppa tehtiin helmikuussa 2013 saman sisältöisillä ohjeilla. Kun hakkuut käynnistettiin, nostivat suojelutahot mekkalan. Kulkijaa oli vaikka minkälaista ja käytettiinpä lentokonettakin, jotta löydettäisiin jotain millä lyödä.

Lähestyin ELY-keskusta varmistaakseni selustaani, ja sain 21.3.2013 seuraavan vastauksen.

Metsänkäyttöilmoitus ja metsien käsittelymahdollisuus alueella:

Metsälain 2 §:n mukaan metsälakia ei sovelleta luonnonsuojelualueilla. Toimijan ei välttämättä edes olisi tarvinnut tehdä metsänkäyttöilmoitusta, mutta käytännössä näin on kuitenkin (sinänsä asianmukaisesti) toimittu. Hakkuu ei vaadi myöskään luonnonsuojelulain mukaista lupaa, eikä edes poikkeamislupaa suojelualuetta koskevista rauhoitussäännöistä: rauhoitussäännöissä todetaan, että "alueen metsiä voidaan hoitaa rantojensuojeluohjelmasta tehdyn periaatepäätöksen ohjeiden ja periaatteiden mukaisesti." Rauhoitussäännökset eivät siten edellytä luvan pyytämistä. Rauhoituspäätös on jo melko vanha, ja tehty aikanaan rantojensuojeluohjelman toteuttamiseksi, ei alueen metsien suojelemiseksi. Maanomistajalle on korvattu vain rantarakennuspaikkojen menetys, ei puustoarvoja.

Aluetta koskevat rantametsien käsittelysuositukset ovat varsin väljät ja koskevat pääosin vain kapeaa rantavyöhykettä. Periaate rantojensuojeluohjelman toteuttamisessa on ollut, että maanomistajille ei aiheudu merkittäviä metsätaloudellisia menetyksiä. Myös metsäkeskuksen julkisen palvelun tarkastaja on hoitosuosituksia tulkitsevana tahona katsonut, että hakkuut ovat hoitosuositusten mukaiset.

Suurin taloudellinen vaikutus mekkaloinnilla oli, että metsänparannusvarojen käyttö evättiin Maa- ja Metsätalousministeriön vuonna 2010 tekemällä periaatepäätöksellä, jolla se kielsi varojen käytön Natura-alueella. Ministeriön ohje perustui metsälakiin, vuoden 1996 Kemera-lakiin ja niiden perusteluihin. Oudoksi asian metsänomistajan kannalta tekee se, että uudessa Kemera-laissa on mainittu metsätalouskäytössä olevien luonnonsuojelualueiden kuuluvan tuen piiriin. Se ei ole vielä voimassa, vaikka se on säädetty jo vuonna 2007. Lain voimaantulo on viivästynyt ensin verohuojennusten ja sitten pienpuun energiatukilain vuoksi. Valitus hallinto-oikeuteen ei tuonut asiaan muutosta.

Hankkeen toteuttamiseen Metsäliiton osalta metsänomistajat kertoivat olevansa tyytyväisiä. Asiat hoidettiin, kuten oli sovittu. He olivat pahoillaan siitä, että Metsäliitto aiheettomasti ryvettyi savotassa.

Jälleen kerran, valitettavasti metsänomistajat olivat ne, jotka joutuivat asiaan kuulumattomien ja byrokratian kynnysmatoksi kantaen raskaimman taakan.

Kitkan Lososaaren savotta 2015

- Seppo täällä terve, mahtaakohan se puukauppa vielä sinua kiinnostaa, kuuluu puhelimesta.

- Terve, terve, ainahan se kiinnostaa, ostossahan ne puut ovat, vastaan.

- Meillähän alkaa taas olla kaupoilla olevat leimikot hakattuna. Minulla olisi muutamia kohteita tuossa listattuna niiden sinun ehdottamien lisäksi, hän avaa pelin seuraavalle neuvottelukierrokselle.

Menen heille seuraavan viikon tiistaina heti aamulla, ja pöydälle on kasattu melkoinen määrä metsätaloussuunnitelmalta tehtyjä kuviolistauksia. Yksi kerrallaan paikannan ehdotetut kuviot, katson ympärillä olevien hakkuu- ja hoitotarpeet, ja siirrän kuviot kolmeen eri pinkkaan. Juttelemme samalla puumarkkinatilanteesta ja maailman menosta, joka näyttää jälleen kerran olevan se suurin epävarmuutta aiheuttava tekijä.

- Saanko kysyä, millä perusteella sinä jaottelet noita leimikoita, Seppo kysyy.

- Teen karkean jaottelun korjuukelpoisuuksien ja leimikon rakenteen mukaan, koska kysyntä vaihtelee tehdaskohtaisesti aika paljon. Katsotaan sitten näistä toimiva kokonaisuus tähän markkinatilanteeseen, ja lähdetään yhdessä muovaamaan näistä molempia tyydyttävä paketti, vastaan.

Etenen viimeisiin esityksiin. Joukossa on ollut hyviä, tiedossa olleita harvennuksia ja muutama hyvä tukkikohde. Vaikuttaa oikein hyvältä ja toimivalta tähän saakka. Katson seuraavaa puustoarviota, joka vaikuttaa hyvältä, ja sitten karttaa.

Katson isäntää, joka on odottanut tätä vaihetta aivan selvästi. Hän on seurannut hetken vaiti työskentelyäni, ja odottanut paperin esille tuloa. Leveä pokerinaamahymy kasvoilla, ja silmät odottavat kysymystäni. Vilkaisen uudelleen tarkemmin papereita.

- Näyttäisi olevan saaressa tämä leimikko, tässä ei kylläkään näy saaren nimeä, kysyn.

- Saaressahan se, tuolla Kitkalla, hän vastaa.

Otan tietokoneen kartalta esille saaren ja katson matkoja mantereelle. Tulee olemaan kohtalaisen haasteellinen operaatio.

- Tämä on puuston puolesta aivan kiinnostava paikka, mutta vaatii paikan päällä käynnin ennen jatkotoimenpiteitä, sanon isännälle.

- Tiedätkö Kalle, pelkäsin sinulta paljon pahempaa vastausta tälle kohteelle. Siksi yritin kasata tuohon etupuolelle hieman tavallista parempia kohteita, jotta olisi helpompi jatkaa tämän työstämistä, isäntä tuumaa helpottuneena. Lähdetäänkö käymään saaressa, lähipäiviksi on luvattu tyyniä ilmoja.

Seuraavana aamuna aikaisin olen valmiina ja nousen hänen kyytiinsä. Ajelemme järvirantaan, mistä saareen on venevalkamarasite olemassa. Laskemme veneen vesille, soutelemme hienossa auringonpaisteessa saareen, ja vaeltelemme hakattavat kuviot läpi puustoarvioita tarkentaen. Työteliäs tapaus tästä tulee ennen kaikkea siksi, että saarisavotoita on aika vähän tehtynä, ja talvet ovat nykyisin olleet kaikkea muuta kuin jäätien tekoa suosivia.

- Koska nykyiset talvet ovat olleet lämpimiä, täytyy tälle kohteelle saada korjuuaikaa kolmen talven yli, sanon isännälle.

- Se ei tule olemaan ongelma, jos tämän vain saisi jollain tavalla hoidettua. Tämä on ollut mielen päällä jo niin kauan, että on helpotus, kun saan tämän jotenkin liikkeelle, hän vastaa.

Katselen karttaa ja maastoa tien paikkoja suunnitellen. Kaikki näyttää puunkorjuuta ajatellen olevan mahdollista toteuttaa käytännössä. Myös maanmuokkaus, joka täytyy hoitaa kaivinkoneella laikuttaen heti hakkuun päätyttyä. Helpointa on kylvää siemenet laikkuihin heti keväällä hakkuun jälkeen, totean Sepolle kävellessämme saaren rantaan veneelle.

Jäätien suuntaa varten katselen järven syvyyskäyriä mahdollisia virtauksia etsien. Kitkajärven vedet menevät Kitkajokeen tätä kautta ja syvänteestä matalikolle noustessa virtauksilla on tapana "leikata" jäät jossain vaiheessa talvea lähes kokonaan pois, ja sitä yllätystä en halua jäätielle.

- Sinähän taidat tietää aika paljon tämän tyyppisen leimikon korjuun ongelmista, Seppo toteaa.

- Koko ikäni olen näillä järvillä liikkunut, mutta jäätiesavotoita on itse asiassa aika harvoin. Poikasena oli kerran jäätiesavotta, josta jäi mieleen puutavara-auton sukellus rantaan tultaessa, koska kuskilla pelotti ja hän kiihdytti auton nopeutta, jotta varmasti pääsisi maalle sakka.

- Siinä kävi niin, että jään alla auton edellä kulkenut hyökyaalto mursi jään, ja auto törmäsi ylös pompanneeseen jään reunaan. Matka pysähtyi siihen ja auto vajosi kuin hidastetussa filmissä parin metrin syvyyteen, kerron hänelle.

- En ihmettele yhtään, että tarkastelet huolella kaikkea mahdollista, mikä voi vaikuttaa tuleviin töihin. Millä mielellä olet, onko tämä mahdollista ottaa kaupantekoon mukaan, Seppo kysyy.

- Ei meillä ole ollut yhtään kohdetta, joka olisi hylätty. Joskus on joku kuvio siirretty tulevaisuuteen ja annettu kasvuaikaa lisää. Ja jokunen pieni kuvio on jätetty odottamaan ympärillä olevan puuston kasvamista. Otamme tämänkin kohteen mukaan kaupantekoon, sanon isännälle.

- Kiitos, tämä helpotti. Vaikka en ollut aivan varma, aavistin että sinuun voi luottaa. Toivotaan, että kaikki menee ilman vahinkoja, Seppo toteaa helpottuneena.

Seuraavana päivänä istumme neuvottelupöydän ääressä 10 tuntia yhtäjaksoisesti. Potut ja kolmet kahvit siinä meni, ennen kuin jokaiselle kohteelle oli löydetty oikeat rajaukset ja oikea hinta. Keskustelussa on aina pieni väännön meininki. Myyjän mielestä kaupan oleva tavara on hieman parempaa, kuin se ostajan mielestä on. Lopputulos on aina kompromissi toiveiden ja todellisuuden kesken. Seitsemän maissa illalla laitoimme nimet papereihin ja murheet olivat siirtyneet minun kannettavakseni.

Meidän yhteistyömme on ollut lämmintä, konstailematonta ja rehellisesti kokonaisuuden hyväksi tähtäävää, vaikka joskus pennin venytys meni äärirajoille tuottaen illan pimetessä jopa pientä tuskaa molemmille. Mutta se lämmin kädenpuristus sopimuksen synnyttyä laukaisi aina kaiken.

Arto Palosaari tuo ensimmäisen 60 tonnin kuorman Porosaaresta.

Joulukuussa 2014 jäätien teko Lososaareen aloitettiin. Helmikuun alussa vietiin hakkuukoneet töihin ja maaliskuun alussa voitiin aloittaa kuljetukset saaresta

Ensimmäinen O&E Pitkäsen auton 76 tonnin kuorma puuta Kitkan Lososaaresta nousee mantereelle. Perävaunut kuljetettiin erillisellä tyhjällä vetoautolla jäätien yli.

Lopputarkastus oli 26.3.2015. Puita oli ajettu saaresta noin 200 kuormaa. Tiemerkit poistettiin, laikutukset todettiin tehdyiksi ja ojat avatuiksi teiden kohdilta saaressa. Hakkuun aikana ei minkäänlaisia suojeluihin liittyviä ongelmia.

Metsä Group suunnan näyttäjänä

Täytettyäni 63 vuotta huhtikuulla 2015 aloitti Metsä Group ikään kuin syntymäpäivälahjaksi Äänekosken biotuotetehtaan rakentamisen. Se loi uskoa parempaan tulevaisuuteen Suomen metsätaloudessa.

Kiutakönkäällä keväällä ennätystulvat. Alkukesä oli kylmin 50 vuoteen. Kesäkuun lopussa oli ensimmäinen kunnon poutapäivä. Sateiden vuoksi kaikki puunhankintaan ja metsänhoitoon liittyvät toimet vaativat loputonta suunnitelmien muutosta. Suuria istutustyömaita jouduttiin keskeyttämään maaperän liejuisuuden vuoksi jopa kaksi kertaa, ja aloittamaan sateiden tauottua uudelleen. Se, ja siihen yhdistettynä jäykähkö laskutusohjelma synnyttivät tuhottoman määrän jälkiselviteltäviä hankkeita. Niinpä viimeiset viljelyhankkeet saatiin tilitysten osalta selvitetyiksi vasta jouluviikolla. Siinä vaiheessa olinkin valmis luovuttamaan metsänhoitotöiden toteutusvastuut Esa Hietalalle, joka alkoi hoitamaan niitä Pudasjärveltä päin.

Järjestin itseohjautuva johtamiskulttuuri maaliskuulla 2016 -seminaari-illan. Kokoonnuimme piiripäällikkömme Parpalan Jarkon, Jannen ja Jaakon kanssa kouluttautumaan pilkinnän ja hyvän ruoan parissa. Tavoitteena oli siirtää pojille hyväksyttävästi toimintaperiaatteitani piiripäällikön kanssa keskustellen. Listasin keskustelujemme ydinkohdat seuraavasti:

Asiakkaan kuuntelun pitää lähteä tarpeiden, ongelman ja lopputuloksen kuuntelusta ja mittaamisesta. Siihen asiantuntija tarjoaa ratkaisun. Kuuntele oppiaksesi palvelemaan haluamiasi asiakkaita parhaalla mahdollisella tavalla. Muista, että sinulle vastataan siihen mitä kysyt, siispä anna asiakkaan kertoa oma näkemyksensä tilanteestaan. Silloin pääset asiantuntijana räätälöimään ratkaisun ja palkkioksi saat kokonaistyytyväisen asiakkaan. Silmät auki sopiville hakkuu- ja hoitokohteille maastossa liikkuessa, ”ei kuljeta kahta kertaa samaa reittiä”. Luodaan jotain todellista tietoa metsistä ennen yhteydenottoa, sillä turhan tuntuinen soittelu helposti ärsyttää. Kuuntele jo ensimmäisessä tapaamisessa enemmän kuin puhut: kirjaa ylös oleellinen. Ole valmis muovaamaan asiakkaalle parempi sopimus kuin hän on odottanut. Esittele palvelukokonaisuus, äläkä unohda taloudellista etua, mutta yksikköhintojen aika on vasta Vähennetään kaikkea turhaa ja ollaan joustavia sekä avoimia muutoksille. kun kohteen yksityiskohdat on sovittu. Ole valmis vielä sopimusta tehtäessä muuttamaan ehtoja asiakkaan ja markkinatilanteen mukaan. Vähennetään lisäarvoa tuottamattomia ja turhia toimintoja kulkemisten, kuljetusten, varastojen ja esimerkiksi toimiston osalta. Pienennetään odotusaikoja, toimitaan suunnitelmallisesti, jotta epäkuranttien varastojen ja varantojen määrä pidetään kysyntää vastaavana. Muistetaan, ettei paskaa kannata jauhaa. Älä näe turhaan vaivaa, jos asia ei ole sen arvoinen. Virheet todetaan ja määritellään heti ja ilmoitetaan asianosaisille. Korjaustoimenpiteet käynnistetään välittömästi.

Arvon määrittäminen perustuu asiakkaan näkemykseen: Tunnistetaan arvoketju ja tarkastellaan kriittisesti kaikkea lisä-arvoa tuottamatonta toimintaa. Metsävaratieto, maastokäynti, sopimukset, toteutus, tilitys, sijoitukset, metsänhoito-toteutus, laskutus. Tehdään aina kerralla kaikki valmiiksi seuraavaa vaihetta varten. Perustetaan arvoketju asiakkaan tarpeisiin perustuvaan imuohjaukseen. Synnytetään tarvittaessa hoitotyön kautta kiinnostus huonotuottoisen metsikön hakkuuseen. Kuunnellaan asiakkaan piilotarpeita, jotka yleensä kätketään sivulauseeseen emännän (tai isännän) kuulumattomiin ensimmäisellä kerralla. Muista, että asiakas ei läheskään aina ole oikeassa, palveluistamme löytyy todennäköisesti taloudellisesti paljon parempi kokonaisuus, kuin asiakas on osannut kuvitellakaan.

Kaikkien tuotantoketjussa toimivien osallistaminen kehittämiseen. Kuunnellaan asiakkaan ajatuksia toimintamallimme sopivuudesta hänelle. Sieltä voi tulla mielenkiintoisia ajatuksia. Pidetään yllä jatkuvaa hyvää keskustelua korjuun ja metsänhoito-toteutuksen kanssa toimintamallin kehitysmahdollisuuksista. Kehitetään toimintaa jatkuvasti puuttumalla heti havaittuihin parannusmahdollisuuksiin. Laita heti ylös havaittu parannusehdotus, ota asia keskusteluun oman porukan kanssa. Päätetään jatkotoimenpiteet yhdessä, kirjataan esitys aloitteentekijän nimiin. Laitetaan ehdotus esimiesten puntaroitavaksi.

Tehokas päätöksenteko: Tunnistetaan juurisyyt, havaitaan pienet merkit ongelmien synnyttäjänä. Tehdään ajoissa päätös halutun tuloksen aikaansaamiseksi ilman kielteisiä sivuvaikutuksia. Ennakoidaan markkinatilanteiden muutokset, luetaan viesteistä mitä sanotaan, ja ennen kaikkea mitä ei sanota. Jaetaan tietoa tehokkaasti. Kun jokin asia kiinnittää huomiotasi ja siitä voi olla hyötyä myös muille, kerro se heti. Vuoropuhelun kautta saat hyödyllistä tietoa itsekin. Kehitetään jokaisen ryhmän jäsenen kyvykkyyttä ratkaista ongelmia ja kehittää toimintaa. Opetellaan yhdessä huomaamaan kehittämismahdollisuudet omassa toiminnassamme. Pienten merkkien lukutaidon kehittäminen, ”ole puoli vuotta edellä kilpailijoitasi”.

Tatangin kankaan kolmas kierros 2017

Kevät alkoi jo olla pitkällä ja hankikelit olivat parhaimmillaan, kun puhelin soi.

- Mitä sitä puun ostajalle kuuluu, isäntä kysyy esiteltyään itsensä.

- Samanlaiset harrastukset on edelleen, puuta tässä ostellaan ja palveluita myydään. Joko te olette tulleet Kuusamoon, kysyn.

- Keväällä olisi tarkoitus tulla Kuusinkijoen kalastuskauden avaukseen. Mitenkä on, vieläkö olisi mahdollista toteuttaa se kolmas kierros metsissä, mistä oli puhetta silloin vuosituhannen alussa, muistatko? Joku nainen yhdistyksestä soitti ja oli halukas leimaamaan tervasrosopuut kankaalta, mutta sanoin, että metsäasiat ovat jo sinun kanssasi hoidossa. Ei tähän muita tarvita, hän sanoo.

- Kyllä minä muistan, ja olisin tulevalla viikolla soittanutkin, sillä minulla on suunnitelmissa jäädä eläkkeelle vuoden lopulla. Sopiiko, että käyn alustavasti katselemassa, millainen tilanne metsässä on, jotta pääsemme suoraan asiassa eteenpäin, esitän hänelle.

- Hyvä, soitan sinulle kun tulemme Kuusamoon ja laitetaan sitten työt käyntiin yhtä reippaasti kuin ennenkin, hän esittää.

Kului muutama viikko, lumen pinta alkoi hiljalleen laskemaan ja kesä teki tuloaan. Normaalit kevään kelirikon aiheuttamat murheet ratkottiin vanhalla rutiinilla. Luonnon muovaamiin olosuhteisiin on useimmiten vain sopeuduttava. Suurin osa on onneksi ratkaistavissa erilaisilla työjärjestelyillä. Sopimukset allekirjoitettiin aikanaan, ja jäimme jännityksellä odottamaan kevään etenemistä.

Ensin tuntui, että ennusteet lupailivat aikaista kesän tuloa. Sitten ennusteet näyttivät parin viikon kylmempää jaksoa. Soitin isännälle ja kerroin suunnitelmasta. Hän totesi, että teette minkä näette parhaaksi.

- Me joudumme henkilökohtaisista syistä lähtemään etelään. Ainoa asia mitä toivon, on että mökin ympärillä hakkuu suoritettaisiin meidän läsnä ollessamme. Lupasin parhaani mukaan huomioida sen.

Päätimme korjuun metsäasiantuntijan Sari Sovan kanssa, että hakkuu käynnistetään heti ja tavoitteena on saada tukit kuljetukseen ennen kelien pettämistä. Se hanke onnistui kutakuinkin täydellisesti. Hakkuukertymästä saatiin yli 60 prosenttia sahalle menevää puuta, joka oli tilanteeseen nähden hyvinkin tarpeen.

Kesä meni vesisateita vahdatessa. Rankkasateet seurasivat toisiaan leppoisampien sateiden lomassa. Keskustelimme metsänomistajan kanssa aina tavatessamme rantakuvioiden hakkuiden ajoituksesta. Isäntä luotti, että sorapohjainen maa kestäisi märkänäkin aikana koneiden liikkumisen alueella. Itse jarruttelin, koska tiesin, että hakkuukoneen kangas varmasti kestäisi, mutta ajokoneen useampaan kertaan ajo täysillä kuormilla aiheuttaisi varmasti painumia.

Syyskuun puolivälin jälkeen alkoi hienoinen poutakausi. Silloin isäntä soitti ja kertoi, että heidän syysmuuttonsa alkaa olla lähellä.

- Sinulla taitaa olla yläkerran suosio puolellasi, kun ennusteet näyttävät ensimmäisen kerran kevään jälkeen parin viikon poutakautta. Kun ensimmäinen poutaviikko on kulunut, tuon koneet rannalle, sanon hänelle.

- Tuo kuulostaa hyvältä, älä turhaan pelkää, jos jokunen jälki jää. Ei se nyt niin karvantarkkaa ole, isäntä tuumii.

Syyskuun viimeisellä viikolla koneet aloittavat hakkuut. Menen aamulla puoli seitsemän työmaalle ja hakkuu on jo täydessä käynnissä. Juttelen motokuskin kanssa, ja hän sanoo heidän käyneen illalla sovitusti isännän kanssa hakkuun toteutukseen liittyvät, erityisesti huomioitavat asiat läpi.

Seuraamme isännän kanssa mökin ympäryksen hakkuun ja työ etenee niin hyvällä ammattitaidolla, että huoleni alkavat vähitellen hälvenemään. Seuraamme tontin hakkuun loppuun saakka isäntäpariskunnan kanssa, ja he saavat kauttani ohjata kriittisiltä paikoilta puiden poiston puu puulta. Meillä ei ole pienintäkään huomauttamisen aihetta.

- Olen helpottunut, kun sinä itsekin ehdit tänne mukaan tämän tontin hakkuuseen, isäntä sanoo seistessämme katsomassa mökin ja järven välisessä jyrkänteessä olevien puiden poistoa.

- On tämä minullekin muutaman ylimääräisen huolenaiheen tänä kesänä aiheuttanut, joten en halunnut päästää syntymään yhtään lisämurheita tässä toteutusvaiheessa, vastaan hänelle.

Kun rantamaiseman puut mökin ja järven välistä on monitoimikone kaatanut, menemme sisään kahville. -Voi, ette voi uskoa, olo on kuin olisi uudesti syntynyt. Tämä menee aivan niin, jopa paremmin kuin me aikanaan olemme suunnitelleet, olemme hyvin tyytyväisiä tähän, he toteavat. - Hei, ja katsokaa, aurinkokin alkaa paistamaan, Luojakin tykkää tekemästämme työstä.

- Täytyy myöntää, että suuri paino hartioiltani putosi, kun saimme tämän rannan harvennuksen toteutettua haluamallanne tavalla, vastaan.

Kahvien jälkeen menemme seuraamaan hakkuuta ja poistatamme joitain yksittäisiä puita, joista olemme naapuruston kanssa sopineet. Mäen päällä otan kuvan tyytyväisestä isännästä ja mökkimaisemasta hakkuun jälkeen lähetettäväksi lapsille etelään.

Aamulla varhain menen katsomaan, miten metsäkuljetus on onnistunut illan ja varhaisen aamun aikana. Näen kaiken sujuneen suunnitellulla tavalla ja menenkin toimistolle hoitamaan päivän juoksevat asiat eteenpäin. Palaan parin tunnin päästä takaisin ja tapaan isännän naapurin miehen kanssa tien päältä katselemasta hakkuujälkeä.

- Terve, miltä se hakkuu tänään näyttää, kysyn miehiltä.

- Kyllä me olemme enemmän kuin tyytyväisiä, hakkuu ja kaikki on aivan täyden kympin työtä. Aamulla lähti jo ensimmäinen kuorma tukkia sahalle, kiitos teille kaikille, isäntä tuumii.

- Hienoa, sanoinkin eilen Palosaaren Artolle, että hoitaisi nämä puut tästä Vuotungin tienvarresta mahdollisimman pian pois, jotta vahinkoja ei ehdi tapahtua. Näin tämä parhaimmillaan toimii. Näkyvät Puustjärven Veli ja Margit palanneen kotiin, joten taidan poiketa heidän juttusillaan, jotta kuulen mitä mieltä he ovat tässä ympärillä toteutetusta harvennuksesta, tuumin miehille poistuessani.

Kättelemme ja vaihdamme kuulumiset. Tunnemme toisemme jo 1960-luvulta, jolloin he toimivat Nilon kunnallisen keskikoulun opettajina. Sitten meni vuosikymmeniä kullakin omilla teillään, jolloin emme olleet suorissa yhteyksissä. Siitä huolimatta olimme seuranneet toistemme elämää. He seurasivat minun elämääni kaikkien julkisten, lehdissä olleiden juttujen kautta. Minulle heidän talonsa ohi kulkeminen aamuin illoin loi halun saada keskusteluyhteys jo oppikouluaikoina miellyttäviksi kokemiini opettajiin. Tapasimmekin huoltoasemalla kahvittelun merkeissä aiemmin kesällä muistellen yhteisiä kokemuksiamme.

- On todella hyvä, että kerroit ennen hakkuuta tulevista toimista, ja nyt kun hakkuu on tehty, meidän täytyy kiittää, että meillä näkyy järvi taas. Käymme parvekkeelta katsomassa järvimaisemaa ja nyt järvi todellakin näkyy harvennetun puuston takaa hyvin. Tällaisia maisemanavaushakkuita kuusamolaisissa järvimaisemissa tarvittaisiin paljon.

- Tämä on parasta pitkään aikaan, kiitos siitä teille. Olisiko sinun parasta laittaa kahvit kiehumaan, jotta Kaarlo ehtii ne juomaan, isäntä toteaa.

- Toivon, että ymmärrätte, tämä on minulle suurin kiitos koko tälle vuodelle. Olen pelännyt naapurin kanssa tekemästämme sopimuksesta alkaen, että kuinka voimme toteuttaa tämän ranta-alueen harvennuksen loukkaamatta teidän, pitkä-aikaisimpien asukkaiden tuntoja, kerron heille.

Menemme kahville ja muistelemme yhteisiä vuosia 60-luvulta, sekä silloin tuntemiemme oppilaiden myöhempiä vaiheita. Käymme monien julkisuudessa esiintyneiden ihmisten kohtaloita läpi, ja millaiset ovat olleet meidän tuntemukset silloin nuoruusvuosina. Valitettavan usein ongelmat ovat näkyneet jo silloin. Mitähän sille asialle voitaisiin jatkossa tehdä, se jää tulevien vuosien ja tulevien toimijoiden tunnistettavaksi.

- Silloin 1960-luvun alussa, kun tulimme tähän asumaan metsä oli taimikkoa. Kovasti se on kasvanut tänä aikana. Tässä oli joku lannoituskoeala, siinä oli kylttikin siitä.

- Nykyisin lantaa kylvetään vain tarkoin valittuihin kohteisiin. Aikanaan oli valtion suhdanneverovaroja käytettävissä ja silloin lanta oli lähes ilmaista isännille. Se johti joskus ajattelemattomaan toimintaan siten, että ravinteita pääsi huuhtoutumaan vesistöön. Nykyisin lannoituksesta on hyvin tarkat ympäristöohjeet, joiden mukaan toimitaan. Ojituskin on jäänyt jo vähemmälle. Meillä ojituskelpoiset suot ovat melko pienialaisia, ja ne ovat melko vaikeasti metsänkasvulle muutettavissa. Kustannukset ja riskit ovat tuottoon nähden liian suuria. Se on totta, että ojituksella aiheutettiin aikanaan vesistöille vahinkoa valumavesien mukana tulleella humuksella ja ravinteilla. Nyt on onneksi järvien tila merkittävästi parantunut, kun pyrimme pitämään toiminnoissa turvavälin vesistöön suojakaistojen muodossa. Samoinhan maataloudessa levitetty lietelanta kynnetään heti maan sisään jo senkin vuoksi, ettei typpi haihdu ilmaan ja valumia ei pääse syntymään.

- Meistä tuntuu, että sinä taidat pitää työstäsi, Veli tuumii.

- Pakko se on tunnustaa, että metsä on ollut vuosikymmenien ajan minun kirkkoni. Sinne minä olen tuskani jättänyt kipeinä aikoina ja sieltä olen aina palannut uudistuneena ja hieman enemmän ymmärtävänä nöyränä ihmisenä. Luonto on myös se joka komentaa silloin, jos alkaa rinta jostain syystä nousta liian kaarelle. Luonnonvoimien edessä olen monet kerrat tuntenut pienuuteni. Mutta enemmän se on kuitenkin kiittänyt upeilla metsillä, joita meillä näidenkin toimien johdosta näillä seuduilla on. Löytyyhän sieltä toki toimintojen jälkiä, jotka tehtäisiin nykyisen tiedon mukaan toisin. Esimerkiksi katsotaan tätä seutua; nämä tällaiset taimettuvat luonnostaan. Avaamalla maan pinnan muokkauksella me ainoastaan lisäisimme ravinteiden huuhtoutumista.

Seuraavalla viikolla ohi kulkiessani pysähdyn jättämään mittaustodistuksen metsän myyjille. Oksista on jo suuri osa karsittu ja osa jo ajettu liiteriin. Kuin tilauksesta hienoinen vesisade lakkaa, ja aurinko pilkistää jälleen pihamaalle kuin kiittäen. Keskustelemme hetken aikaa elämämme aikana vallinneista vaikeistakin ajoista. Niistä huolimatta päällimmäiseksi pitkältä taipaleelta jäävät hyvät muistot. Olemme samaa mieltä, että jokaisella kyläkunnalla pitäisi olla Saapungin Auliksen kaltainen kylätalkkari, joka pitäisi pusikoita silmällä.

- Ei sitä aikanaan ollut pitkiä synnytyslomia, muistatko isäntä, kun esikoinen syntyi 1956. Aamulla lypsettiin lehmät ja oli heinäkuun 20. päivä, siis maitotilipäivä. Silloin käytiin aina kirkolla nostamassa tili, jotta saatiin maksettua kauppaan tehty tilivelka pois, Eila tuumii.

- Muistanpa hyvinkin, päivällä kylällä kyselivät, että missä se emäntä on. Sanoin, että aamulla se lähti maitotiliin, eikä ole vielä näkynyt takaisin ruoan laittoon.

- Siinä kävi niin, että kävin pankissa kuittaamassa tilin ja silloin alkoi tuntua siltä, että taitaa olla kätilön luo asiaa. Kävelin siitä suoraan sairaalaan ja pyöräytin pojan. Silloin ei ollut joka talossa puhelimia, joten en voinut soittaa. Ajattelin, että kait se isäntä tulee katsomaan kun joutaa, hän kertoo.

- Minä sitten illalla lypsin lehmät ja lähdin katsomaan sairaalaan, jonne arvasin emännän menneen. Niinhän sieltä molemmat löytyivät hyvässä kunnossa, Leevi muistelee nauraen.

- Sitten muutaman vuoden kuluttua tuli kova paikka, kun olimme juuri rakentanet tuon talon tuonne Lahdenperään. Silloin olivat Nilon koulu ja sairaalarakennus valmistuneet. Isot työmaat alkoivat vähenemään. Vaikka olin ollut kunnan hommissa pitkään, näytti että työt loppuvat kokonaan. Velipoikakin oli ollut Posiolla kaivurihommissa, ja kone oli särkynyt ja jäätynyt suolle.

- Hän tuli kotiin ja alkoi saunassa puhumaan, että lähdetään Ruotsiin. Siellä on ainakin töitä. Niiltä seisomilta lähdimme ja vaimo jäi tänne vielä. Kenellekään muille kylällä ei puhuttu mitään. Vaimolta ne kyllä kyseli kovastikin, mutta salaisuus säilyi aika pitkään. Sitten muutimme molemmat sinne, kun täällä asiat oli saatu järjestykseen. Silloin kyllä lähdettiin vähän sillä ajatuksella, ettemme kusekaan enää tännepäin, isäntä muistelee.

- Vaan tulihan meille kiire ostaa takaisin tämä mökin alla oleva tontti, joka lähtiessä jouduttiin myymään. Se piti saada heti kun tieto meille tuli. Silloin ei aikailtu, kun annettiin isällesi tehtäväksi se kaupanteko täällä. Hänellähän oli se kiinteistövälitys- ja asioimistoimisto kylillä silloin, Eila muistelee.

- Niissä töissähän se tuli itsellänikin hankittua hyvä konekirjoitustaito, se on helpottanut paljon myöhemmissä vaiheissa, sanon.

- Samanlaisia murroksia niitä on ollut sitten vuosikymmenestä toiseen. Ei tämä maailma ole siitä miksikään muuttunut. Syyt ja selitykset vain vaihtuu, isäntä toteaa, kun alan tehdä lähtöä seuraavaan paikkaan

”Koillismaalaisen lippalakkimiehen” saarnan jälkeläisiä 1980-luvulta kertoi olevansa hankintahakkaajani Seppo, tullessaan keväällä 2017 tekemään vuosittaista kauppaa. Hän on keväällä hiljakkoin 80 vuotta täyttänyt hyväkuntoinen mies, joka sanoi tulleensa myymään yhteisen taipaleemme viimeisen hankintapinon.

- Olen aina pahalla kelillä muistellut itsekseni metsässä ollessa sinun aikoinaan kertomaa tarinaa meistä sohvankuluttajista. Sen tarinan muistelemisesta se usko tekemiseen on aina palannut. Ja on se niin mukavaa, kun näkee heti metsässä kättensä jäljet ja muutaman vuoden kuluttua paranevan kasvun. Nyt tämä taitaa minun osaltani riittää, kun nuo vuosikymmenet alkaa olla tällä mallilla, Seppo sanoo.

- Katsotaanpa sitten aikanaan, vaikka kyllä sinulle ja kaltaisillesi teräsvaareille pitää hattua nostaa. Saataisiin vain nuo nuoremmatkin vielä innostumaan asiasta, vastaan.

Lokakuun alussa ovesta astelee reipas nauravainen mies.

- Kuulehan minun on sanottava, että en voi heittää tätä pöllintekoa vielä kesken. Alkukesän kuljin tanssimassa, kuten lähtiessäni sanoin keväällä. Sitten tuli marjastuskausi ja juoksin metsässä joka päivä. Sitten tuli suru, mitä teen syksyllä - voisikohan se Kalle vielä ostaa muutamia kymmeniä motteja vuosittain? No, sehän selviää vain kysymällä.

- Olisitko sinä vielä valmis ostamaan pöllipinon silloin tällöin. Minä haluaisin ostaa nosturikärryn mönkijään ja jatkaa pöllintekoa. Olen löytänyt suhteellisen edullisen nosturin, joka sopisi minun työhön, Seppo sanoo kuin anteeksi pyydellen.

- Oletko sinä aivan tosissasi; kerkesin jo mielessäni päättää meidän pöllisuhteemme. Mutta on minulla aina tilaa pitkäaikaisimmille asiakkaillemme, vastaan.

- Kuule, olen todella helpottunut. Minua suorastaan hävetti sen keväällä tekemäni lupauksen jälkeen tulla kysymään uudelleen pöllinteon aloittamisesta, Seppo sanoo.

- Usko pois, olen iloinen ja ylpeä, että sinä uskot edelleen olevasi pöllintekokunnossa. Me taidamme olla niitä saappaat jalassa -miehiä, sanon hänelle.

- Kiitos oikein kädestä pitäen, hän sanoo lähtiessään nosturikärryn ostoksille.

Yrittäjäntaipaleen loppusuora

Alkuvuodesta 2017 sovimme piiripäällikkö Jarkko Parpalan ja ostojohtaja Harri Hyppäsen kanssa, että jään eläkkeelle vuoden lopussa. Olin ajatellut, että päätös olisi helpotus henkisesti - tässä toiminnassa kun kuitenkin on aina paljon keskeneräisiä asioita, jotka vaativat tuuppaamista edetäkseen. Aivot alkoivat omatoimisesti työstämään välittömästi kiireellisyys- ja tärkeysjärjestystä niistä töistä, jotka olisi saatettava loppuun ennen vuodenvaihdetta. Lisäksi kouluttamani työntekijät ja heidän työuransa jatkuminen aiheuttivat omat huolensa minullekin. Kannoin mielessäni vastuuta myös heistä muutoinkin kuin työnantajana. Siirsin tietoisesti pojille vastuun yksityismetsien puunhankinnasta ja metsänhoitopalveluiden myynnistä. Toteutimme aluejaon siten, että Jaakko otti eteläpuolen ja Janne pohjoispuolen pitäjästä hoitaakseen. Nyt syksyllä näen jo, että molemmilla työ on olosuhteisiin nähden onnistunut erittäin hyvin.

Kuusamon Yhteismetsän hirvijahti 2017

Aamujärjestäytymisen jälkeen käynnistetään ensimmäinen miesajo. Menen passiin jäällä kuorrutettuun hieman kaltevaan torniin. Alkurutiinien jälkeen jatkan metsän ääniä kuunnellen, sitten kehon rentoutta perinteiseen malliin hakien ja tehden välillä lihaksia jännittäen ja löysäten lämmittelyä. Varttitunnin jälkeen alan kuulemaan omat levolliset sydämenlyönnit. Se kertoo, että vanha tuttu rentous alkaa voittamaan. Vasemmalta lähestyy puolenkymmentä poroa näykkien kuloheinikon seassa olevia vihreitä ruohoja. Seuraan niiden etenemistä ampumasektorilla. Ne lähestyvät tornia rauhallisesti. Lauman johtaja saa vainun tuulenvireen mukana naapuritornista ja jäykistyy paikoilleen, ja koko lauma on hetken aikaa varuillaan. Sitten ne rauhoittuvat ja jatkavat etenemistään tornin sivuitse takavasemmalle. Metsä rauhoittuu.

- Kari, hirviä tulee, oikeanpuoleisessa tornissa oleva Heikki huutaa.

Muutaman minuutin on hiljaista, sitten yksi laukaus oikealta.

Ajo päättyy, kun ajomiehet yksi kerrallaan saapuvat passiketjuun. Lähdemme laukauksen suuntaan. Siellä on Karilla nurin suuri pitkärunkoinen uroshirvi. Katson ensimmäiseksi hirven korvat, koska eläin on lähes musta ”Venäjän” hirvi. Aivan, oikeanpuoleinen korva on päältä noin neljä senttiä halki. Jälki on selkeästi puukolla tehty, ei revitty. Leikkauspinnassa kasvaa pieniä karvoja, joten viilto on vasana tehty.

- Taitaa olla niitä venäläisten tarhahirviä, heitän avauksen.

- Miten niin, musta tämä on ja niitähän ennen pidettiin rajan yli tulleina, Pekka sanoo.

- Kerran olin menossa Kärpänkylässä kahden rimpisuon välistä kapeaa kannasta pitkin rajalle päin, ajatuksissani taimikoita katsellen. Vähän säpsähtäen huomasin valtavan suuren, mustan suurisarvisen hirven tulevan vastaan noin 30 metrin päässä. Samalla hirvi huomasi minut ja takajalkojen varassa hyppäsi 90 asteen käännöksen, ja syöksyi rimpisuolle.

- Aika pian se joutui uimasilleen ja vajosi kokonaan mutaan. Luulin sen jo hukkuvan suohon, mutta pian etujalat nousivat pintaan, ja kovasti vettä ja rapaa piiskaten lopulta koko hirvi, joka lähtee uimaan ja välillä turvemättäälle nousten ylittämään suota. Kävin poroaidalla katsomassa sen läpitulopaikan, jossa se oli etusillaan riiponut langat alas koko aidasta. Se oli siis todistettavasti Venäjän hirvi, päätän kertomukseni.

- Et tainnut ehtiä tarkastamaan korvia, Heikki sanoo.

- Se ei tullut mieleen, koska kaikki kävi niin nopeasti, vastaan.

Päivän loput ajot menevät harjoituksesta, sillä enempää saalista emme saaneet, mutta hyvä näinkin. Illalla saunan jälkeen syömme maukkaan päivällisen ja ohjelmassa on vapaata seurustelua. Esittelen Jarkolle kirjahankkeen ajatuksia ja hän lupaa muistella oman kokemuksensa perusteella sopivia tarinoita. Menemme toisten seuraan saliin. Päätän hieman lämmittää päivällä aloittamaani tarinaa.

- Te vähän epäilitte päivällä sitä korvamerkkiä. Minäpä kerron, että aikanaan kävin semmoisella eläinten jalostustarhalla Neuvostoliitossa. Illalla olimme tulkkini kanssa hieman kuittailleet isännillemme ja lopulta he sanoivat, että on sitä meilläkin jotain näytettävää, oletteko aamulla seitsemältä valmiita, auto noutaa teidät. Niinpä istuimme aamulla Ladan kyytiin. Kuten tiedätte, talot ja kaikki muukin siellä on enemmän vanhaa perua, mutta kun menimme sinne tarhalle, se oli rakennettu lähes länsimaisen tason mukaisesti. Tarhat olivat vankasti rakennettuja, pellot hyvin hoidettuja. Talot ja toimistorakennukset olivat hyvin tehtyjä, kohtalaisen uuden näköisiä. Siellä oli lehmiä, lampaita, siipikarjaa ja sitten erilaisten villieläinten tarha.

- Ja siellä oli lukuisia hirviä. He kasvattivat suurikokoisten eläinten jälkeläisiä siitostarkoitukseen, jota varten jälkeläiset merkittiin korvamerkein samalla tavalla kuin meillä merkitään porot omistusmerkein. He kokeilivat myös kesyttää villieläimiä työkäyttöön, päätän tarinan.

- Nyt meni jo liian paksuksi, tuohon minä en usko. Meinaatte panna vierasta sata nolla, Harri heittää.

Siitä seuraa puolituntinen erilaisia "Venäjän hirvi" -kertomusten muunnoksia 1980-luvulla ilmestyneestä ilmiöstä. Lähes kaikki ovat siitä kuulleet ja useat ovat korvamerkkejä nähneet, mutta nyt tuli niille selitys. Sitä tosin näytti jokainen hieman makustelevan, uskoako vai ei.

Seuraavana aamuna aloitamme koirametsästyksen. Ensimmäinen passitus on tyhjä, mutta toinen koira on saanut hirven haukkuun lähelle Oulankajokea. Metsästyksenjohtaja määrää passipaikat ja menemme Jarmon kanssa liikkuvaan passiin alas lähelle jokea. Kävelemme sadan metrin väleillä itään päin, mistä haukku kuuluu vaimeana. Pysähdyn sovitusti vanhan soramontun kohdalle. Haukku lähestyy välillä ja tuntuu pysähtelevän pitkäksikin aikaa. Sitten seuraa nopeahko siirtyminen suoraan kohti passipaikkaani. Haukku on tasaista, todella hienoa. Se tulee 3-400 metrin päähän ja pysähtyy puoleksi tunniksi paikalleen. Haukku kuuluu rinteestä hyvin ja tuo uuden kokemuksen hirvenmetsästykseen. Kuuntelen tasaista hienoa haukkua, katsellen samalla mahdollisia ampumalinjoja valmiiksi. Aivan äkkiä haukku lähtee kovaa vauhtia siirtymään vaaran rinnettä poispäin.

- Nyt taisi alkaa Heikille kuntokoulu, tuumaan itsekseni. Koiramiehelle se tietää juoksukilpailua siirtyvän hirven kanssa.

Haukku etenee ja häviää alatuulen puolella kuulumattomiin. Sitten kuuluu yksi laukaus. Se tietää kaatoa, toivottavasti. Timo metsästyksenjohtajana astelee passipaikalleni.

- Puhelimet mykistyi, virta loppu. Katselin tuolta vaaran päältä, että sinua ei näkynyt siellä risteyksessä, joten lähdin kävelemään tännepäin, hän sanoo.

- Päätimme Jarmon kanssa siirtyä tänne haukulle päin, ja melko lähellä hirvi kävikin, kunnes sai karkon, sanon.

Pian linja-auto kerää meidät kyytiin ja lähdemme katselemaan ampumapaikkaa. Kiertelemme rajavyöhykkeelle ja sieltä löytyi hikinen koiramies ja suuri naarashirvi.

- Oli juro elukka, ensimmäinen osuma oli hyvä, mutta ei kaatanut sitä. Niinpä jouduin paikkaamaan ja tuohon tielle tullessa se jo kaatui, mutta nousi nopeasti ylös syöksyen tien yli. Lähdin perään ja tuossa se seisoi pusikossa niin, että vain pää näkyi. Latasin sitä suoraan otsaan kerran, mutta se pysyi pystyssä. Ammuin toisen kerran ja silloin se tipahti, ampujana ollut Jaakko kertoo. Sitten siirrettiin saalis mönkijällä peräkärryn kyytiin, ukot lounaalle kämpälle ja kotiin.

Toiminta Kuusamon Yhteismetsän toimihenkilöiden ja luottamushenkilöiden kanssa on ollut aina konstailematonta. Asiat on puhuttu asioina ja pyritty ymmärtämään toisen esittämää näkökantaa omien taustaryhmien sallimissa puitteissa. Aina se ei ole ollut helppoa, mutta sopimukseen on poikkeuksetta päästy. Erityisesti olen iloinen siitä, että vuosikymmeniä esillä pitämäni metsien hoito ja harvennushakkuut ovat nousseet tärkeysjärjestyksessä etusijalle. Jopa vanhat jermut ovat jälkeenpäin kiitelleet pyyteetöntä työtäni. Toivoa vain sopii, että joskus saisimme saman perusteellisen toimintamallin myös kaikille yksityistiloille. Tässä tilanteessa kaipaan Aulis Kurtin kanssa ideoimaamme "kylien yhteismetsä" -ajatusta.

Muutoin näyttää elämä menevän vähän sinne päin. Se tekemisen palo puuttuu.

Hirven kaataja Jaakko Palosaari ja Heikki Kallunki koiransa kanssa kertaavat tapahtumia onnistuneen jahdin päätteeksi.

Jarkko Parpala tarkastelee hirvien aiheuttamaa täystuhoa taimikossa Oulankajokivarressa: - Ei tästä tule myyntipuuta.

Kuljetus Palosaari Ky:n auto ottaa tukkikuormaa Pölkky Oy:n sahalle.

Tatanginkankaan harvennuksen tyytyväinen isäntä Leevi Uhlbeck.

Vakavailmeiset neuvottelijat Kuusamon Yhteismetsällä: Jarmo Korhonen, Heikki Kallunki ja Kyösti Aikkila. - Alkaako se Äänekoski purkamaan tätä pohjoisen puusumaa ?

Harri Hyppänen, Jarkko Parpala ja Jaakko Pitkänen: - Kyllä sen vaikutukset tuntuvat lähikuukausina tännekin, mutta paljon on vielä tekemistä normaalitilaan pääsemiseksi.

Eläkeläisen ajatukset

On viimeinen täysi työpäivä, 29.12.2017, kun vuosikymmeniä yhteistyökumppaninani ollut kaveri saapuu tervehtimään. Hän itse on jäänyt pari vuotta sitten työelämästä sivuun.

- Kerronpa sinulle aikoinaan kuulemani tarinan vapaaherran ajatuksen kulusta. Ensimmäinen opetus on, että huomaat minuutissa olevan kuusikymmentä sekuntia, sitten hetken päästä tajuat, että tunnissa on kuusikymmentä minuuttia. Vielä suurempi ahaa-elämys on, että vuorokaudessa on sittenkin 24 tuntia, joista jopa kahdeksan menee nukkumiseen. Ne loput kuusitoista tuntia ovat makeimpia juttuja varten, joita ihminen voi elävänä tehdä.

- Sinäkin olet 50 vuotta paahtanut ajattelematta yhtään mitään muuta kuin suorittamista. Sen aika on nyt ohi, se sinun on tajuttava ja annettava aikaa itsellesi, hän antaa vanhan ystävän neuvon.

- Taidan olla tuon asian suhteen vielä esikoululainen, jolle kaikki asiat tulevat uutena. Pitänee alkaa elämään, kuten eläimet metsissä. Lepoon ja sapuskan hankintaan käytetyn ajan ulkopuolella loikoillaan ja tehdään kaikkia niitä miellyttäviä asioita, jotka ovat olleet sivussa tähän saakka, pohdiskelen tulevia.

- Tuo alkaa jo kuulostamaan oikealta asenteelta. Muistat vain sen, että vauhtia ei sitten lisätä joka kierroksella, kuten tähän saakka, hän toruu tapani tuntien 1990-luvun kehittämishankkeiden ajoilta.

On tammikuun ensimmäinen päivä 2018, kun avaan Metsä Groupin tietokoneen viimeisen kerran tehdäkseni töitä. Tulostan Kuusamon Yhteismetsän autopuiden tapahtumalistaukset ja mittaustositteet, teen vastaanotot kirjanpitoon sekä mittaustodistukset autopuille ja junilla toimitetuille puille sovitulla tavalla. Sitten tulostan joulukuun tilastot ostetuista puista ja myydyistä metsänhoitopalveluista. Kauppa on käynyt loppuvuonna hyvin sen jälkeen, kun pitäjälle löysättiin tieto, että jään vuoden vaihteessa eläkkeelle, ja todennäköisesti Kuusamossa palveluita jatketaan vain yhden miehen voimin.

Vaihdan yhteydet kirjanpito-/laskutusohjelmiin ja teen Metsäliitolle laskut viimeisistä palveluksistamme. Lähetän laskut sähköisesti ja tulostan itselleni kirjanpitoon tositteet vanhaan malliin, vaikka järjestelmä sinällään ei sitä vaatisi. Mennyt vuosi meni loppujen lopuksi tuloksen puolesta kohtuullisen hyvin, vaikka koko vuosi oli yhtä kituuttamista toimitusten kangerrellessa milloin mistäkin syystä. Etelän tehtaiden märän kesän vuoksi kokemat puunsaantiongelmat koituivat Pohjois-Suomen kuitusuman pelastukseksi joulukuulla.

Mielialani on levollinen, tunnen saaneeni työni säädyllisesti päätökseen. Varantojen puolesta on seuraajillani helppo jatkaa. Toisin oli tilanne, kun itse aloitin 17 vuotta aiemmin. Silloin oli edeltäjäni sairasloman vuoksi ostettuna yksi harvennusleimikko, jossa riitti työtä viikoksi yhdelle koneelle yhdessä vuorossa työskennellen. Parin kuukauden jälkeen oli varantoja jo kahdelle koneketjulle ja parhaimmillaan oli töissä 4-5 ketjua hakkaamassa silloin, kun tehtaat tarvitsivat paljon puuta.

Vaikka olin valmistautunut syyskauden ajan tähän vaiheeseen elämässäni, en voinut olla tuntematta omalla tavallani luopumisen haikeutta. Tuska on aivan liian voimakas sana, paremmin rutiinien irti repimistä kuvaa haikeus. On uskallettava muuttaa totuttuja toimintatapoja, jotta ajatusten kulku voi siirtyä elämässä seuraavaan vaiheeseen.

Muistan lämpimin ajatuksin kaikkia hyviä työkavereitani. Erilaiset metsänomistajat ovat olleet suuri rikkaus. Olkoonpa hänellä taustaryhmä poliittisesti laidalla tai toisella, tai rajoittakoon itse kukanenkin ajatteluansa millä tahansa säännöillä, kaikkien kanssa on ollut todella mukavaa toimia. Tietysti kansan palvelijana ja työnantajan tulkkina ei ole ollut tarvetta ottaa kantaa asiakkaan arvoihin, vaan niitä kunnioittaen on väännetty yhteistyössä molemmille osapuolille sopivaa ratkaisua. Välitänkin lämpimät kiitokset teille kaikille siitä elämänrikkaudesta, jonka olette minulle suoneet!

Tiistaiaamuna vien Metsäliiton tietokoneen Pitkäsen Jaakolle toimistolle ja laitan viimeiset mittaustodistukset Kuusamon Yhteismetsälle luovutusta varten valmiiksi. Käymme koneen käynnistämisrutiinit läpi. Toimintojen alkaessa pelaamaan, siirryn asiakkaan puolelle pöytää ja kättelen toivottaen menestystä vaativassa metsäasiantuntijan työssä.

Varoitan samalla, että on syytä muistaa, ettei näissä töissä ole olemassakaan tilannetta, jolloin kaikki tekijät olisivat tasapainossa ja toimisivat itsestään. Kun sellainen tunne tulee, on jokin asia joko tulkittu väärin tai jäänyt kokonaan huomioimatta. Aina on jotain liikaa tai liian vähän. Joskus puuttuu puuta, joskus rahaa. Tai sitten ovat myyjät hukassa. Joskus markkinat eivät toimi, teemmepä mitä tahansa.

Sitten menen Sari Sovan luo kertoen, että olen tyytyväinen siihen miten hyvin meillä ovat asiat sujuneet. Aina on olemassa asioita, joita joudutaan säätämään, mutta yhteinen tahto asioiden hoitoon on aina löytynyt, kiitän hänen panostaan korjuun metsäasiantuntijan töissä.

Käyn viemässä joulukuun toimitusten mittaustodistukset Yhteismetsän toimistonhoitaja Arja Mustoselle kiitellen hyvästä yhteistyöstä.

Vien Jannen ja omat avaimeni toimistoa isännöineen SL-Urakoinnin toimistolle. Sieltä poistuessani tajuan, kuinka lopulliselta tämä tuntuu. Sulkiessani ulko-oven avaan samalla silmäni uuteen aikakauteen, jolloin määrittelen suurelta osin oman tuntoni mukaan aikataulut keskittyen paljolti tekemisiin, joista itse pidän. Tahdon nauttia niistä luonnon antimista, jotka on ollut pakko jättää odottamaan aivan liian usein työkiireiden vuoksi. Olin aamulla lähtiessäni ajatellut, että en vie ihmisten työaikaa tarpeettomasti, vaan hoidan jäähyväiset lyhyen kaavan mukaan. Nyt tunnen, että ehkä sittenkin halusin säästää omia tuntojani, kun en päästänyt keskusteluja tunteiden puolelle. Siitä huolimatta on taas tämän miehen sipulista kuorittu kerros pois. Enkä vieläkään tiedä, minkälainen mies sieltä löytyy ja mitä se tuntee, miten toimii?

Meni pari viikkoa, jolloin keho reagoi välillä hermoratoja kiristellen, sitten lihaksia jumittaen. Sitten umpiunisia öitä, ja kas kummaa taas suunnittelukoneisto meinasi karata käsistä. Mutta järki voitti. Hävisikö tunne, jos kerran järki voitti, vai miten tämä menee?

Vahdinvaihto

Kuusamon Yhteismetsän tervehdyksen toivat Timo Pätsi, Jarmo Korhonen ja Heikki Kallunki. (Kuva Jarkko Parpala)

Metsäliiton hallituksen jäsen Unto Kotipalo ja edustajiston jäsen sekä piiritoimikunnan puheenjohtaja Aulis Kurtti muistelivat monivivahteista yhteistä taivaltamme. (Kuva Jarkko Parpala)

17.1.2018 Metsäliitto Osuuskunta tarjoili noin sadalle metsänomistajalle ja yhteistyökumppanille kakkukahvit vahdinvaihdon merkeissä. Vuosikymmenten aikana on tullut toimitettua reilut 30 miljoonaa tainta Kuusamon metsiin, kaikkiaan kylvöineen se tekee 18 000 hehtaaria. Puuta siellä on kasvamassa reilut 2 miljoonaa kuutiometriä, kasvun ollessa noin 150 000 kuutiometriä vuodessa. Keskimäärin kasvu on noussut vajaasta kuutiosta lähes 8 kuutioon hehtaarilla vuodessa. Metsäliitolle olen hankkinut noin 2 miljoonaa kuutiometriä puuta, josta noin puolet on harvennushakkuilta. Toimitukset ovat tuoneet maakuntaan kantorahoina ja urakointimaksuina noin 100 miljoonaa euroa. Tänä päivänä tunnen suurta tyytyväisyyttä siitä, että olemme Metsäliitossa selvinneet monista vaikeista ajoista yhteistyötä tehden. Ja aika ajoin kolhuja kärsien, mutta entistä vahvempina, yhtenä joukkona mäen päälle nousten hoitaneet oman osamme valtakunnan talouden kehittämisessä. Nykyinen Metsäliiton johto on näyttänyt kykynsä, osoittaen vääräksi sen vanhan totuuden, ettei tehokas saneeraaja voi olla hyvä yrityksen kehittäjä. Me täällä ruohonjuuritasolla olemme pyrkineet hoitamaan omalta vaatimattomalta osaltamme työmme omistajiemme, metsänomistajajäsenten parhaaksi aina kulloisenkin markkinatilanteen sallimissa puitteissa. Päivän aikana tulin vakuuttuneeksi, että en ollut turhaan työskennellyt vuosikymmeniä kuusamolaisen metsätalouden puolesta. Osuuskunta Biowoodin Ari Määtän välittämä kiitos osuuskunnan jäseniltä oli erityisen lämmin: - Se mitä metsuriyrittäjä koulutuksellanne annoitte meille kaksikymmentä vuotta sitten, sitä me arvostamme edelleen korkealle, ja työ jatkuu. Samansuuntaisten ajatusten kera lähestyivät myös paikalla käyneet sidosryhmien ja metsänomistajien edustajat. Tulee mieleen "Lamantaittaja" kirja vuodelta 2016, missä Raimo Sailas toteaa: - Eläkeläisenä olen selvemmin ymmärtänyt, että monien taloudellisten kriisien ja ongelmien alkujuuret ovat muualla kuin taloudellisina pidetyissä tekijöissä. Erityisen tärkeänä Sailas pitää historian tuntemista ja ymmärtämistä. Se opettaa ennen kaikkea suhteellisuutta.

Aika tavalla samalla ajatuskululla olen aikaa myöten kirjannut ylös tapahtumia matkan varrelta. Aina tulee vaikuttaa positiivisesti niihin tekijöihin, jotka ovat meidän vaikutuspiirissä. Sitten tulee vaikuttaa vaaleissa tai muuten niihin asioihin, joihin tarvitaan laajempaa toimitsijaverkkoa. Näin voimme ohjailla kehitystä haluamaamme suuntaan. Se, johtaako se haluttuun lopputulokseen, on sitten eri asia.

liite 1

Koillismaan diplomaatti

Ensimmäinen kontaktini Kaarlo Aikioon syntyi 1990-luvun lopussa ollessamme toimihenkilöporukalla metsätaitoilemassa Kuusamossa. Kaarlo oli tuolloin vielä Kuusamon mhy:n palveluksessa ja toimi ratamestarina kisoissa. Muistan, kun maalialueella menin kisailijoiden rinkiin jutustelemaan ja Kaarlo työnsi käden tervehdykseen. Kaarlo teki miellyttävän vaikutuksen nuoreen, vasta taloon tulleeseen toimihenkilöön, mutta jokin jäi silti vaivaamaan mieltä tapaamisestamme. Seuraavalla viikolla sainkin tietää, että Kaarlo oli palkattu Metsäliittoon Kuusamon ostoesimieheksi. Rivien välistä lausutut "diplomatiat" avautuivat näin mukavalla tavalla heti tuoreeltaan. Sittemmin työuran edetessä sain mahdollisuuden tehdä Kaarlon kanssa yhteistyötä vuosia, aina hänen eläköitymiseensä sakka. Tuo sama "diplomaattisuus", tapa laittaa ihmiset ajattelemaan ilman suoria, valmiiksi pureskeltuja vastauksia on mielestäni ollut yksi suurimpia Kaarlon vahvuuksia työelämässä ja asioissa, mihin hän on pyrkinyt vaikuttamaan.

Vaikuttaja. Kaarlon kyky ja tarve vaikuttaa metsätaloudessa myös yhteiskunnallisesti oli merkille pantavaa ja kunnioitettavaa. Tästä on esimerkkinä laaja selluhakeprojekti Koillismaalla 1990-luvun lopulla. Kaarlo loi kuusamolaiselle ensiharvennuspuulle ketjun jossa puu korjattiin kokorankana, kuorittiin ja haketettiin Kuusamossa, ja ajettiin hakkeena sellutehtaalle. Toimintamallina se oli liki ainutlaatuinen ja volyymit olivat parhaimpina vuosina todella suuret. Kuusamon ensiharvennusmetsät kiittivät. Toinen mieleen jäänyt projekti oli 2000-luvun puolivälissä ns. Miljoonan Motin Metsämarssi, jossa Kaarlo toimi aktivoijana. Tavoitteena oli nostaa Kuusamon metsien hyödyntämisastetta. Hanke oli usein julkisuudessa koillismaalaisessa lehdistössä ja sai todella aikaan tuloksia, joista kaikki toimijat ja metsänomistajat saivat hyötyä. Vastaavia hankkeita on lukuisia, työn puolesta ja työn ohella toteutettuja. Kaiken takana on aina huoli ja vastuu koillismaalaisen metsätalouden kannattavuudesta.

Uudistaja. Organisaatiot muuttuvat, esimiehet ja toimintatavat alati uudistuvat. Puun osto perustuu pitkälti luottamukseen ja kanssakäymiseen, pikavoittojen tie on monesti aika lyhyt ja lopussa kivikkoinenkin. Kaarlo on työurallaan uudistaja ja haasteet mahdollisuuksina näkevä. Hänen toimintamallinsa perustui aina hyvään ja pitkäjänteiseen pohjatyöhön. Vahva kokemus asiakastyöstä, sekä herkkä korva muuttuville tilanteille loi hänelle vahvan pohjan erittäin ansioituneelle työuralle Metsäliiton palveluksessa.

Kaarlo oli työurallaan positiivisesti uuteen suhtautuva. Moni nuorempi saa ottaa häneltä mallia tässä asiassa. Kun lähdettiin kokeilemaan erilaisia hakkuumalleja tai vaikka metsänomistajien uusia palvelumuotoja, Kaarlo ilmoittautui heti mukaan uusiin projekteihin. Hän halusi olla ajan hermolla.

Tästä olkoon esimerkkinä myös 2000-luvun loppupuolella tehty päätös pilotoida ns. yrittäjyysmallia Metsäliiton palveluiden tarjonnassa. Olin Kaarloon varovaisesti yhteydessä vain huomatakseni, että yhden pitkän päivän neuvoteltuamme meillä oli nimet alla yrittäjyyssopimuksessa. Rohkeutta tällainen toimihenkilöltä vaati ja uskallusta lähteä luomaan uutta. Yhteistyö uudella tavalla lähti alusta asti hyvin käyntiin, eikä matkan varrella tarvinnut asiaa sen kummemmin miettiä.

Kaarlon työurasta jää yksittäisenä asiana mieleen luottamus. Saattoi aina luottaa siihen, että tiukasta tilanteesta selvitään ja helpoissa tilanteissa ei ”hötkyilty” turhaan. Monet kelirikkotilanteet hoidettiin kun oli kotiläksyt tehty ennakkoon kunnolla. Saatiin puita sahoille ja kuitua sellutehtaalle, vaikka olosuhde markkinassa näytti joskus jopa toivottomalta.

Pirttiukko? Kaarlo Aikio jäi eläkkeelle Metsä Groupin palveluksesta 2017 vuoden lopussa. Hänen työnsä jatkajalla on suuret saappaat täytettävänään mutta uskon, että Kaarlon työntekijänä jo vuosia olleella jatkajalla on hyvät mahdollisuudet onnistua. Kaarlolta saadut opit palvelutyössä ovat luomassa pohjan hyvälle työuralle kuusamolaisten metsänomistajien keskuudessa.

Kaarlo on vuoden 2018 lumisena talvena virkeä ja hyväkuntoinen eläkeläinen. Hän on vahvasti juurtunut Koillismaalle ja Kuusamoon, jossa hänen perheensä ja lapsensa lastenlasten kera antavat myös sisältöä elämään. Punaisen pystykorvan kanssa Suininkijärven salomailla samotessa saattaa ajatus hetken harhailla. Luulenpa kuitenkin, että jotain siellä lippahatun alla alkaa ennen pitkää tapahtumaan. Josko tässä asiassa olisi kehittämisen aihetta?

Jarkko Parpala

Piiripäällikkö, Metsä Group Kemin hankintapiiri, Kaarlon pitkäaikainen esimies ja työtoveri

Liite 2

Kuusamon Klusteri puunhankintaketju

Ohjausryhmässä toimivat Kuusamon mhy:stä pj. Aimo Kämäräinen, varapj. Reijo Kallunki, Kyösti Aikkila, Anne Polojärvi, kansanedustaja Pauli Saapunki, P-P:n TE-keskus Kalevi Hiivala, Kuusamon kunnanvaltuuston pj Timo Majava, Oy Metsä-Botnia Ab kehittämispäällikkö, myöhemmin Metsäliitto Osuuskunta korjuupäällikkö Risto Lilleberg, Maa- ja Metsätalousministeriö metsäneuvos Jouko Paloniemi sekä esittelijänä projektivastaava Kaarlo Aikio.

Mhy:n toimihenkilöistä Juha Pitkänen hoiti loppuvaiheessa puukauppavastaavan tehtäviä ja avusti koetoimintojen järjestelyissä. Metsätietoprojektin työssä ollut Elina Ylitalo avusti koetoiminnan tulosten tallennuksissa ja laskennassa. Pekka Ojala laati opinnäytetyön pikkutukkien koesahauksista, aluevastaavat Aarne Jaakkola, Jouni Määttä, Pertti Alatalo, Taisto Männikkö ja Pentti Mustaniemi vastasivat koeleimikoiden työmaajärjestelyistä. Toiminnanjohtaja Anne Polojärvi hoiti projektin toimien sovittelemisen muuhun mhy-toimintaan ja oli linkkinä hallituksen suuntaan. Toimistonhoitaja Maija Pohjola hoiti kirjanpidon ja toimistovirkailija Tarja Syrjälä hoiti palkanlaskennan. Työnjohtoapuna on hankkeiden suunnittelussa ollut lisäksi useampia tilapäisiä työnjohtajia mm. Reima Niemelä, Alpo Harjajärvi ja Antti Syrjälä. Mhy:n hallinnoiman Metsätietoprojektin vastaava Vesa Orjasniemi on laatinut yhteenvedon kasvatusmetsien määrästä Kuusamossa aluesuunnitelmatietoihin perustuen.

Projektin aikana syntyi kolmella ensimmäisellä kurssilla kolme metsuriosuuskuntaa: Osuuskunta Laatumehtä, Osuuskunta Biowood ja Osuuskunta Savotta. Osuuskunnissa on jäseniä yhteensä noin 30 henkeä, jotka lähes kaikki työskentelevät harvennusmetsien parissa.

Metsäpalvelu Kari Kämäräinen Ay on laajentanut yhden miehen yrityksestä 8 miestä työllistäväksi puunkorjuuyritykseksi, jolla on käytössä yhdistelmäkoneeksi varusteltu metsätraktori.

Ossi ja Timo Tyynelä urakoivat metsävarusteisella maataloustraktorilla ja myöhemmin harvesteriketjulla näihin päiviin saakka.

Koneyhtymä Karjalaiset, Aulis Saapunki, Seppo Törmänen ja Jukka Enojärvi ovat urakoineet osuuskuntien hakkaamien puiden metsäkuljetuksissa.

Kari Ervastia kiinnostivat konetyöt metsässä ja hänen kansaan teimme tutustumismatkan Etelä-Suomeen erimallisia koneita työssä tutkien. Hän laittoikin kevyen harvesterin, ja yritys on kasvanut 3 motoketjun suuruiseksi. Yksi uusi Ponssen ketju aloitti vuonna 2017 Metsäliitto Osuuskunnan työmailla. Näin tiemme kohtasivat 20 vuoden jälkeen.

Koneyhtymä Veljekset Hietala toimi hankkeen alkaessa yhdellä Ponssen harvesteriketjulla pääasiassa päätehakkuutyömailla. Toiminta on suuntautunut harvennushakkuihin ja laajentunut siten, että projektin aikana on hankittu Pika Combi Trac yhdistelmäkone. Yritys työllisti yhteensä 4 henkeä koneenkuljettajina. Yritys toimii useamman motoketjun voimalla edelleen.

Kuljetus Palosaari Ky:n viidestä puutavara-autosta kaksi varusteltiin oksapuun kuljetuslaidoilla ja hyttikuormaimella ja kuormainvaa´alla mittausta varten. Yritys huolehtii lisäksi Metsäliitolle menevien pyöreiden kuitupuiden kuljetuksista. Puiden kuljetukset työllistävät 2-3 henkeä oman väen lisäksi. Yritys toimii edelleen jo kolmannessa polvessa.

Hooli Oy, Keminmaalta on vastannut terminaalilla kuitupuiden ketjukarsinnasta, kuorinnasta ja haketuksesta sekä hakkeen kaukokuljetuksesta. Yrityksellä on prototyyppinä rakennettu ketjukarsija sekä laikkahakkuri ja kaksi hakeautoa. Toiminnot ovat työllistäneet 6 miestä.

Kehitetyn Biokuitumenetelmän viides koesarja järjestettiin 08.1999 - 02.2000

Koesarjassa oli 38 leimikkoa, joissa puuta yhtensä 14 646 kiintokuutiometriä. Leimikot olivat vuonna 1999 myyntiin tulleita eriä, niitä mitenkään erikseen valitsematta. Hakkuumenetelmänä oli tavaralaji-osapuuhakkuu: sahapuu tavaralajimenetelmällä ja kuitupuu karsimattomana rankana pituus noin 50 dm ja latvaläpimitta noin 50 mm. Hakkuut suoritettiin miestyönä ja Pinomäen yhdistelmäkoneella. Menetelmistä tehtiin kustannusvertailu. Metsäkuljetus tapahtui keskiraskaalla metsätraktorilla. Puutavaran syöttökuljetus tapahtui kuormainvaa`alla ja sivulaidoilla varustetulla täysperävaunuautolla. Karsimaton ranka punnittiin autoon kuormattaessa ja kiintokuutiotilavuuden selvittämiseksi mitattiin terminaalilla satunnaisesti valittuja otantaeriä vähintään 7 kpl/leimikko havukuitupuun, lisäraaka-aineen ja energiamurskeen määrien selvittämiseksi. Tätä mittaustulosta käytettiin jakoperusteena haketoimituksista satua tuloa hankkeille jaettaessa.

Rakenteeltaan erilaisten leimikoiden otantaerien pölkyt karsittiin ja punnittiin uudelleen biokuidun (havukuitu + lisäraaka-aine + energiamurske) määrien mittaamiseksi ja pölkyistä sahattiin molemmista päistä kiekot, joista mitattiin ikä, luston paksuus, läpimitta kuoren päältä ja alta, sydänpuumäärä ja laskemalla selvitettiin kuorettoman puun tuorepaino. Metlan kanssa otettiin 5 leimikon puista kiekot metrin välein puutavaran laadun selvittämistä varten laboratoriokokeilla. Terminaalilla karsimaton ranka syötettiin ketjukarsijaan (karsinta, kuorinta), josta kuorittu ranka syötettiin automaattisesti ketjukarsijaan telakoituun laikkahakkuriin. Selluhake puhallettiin suoraan hakekonttiin, jotta hakkeen mukaan ei tule kiviä, hiekkaa ja muuta roskaa. Energiajae purettiin kasaan kentälle erilistä murskausta odottamaan. Nykyisin käytössä olevan tavaralajimenetelmän (latvaläpimitta 70 mm) mukaan jaoteltuna hakkuukertymä jakaantui puutavaralajeihin seuraavasti (kaupallisessa hakkuutoiminnassa kuitupuun määrä on pienempi, koska käytetyn 70 mm ohjeläpimitan sijaan hukkapuuselvityksessä todettiin todellinen latvaläpimitta 83 mm:ksi, joka oli täsmälleen sama kuin Metlan tekemässä vastaavassa selvityksessä Etelä-Suomessa): Leimikon keskikoko oli 8,87 ha, 385,4 m3. Leimikoista 90 % oli hoitamattomia. Leimausarviot olivat 16,2 % hakkuukertymää pienempiä. Poistuma oli keskimäärin 787 r/ha. Hakattujen leimikoiden keski-ikä oli 69 vuotta. Suuri osa oli luontaisesti syntyneitä taimikoita, joilta oli siemenpuut korjaamatta. Runkojen koon vaihteluväli olikin 0,030 – 0,600 m3/runko. Poistettavien puiden keksikoko 0,046 m3/runko. Poistuma 20 -70 m3/ha. Ikä 40 -85 vuotta.

	m3	%
Mäntytukki	3366,7	29,9
Mäntypikkutukki	1173,9	10,5
Kuusitukki	342,9	3,0
Kuusipikkutukki	5,6	0,0
Havukuitu	6359,8	56,6
Yht. tavaralajimenetelmä	11248,9	100,0
Lisäraaka-aine	**+1198,3**	**+10,7**
Energiamurske	**+2199,3**	**+19,6**
Hakkuukertymä	14646,5	130,3

Lisäraaka-aine koostuu latvaosuuden (50 mm) lisäksi pituuden/latvaläpimitan vuoksi alamittaisesta puusta. Rinnankorkeudelta alle 80 mm puut kaadettiin raivauspuustona maahan. Energiamurskeessa on mukana kuori, oksat ja neulaset. Latva alle 50 mm jää metsään, jolloin 30 % puun sisältämistä ravinteista jää palstalle (Metla).

Biokuidun metsämitan (vaaka +otanta) ja tehdasvastaanoton erotus oli -1,3 % runkopuun osalta koko aineistolla, joten hankkeella kehitetty mittausmenetelmä osoittautui luotettavaksi. Metsä-Botnian Kemin tehtaan laboratoriokokeissa hakkeen laatu ja ominaisuudet todettiin "sopivan varsin hyvin Kemin valkaistuun havuun. Terminaalilaitteisto vaatii vielä kehitystyötä, lämpötiloista johtuvien laatuerojen hallitsemiseksi." Menetelmän etuna on, että poistetaan pääasiassa alaharvennuksena kuitupuun mittaista puustoa. Poistuma 35 m3/ha; 2000 ha/v; 70 000 m3/v, josta valmistetaan:

selluhaketta 47 %, 33 000 m3 (79 000 i-m3),

energiamursketta 39 %, 27 000 m3 (49 000 MWh),

pikkutukkia 14 %, 10 000 m3.

Poistetaan "sydännavan" sisältävät, alkuun hidaskasvuiset puut (alle 1,5 mm vuosilusto 5 cm sydämen ympärillä), jotka harvennuksen jälkeen kasvun kiihtyessä (2-5 mm vuosilustot) ovat sahatavaran kuivauksessa ongelmallisia, koska ne irtoavat muusta puuaineksesta. Mäntyvaltaisissa metsiköissä ei tarvita taimikonhoitoa, kun runkoluku on alle 5000 r/ha.

Jätetään kasvamaan hyvässä kasvussa olevat rungot 1400 -1500 r/ha. Saadaan 10 -15 vuodessa harvesterikorjuukelpoinen tukkimetsä, jossa hakkuukertymä 50 -80 m3/ha. Tuloksena on tasarakenteisempi tukkipuumetsä. Kasvamaan jätetään voimakkaimmassa kasvussa olevat puut, mittauksissa todetut arvokasvun erot jopa 50 – 70 %. Lisääntyneen harvennuskuitupuun määrän menekki on varmistettu selluhakkeena. Selluhake laatuvaatimukset täyttävää, kehitystyössä mukana Oy Metsä-Botnia Ab ja Metsäliitto. Hakkeen syöttö sellun keittoprosessiin hallitusti mahdollistaa erilliskeitot ja erilaiset seokset. Pienpuun kuorimohukka saadaan pudotettua 15 prosentista 2 -3 prosenttiin. Parantaa merkittävästi metsänkasvatuksen kokonaisnettotulosta, kun taimikonhoitoa (kulu 900 - 2200 mk/ha) ei välttämättä tarvita mäntyvaltaisilla alueilla. Korjuukustannukset seuraavissa hakkuissa laskevat järeyden myötä. Lisäksi menetelmän käyttöönotto lisää tuotosta (kasvu/arvokasvu). Tämä on lisäksi Kemera kelpoinen menetelmä.

Liite 2

Metsäpoliittista keskustelua

Metsäjättien taistelut 2010 luvulla

(Mm. Talouselämä – lehden uutisoinnista poimintoja 2014 -17)

Paperibisneksen käyttökate Euroopassa on vain 3.5 prosenttia, kun se on Aasiassa 15 prosenttia. Syynä ovat laskevat kysyntä ja hinnat. UPM kärsii tästä eniten ja se on kiinnostunut omistusjärjestelyihin Stora Enson kanssa. Keski- ja Etelä- Euroopan vanhat tehtaat pärjäävät maksetuilla koneillaan vaikka prosentin käyttökatteella. Stora Enson Karvisen mukaan kysynnän puutteesta johtuvat ongelmat on kyettävä ratkaisemaan riippumatta siitä, mitä tuotantoyksiköiden omistukselle tapahtuu. UPM:n liikevaihdosta puolet tulee paperista ja Stora Ensolla 30 prosenttia. Amerikkalainen NewPage yhtiö yhdisti Stora Enson 2007 myymän Consolidated Papersin ja UPM:n ostokohteen Championin ajautuen itse konkurssiin. Se osoittaa, ettei pelkkä paperiliiketoiminnan yhdistyminen takaa menestystä. Lisäksi on ratkaistava mihin integraatin sellu, lämpö ja energia myydään sen jälkeen. Miten puunhankinta organisoidaan raakapuun kysynnän rakenteen muuttuessa. Oma vaikutuksensa on myös Brysselin kilpailuviranomaisilla.

Kun Kari Jordan aloitti vuonna 2005 Metsä Groupissa, oli konserni syvästi velkainen ja heikosti kannattava. Edellisinä vuosina oli ostettu vanhoja paperitehtaita "halvalla". Nettovelkaa oli yli 3,5 miljardia euroa. Metsä Group lopetti tai myi yli 20 tehdasta ja työpaikkoja hävisi 17 000. Hienopaperiseikkailun aikana tehtiin myös kartonkia, joka on aina ollut kannattavaa. Suurimmat keskustelut aiheutuivat Kirkniemen tehtaan myynnistä Sappille. Sitä oli pidetty kruununjalokivenä ja arvokkaimpana pidetyn tehtaan myymistä pidettiin Metsäliiton hävityksen alkuna. Taivekartonki on kuitenkin suomalaisten hallitsema tuote. Se on sellusta tehtyyn kartonkiin verrattuna kevyempää. Metsä Board hallitsee 35 prosenttia, Stora Enso 19 prosenttia ja Kotkamills 10 prosenttia Euroopan kapasiteetista. Metsä Boardin toinen valtti on valkoinen ensikuitulaineri, aaltopahvipakkausten uloin painokelpoinen kerros, joka on kevyempää kuin kierrätyskuidusta valmistettu ruskea laineri. Taivekartonki näyttää nyt idioottivarmalta bisnekseltä. Ensikuitukartongin kysyntä kasvaa vuosittain 3-4 prosenttia. Näiden valmistusprosessi on vaativa. Metsä Groupilla on integraattipaikkakuntia kolme, Husum, Äänekoski ja Kemi. Niiden etuna on, että sellu voidaan pumpata märkänä kartonkikoneelle. Seuraava investointi tulee joko Äänekoskelle tai Kemiin.

Metsä Group ilmoittaa aloittavansa Äänekosken tehdassuunnitelman ympäristövaikutusten arvioinnin. Vuonna 1961 rakennettua vanhaa tehdasta on alettu purkamaan, tielinjauksia suunnitellaan, VR:n kanssa tehdään suunnitelmaa radan sähköistyksestä sekä Vuosaaren sataman kanssa suunnitellaan tuotteiden ulosviemistä. Metsä Groupin Kari Jordan julkaisi uutisen huhtikuussa 2014 Äänekosken sellutehdasinvestoinnin käynnistämisestä. Uusi tehdas tulee käyttämään puuta 6.5 miljoonaa kuutiometriä. Seuraava suurempi investointi tulee 2020- luvulla kun Kemin tehdas alkaa olla elinkaarensa loppuvaiheessa. Kun tehtaat yleensä uusittaessa suurenevat, niiden lukumäärä laskee. Metsänomistajan tili metsähehtaaria kohden on tukista ja kuidusta saatuna yksi maailman suurimpia. Energiakäyttöön pitäisi ohjata vain se puu, jota teollisuus ei pysty jalostamaan. Sellutehtaan sivutuotteista syntyvien biotuotteiden teko on tarkoitus ulkoistaa kumppaneille. Tukeille tarvitaan Vilppulan sahan lisäksi ulkopuolisia sahaajia. Luotamme pakkauskartongin ja pehmopaperien Kiinan vahvaan ja vakaaseen kysyntään.

Stora Enson Jouko Karvinen ilmoitti huhtikuussa 2014, että seitsemän vuoden pesti Suomen vihatuimpana yritysjohtajana saa riittää. Tänä aikana yhtiössä on opittu hallitsemaan kustannuksia ja sopeutumaan vaikeisiin markkinaolosuhteisiin. Seuraaja voi keskittyä kannattavan liiketoiminnan kasvattamiseen. Hänen aikanaan henkilöstöä on vähennetty Suomessa puoleen, eli vajaaseen 7000 henkilöön. Tämä tinkimätön ja kärsimätön kapitalisti vaihtoi myös koko läheisen johtoryhmänsä tänä aikana. Paremman tulevaisuuden ehto on, että tunnustaa tosiasiat. Kemijärven sellutehtaan lopetuksen kohdalla hän tunnustaa viestintänsä menneen kunnolla kivikkoon myöntäen samalla, että mahdollisesti itse päätöskin oli väärä. Yhtiökokouksessa tuli selväksi, että edellinen toimitusjohtaja Jukka Härmälä oli tunareiden tunari Stora Enson historiassa. Karvinen sanoo, että Amerikan ostosten myynti 2007 oli yksi parhaista päätöksistä mitä hän on tehnyt. Karvisen aikana on investoitu eniten Etelä-Amerikkaan ja Aasiaan. Paperiliiketoiminta on kutistettu alle puoleen seitsemän vuoden takaisesta. Tulevaisuus onkin pakkauskartongeissa, biomateriaalissa, sellussa ja puurakentamisen tuotteissa. Oman pääoman tuottotavoite 13 prosenttia on jäänyt haaveeksi, mutta investoimalla parempituottoisiin kohteisiin sekin kohoaa lähemmäs tavoitetta. Tulevaisuudessa hän aikoo keskittyä hallitustyöskentelyyn. Siellä asioiden ymmärtäminen on käänteisesti verrannollinen materiaalin määrään, mitä enemmän on luettavaa, sitä vähemmän hallituksen jäsenet ymmärtävät. Jos jäisin eläkkeelle tulisin hulluksi kahdessa päivässä, ja perheen mielestä tulisin hulluksi päivässä.

UPM ilmoitti marraskuussa 2014 sulkevansa kaksi suurta aikakausilehtipaperikonetta Suomessa, toisen Jämsänkoskella ja toisen Lappeenrannassa. Lisäksi suljetaan sanomalehtipaperikoneet Ranskassa ja Walesissa. Rankoilla kulusäästöillä päästään laskevilla markkinoilla taas yksi vuosi, jonka jälkeen sulkemispäätökset jatkunevat. Lisäksi Stora Enso on sulkenut tehtaan Ranskassa, Sappi Hollannissa. Amerikassa International Papers ja Verso New Paper tekevät samoin. Metsäyhtiöt ovat sulkeneet paperikoneita pian kymmenen vuotta. Metsä Board on päässyt pisimmälle papereista irti pääsemiseksi. Saksalaisessa UPM:n Nordlandin Euroopan suurimmassa paperitehtaassa kone käy tarpeen mukaan ja paperityöläisten tunnit menevät työaikapankkiin. Paperityöläinen voi koneen seisahtuessa mennä hoitamaan pulpperointiasemaa, jossa sellupaalit, vesi ja kemikaalit sekoitetaan. Hänen joustavuutensa ansiosta käyntiaste tehtaassa paranee. Se pidentää koneiden ja työntekijöiden uraa kutistuvilla paperimarkkinoilla. Normaalina 42 tuntisena työviikkona pankkiin kertyy 4 tuntia ylitöitä. Kun työ vähenee tai on lomatarpeita, sopivat työntekijä ja esimies ylitöiden pitämisestä vapaana. Kertyneet tunnit voi ottaa myös rahana. Tunnit voivat mennä myös miinukselle, kun työtä on vähän. Vuokratyövoima mahdollistaa koneen pyörittämisen kausittaisesti. Toisin kuin Suomessa, vuokratyövoima voi olla mukana myös prosessityössä koneilla. UPM:n Rauman paperitehtaalla ovat tulleet lyhyet lomautukset käyttöön. Siinä seisotetaan yhtä konetta ja siirretään toimitukset muille koneille. Tämän kaltainen joustavuus on yhteiskunnalle kallista. Vaikka tehtaan sijainti satamassa on hyvä ja koko suuri, ja viereisellä tontilla on sellutehdas ja energia tehdään omassa voimalassa, silti ohjataan tilauksia muille tehtaille, joilla on logistiikan ja muiden kustannusten vuoksi edullisempi tuottaa paperia. Meillä on verot ja maksut ja energian hinta, sekä palkat ja työehdot kalliimpia. Paperimarkkinoiden supistuessa on usko työn joustavuuden lisäämiseen mennyt tehtaiden pelastamisessa. Suuremmat voimat pysäyttävät tehtaita siitä huolimatta.

Helmikuussa 2015 Metsä Groupin Äänekosken tehdas on toteutumassa. Suomen Bioetanolin hanke Kouvolassa on ollut vireillä jo 13 vuotta, ollen edelleen epävarma toteutuuko se. Kuopion Finnpulpin tehdashanketta pidetään näistä neljästä epävarmimpana lähinnä raaka-aineen riittävyyden suhteen, koska se sijoittuu lähelle Äänekosken tehdasta. Havusellun hyvä puoli on se, että parhaat investointipaikat ovat Suomi ja Ruotsi. Venäjällä olisi raaka-ainetta, mutta investointiympäristö on ennakoimaton. Kemijärven biotuotetehdashanke 400 000 tonnin tuotannolla on valmisteluvaiheessa ja päätöstä rakentamisesta ennakoidaan vuoden 2015 aikana. Kemijärven tehdasinvestointi tulisi 1965 perustetun sellutehtaan paikalle. Se liitettiin 1968 Veitsiluotoon, fuusioitiin 1996 Ensoon. Vuonna 2007 Stora Enson toimitusjohtaja Jouko Karvinen ilmoittaa tehtaan lopettamisesta ja huhtikuussa 2008 tehdas tekee viimeiset sellupaalit. Tehtaan tiloihin rakennetaan Arktos Gropin liimapalkkitehdas, joka ajautuu konkurssiin 2013. Sittemmin sinne on rakennettu Keitele Oy:n toimesta Lappi Timber Oy:n saha ja liimapalkkitehtaan rakentaminen on käynnissä. Sellutehtaan toteutuessa syntyisi tilanne, jolloin samaan paikkaan voitaisiin ajaa tukki, pikkutukki ja kuitupuu jalostettavaksi. Tuotannosta puolet olisi havusellua ja puolet liukosellua, jota käytetään puuvillan korvaajana. Lapissa riittää puuta. Metsähallituksen pääjohtaja Esa Härmälän mukaan myyntimäärät Lapissa ovat pienentyneet kysynnän puutteen vuoksi jo kolme vuotta ja samaan aikaan metsien kasvu kiihtyy metsänhoitotoimenpiteiden ansiosta.

Kuitupuun hinnasta on lähtenyt kolmannes Kemijärven sellutehtaan lopettamisen jälkeen. Mutta myynnin pelastaa vielä toimiva rautatie, sanoo Kemijärven Yhteismetsän hoitokunnan puheenjohtaja Antti Kerkelä.

Maaliskuussa 2016 UPM:n toimitusjohtaja Jussi Pesonen uskoo, että he saavat tarpeeksi puuta, vaikka Metsä Fibren Äänekosken sellutehtaan lisäksi rakennetaan tehtaat Kuopioon ja Kemijärvelle. UPM on rakentanut 2011 -2016 välissä sellukapasiteettia 500 000 tonnia, joka vastaa keskikokoista sellutehdasta. Viime vuonna yhtiöt paransivat selvästi kannattavuuttaan. Siinä auttoivat euron heikkeneminen, halpa öljy ja eniten toiminnan tehostaminen. Väki väheni jokaisesta yhtiöstä. Yksi merkittävä tekijä on, että eri liiketoimintaryhmät toimivat itsenäisesti markkinoilla. Se parantaa markkinoiden ymmärrystä ja koko toimintaa. Lappeenrannassa aloitti mäntyöljystä dieseliä tekevä laitos. Havusellun hinta tippui jyrkästi viime vuonna ja tänä vuonna putoaa lehtisellun hinta. Lyhytaikainen hintojen lasku parantaa UPM:n paperibisneksen kannattavuutta. Pitkäaikainen taas pudottaa markkinoilta heikompia kilpailijoita, joita UPM voi vahvalla taseella vaikka ostaa. Sellun kysyntä kasvaa miljoona tonnia joka vuosi. Paperin kysyntä Euroopassa ja Pohjois-Amerikassa laskee. Pehmopaperin ja pakkausten kysyntä kasvaa. Aasiassa kasvaa vielä painopaperinkin kulutus. Pitkällä tähtäimellä sellun kasvunäkymä on erittäin hyvä. Metsäteollisuus ry on huolissaan puun riittävyydestä. Jos kaikkien muiden hankkeiden lisäksi myös Kaidin Kemin biopolttoainetehtaan investointi toteutuu lisäten puun käyttöä noin kaksi miljoonaa kuutiota. Suomalaisen teollisuuden pitää uusiutua, sillä kilpailukyky ratkaisee lopulta kuka pärjää. Runkopuu tulisi jalostaa teollisuudessa korkealaatuisiksi tuotteiksi ja muu osa käyttää energiatuotantoon. Paperikoneiden käyttöasteet ovat sulkemisten ansiosta nousseet jopa yli 90 prosenttiin. Vuoden 2007 jälkeen UPM on sulkenut neljän miljoonan tonnin tuotannon edestä paperikoneita. Viimeksi Madisonin tehtaan USA:ssa. Pöyryn mukaan Euroopassa on vuoden 2007 jälkeen suljettu 15 miljoonan tonnin tuotannon määrä, eli 40 paperitehdasta.

Marraskuussa 2016 Metsä Groupin viimeinen paperirulla valmistui Husumin tehtaalla Ruotsissa. Yhtiö tekee jatkossa laineria kartonkikoneeksi muutetulla paperikoneella ja taivekartonkia uudella koneella.

Toukokuussa 2017 Äänekosken tehdas käy jo ja kasvattaa Suomen selluvientiä 500 miljoonaa euroa tulevana vuonna. On muistettava, että metsäteollisuus ei ole ollut vaikeuksissa, vaan paperiteollisuus. Vuonna 2005 aloitettu rakennemuutos on osunut oikeaan. Sellun, kartongin ja pehmopaperin kysyntä nousee, paperin vähenee. Havusellun kysyntä kasvaa 1-2 prosenttia ja vanhoja tehtaita suljetaan. Se antaa lisää tilaa uusille investoinneille. Kartonki korvaa muovia, lasia sekä metallia ja tällä hetkellä ei ole näköpiirissä semmoista ainetta, joka korvaisi havusellua. Tuotteita voidaan tehdä lyhytkuitusellustakin, mutta tarvitaan pitkäkuitua, joka on sen sementtirauta, lujuusominaisuudet tuova osa. Nyt puuta virtaa tehtaalle 70 junavaunullista ja 240 rekkakuormaa päivässä. Tehdas käyttää 4,5 miljoona kuutiometriä havukuitupuuta ja 2 miljoonaa kuutiometriä koivukuitupuuta. Puu toimitetaan pääosin 150 kilometrin säteeltä tehtaasta. Suunniteltuja sivutuotteita ovat Biokomposiitti (Aqvacomp), tekstiilikuitu, jonka koelaitoksen rakennustyöt käynnistyivät 2018, ligniinijalosteet, kuorijalosteet ja hiilidioksidi (EcoEnergy). Tehdas lisää uusiutuvan energian osuutta Suomen energiantuotannossa kaksi prosenttia. Päästöt ovat pienemmät kuin nykyisessä tehtaassa, vaikka tuotanto on merkittävästi suurempi. Tehdas työllistää tehtaalla 170 henkeä ja 2500 henkeä arvoketjussa. Tehtaalla on otettu käyttöön itseohjautuvat tiimit, jotka pystyvät tekemään nopeammin tarvittavat päätökset.

Kari Jordan kertoo, että hänen aloittaessaan ensimmäisillä toimilla pudotettiin Metsä Groupin velkatasoa alemmas, sitten viimeisteltiin kahdeksan vuotta kestänyt saneeraus ja luovuttiin paperista. Organisaatiossa lähes kaikki, alkaen lähipiiristä meni uusiksi. Tiimeille määriteltiin tavoitteet ja keinot, sen jälkeen toteutusvastuu siirtyi heille. Tärkeintä on, että tuottavuus, tehokkuus ja kilpailukyky pidetään kunnossa. Seuraavaksi alkoivat investoinnit yhteensä kaksi miljardia euroa vuosina 2015 -2017. Sen olen oppinut, että tuottavuudeltaan ja tehokkuudeltaan heikompien tehtaiden osto sitoo ylisuhteisesti aikaa ja siinä on epäonnistumisen riski. Toinen opetus on se, että haltuunotto on tehtävä nopeasti kaupan jälkeen. Korjaavat toimet on aloitettava välittömästi. On ollut hienoa havaita, että meillä on suuri määrä korkean tason ammattilaisia. Ihmiset ovat osanneet nähdä tämän saneeraus- ja tervehdyttämisvaiheen yli. Metsä Groupissa on kaikki, alkaen yrityksen johtamisjärjestelmästä, strategioista ja politiikoista lähtien kirjoitettu uudestaan. Meillä tehdään hyvää ja korkeatasoista työtä. Tämä on upea ja valtavan tärkeä toimiala. Tuotteistamme menee lähes 90 prosenttia vientiin. Lopetan päivätyöt jäädessäni eläkkeelle, mutta en lopeta työntekoa, vaan olen valmis jakamaan osaamistani. Katsotaan mitä eteen tulee. Aion alkaa elämään myös vähän toisenlaista elämää. Tulevaisuudessa vietän pidempiä kesiä Saimaalla ja pidempiä talvia Pohjois-Suomessa, mistä olen hankkinut muutamia metsätiloja. Metsä on meille suomalaisille pyhä paikka, siellä virkistäydytään.

Metsäteollisuuden Pohjois-Suomeen suunnittelemien investointien puunkäytön lisäämistarve on syksyn 2018 tilanteessa yli 10 miljoonaa kuutiometriä. Kemijärven Boreal Bioref biojalostamo 2,8 miljoonaa kuutiometriä, päätös piti tulla loppuvuodesta 2018. Metsä Group Kemin biotuotetehdas 3-3,5 miljoonaa kuutiometriä, päätös tehdään kesällä 2019. Stora Enso Oulun paperitehtaan muutos kartonkitehtaaksi, 1 miljoona kuutiometriä kuusikuitua, päätös tehdään vuonna 2019. Kaisell biojalostamo Paltamoon, 3,5 miljoonaa kuutiometriä, päätös tehdään viimeistään loppuvuodesta 2019. Kaidi biojalostamo Kemiin, 2,8 miljoonaa kuutiometriä energiapuuta, korjuutähteitä ja metsäteollisuuden sivuvirtoja, päätös tulee aikaisintaan 2021. Nykyisiin metsien inventointituloksiin perustuen eivät Luonnonvarakeskuksen tutkijat usko metsien kasvulla saatavan lisääntyvää puun tarvetta kestävästi katettua. Samalla he tunnustavat, että Pohjois-Suomen metsät ”näyttävät” kasvavan heidän laskelmiaan selvästi nopeammin ja hakkuusäästöjä on kertynyt ja kertyy koko ajan lisää.

Hallituksen neljä vuotta sitten kaavailema vuotuisten hakkuiden lisäys vuodesta 2013 vuoteen 2025 mennessä 15 miljoonalla kuutiometrillä on lähes saavutettu jo 2018. Sen on aikaansaanut metsäteollisuuden rivakka investointitahti Suomen puunkäyttöön. Metsäliitto Osuuskunnan liiketoimintajohtaja Juha Mäntylä tosin huomauttaa, että Äänekosken sellutehtaan käynnistyttyä ovat Suomen kuitupuuvarat jo täyskäytössä. Jos kuitupuun hakkuita lisätään, on lisättävä myös tukkipuun hakkuita samassa suhteessa. On myös muistettava, että tilakohtainen kestävyys metsätalouden harjoittamisessa tarkoittaa noin 10 prosentin vähennystä korkeimpaan kestävään hakkuumahdollisuuteen. Vertailulukuna Ruotsi käyttää jo nyt yli 80 prosenttia metsien kasvusta. Suomessa kasvu on viimeisempien laskelmien mukaan 115 miljoonaa kuutiometriä. Suomella on vähän muita raaka-aineita. Uusiutuvien metsien varaan meillä on hyvä rakentaa pitkälle jalostettujen tuotteiden kautta tulevaisuutta. Maailman korkealaatuisimmalla metsänhoidon tasolla ja aktiivisella tuotekehityksellä metsätaloudella on loistava tulevaisuus maassa, jossa sertifiointi ja standardisoinnit ovat hyvin korkealla tasolla.

Meidän on itse pidettävä huoli siitä, että toimintaedellytykset säilyvät vähintään nykyisellä tasolla. Meidän ei kannata alkaa maailman pelastajaksi toimintamahdollisuuksiamme polkien, sillä Suomen osuus maailman puuvaroista on vain puoli (1/2) prosenttia. Vaikka kaikki hakkuut lopetettaisiin heti, ei sillä olisi merkittävää myönteistä vaikutusta maailman hiilinieluun. Se johtaisi vain uusiutumattomien polttoaineiden, materiaalien ja rakennusaineiden käyttöön. Meidän tulee suorittaa taimikonhoidot ja harvennushakkuut ajallaan, tehdä päätehakkuut kasvun alkaessa hiipumaan, turvaten samalla uuden metsäsukupolven synnyn. Näin toimien pidämme huolen metsien kasvukunnosta ja terveydestä turvaten samalla taloudellisen menestyksemme ja autamme maailman ilmastotalkoissa tehokkaimmin. Jatkuvan kasvatuksen menetelmä ei täällä pohjoisilla alueilla ole perusteltua, sillä alikasvoksen elpyminen kahden metrin mittaan vie noin 50 vuotta. Viljelymetsikkö on tuossa iässä jo harvennushakkuu vaiheessa kasvaen pientä tukkia. Taimikonhoito ja ensiharvennus hakkuu on sitä ennen jo suoritettu.

Inventointitulokset tukevat nykyistä metsien käsittelyä (Maa- ja metsätaloustieteiden tohtori Eero Mattilan kirjoituksia osittain lainaten Koillissanomissa 3.11.2017 ja 30.10.2018) Eero Mattila on toiminut 40 vuotta Metsäntutkimuslaitoksen palveluksessa, suurimman osan ajasta Valtakunnan metsien inventoinnin parissa)

Harsintahakkuista luopumisen jälkeen puuston määrä Suomessa on viimeisen sadan vuoden aikana lisääntynyt noin miljardilla kuutiometrillä ja vuotuinen kasvu on noin kaksinkertaistunut. Palaaminen takaisin suurien puiden poimintahakkuihin johtaisi tutkijoiden mukaan puustopääoman ja kasvun romahtamiseen. Kehitys pienentäisi puustoon sitoutuneen hiilen määrää ja alentaisi metsien kykyä sitoa ilmakehän hiiltä, mikä on räikeässä ristiriidassa ilmastotavoitteiden kanssa.

Toisen maailmansodan jälkeen Suomessa alkanut hakkuiden voimakas lisääminen muun muassa sotakorvausten maksamiseksi lisäsi tarvetta investoida puunkasvun parantamiseen metsäteollisuuden puupulan torjumiseksi. Metsäntutkimuslaitoksen laskelmiin pohjautuen aloitettiin 1960- luvulla ns. MERA ohjelma, jolla rahoitettiin ojitus, lannoitus, taimikonhoito, metsänviljely, metsäteiden rakentaminen ja metsänjalostus toimenpiteitä. Kansantaloudellinen vaikutus työllistämisen kautta alkoi välittömästi. Työllisyyden turvaaminen sodan jälkeen oli välttämätöntä myös yhteiskuntarauhan turvaamiseksi.

”Mutta minne Jumala rakentaa temppelin, sinne piru kyhää kappelin”. Yhteiskunnan hämärätahot teilasivat puuntuotannon lisäämisohjelman ja väittivät laskelmia niiden puunkasvua ja hakkuumahdollisuuksia lisäävistä vaikutuksista epärealistisiksi. Alkuvaikeuksien jälkeen laskelmien ennustama puunkasvun parantuminen toteutui jo 1970 – luvulla ja hämärätahojen suureksi harmiksi puunkasvu alkoi jo 1980 – luvulla kiihtyä laskelmia nopeammin. Siitä riehaantuneina nämä tahot alkoivat osin laittomin keinoin vaatia metsien lisäsuojelua pois puuntuotannosta, koska siihen muka oli varaa. Heidän mielestään metsiin julkisilla varoilla tehtyjen ja heidän vastustamien suurten investointien hedelmät tulisi käyttää metsänsuojelun, eikä kansantalouden kehittämiseen.

Julkisuutta hyväksi käyttäen osin Suomen ulkopuolelta ohjailtu toiminta perustui silloin, kuten nykyisinkin paikallisten kellokkaiden (”lapiomiesten”) tietämättömyyteen ja pätemistarpeeseen. Heitä huijattiin laittomiin toimiin metsätaloutta vastaan luonnonsuojelun varjolla. Puolueiden ja poliitikkojen lyhytaikaiset edut menivät kansantalouden pitkän tähtäimen kehittämisen edelle. Menettely loukkasi räikeästi syrjäseutujen asukkaiden ihmisoikeuksia aluetalouden heikentymisen kautta. Tämä toistui jälleen Kuusamon Yhteismetsän metsissä 1990 – luvulla. Jopa silloinen ympäristöministeri saapui paikan päälle Kuusamoon yllyttämään laittomuuksiin kehottamalla heitä pysäyttämään kaikki hakkuut. Pohjois-Suomen ja etenkin Itä-Lapin ja Koillismaan aluetalouden alasajo jatkui Stora Enson Kemijärven selluloosatehtaan lopettamisella. Lontoosta katsottuna pienen tehtaan puunhankinnan häiriöherkkyys suojelutaistelujen vuoksi ylitti pääkonttorin sietokyvyn. Lopettamisen alkusoitot soitettiin tosin jo vajaa kymmenen vuotta ennen päätöksen julkituloa, kun he ostivat USA:n suuren metsäteollisen toimijan. Näin selvisi keskustellessani tuolloin heidän yhden paperikauppiaansa kanssa.

”On vaikea opettaa ymmärrystä sille, jolla ei ole tahtoa, ja vielä vaikeampi sille, jolla ei ole järkeä. Jos annat järjettömälle pätkän narua, niin se lopulta hirttää siihen itsensä”. Uusin vaihe ”metsäterrorismissa” on juuri nyt meneillään Brysselissä, missä he pyrkivät saamaan Suomen maksamaan hakkuiden lisäämisestä, vaikka lisäys kasvattaisi metsien hiilinielua tulevaisuudessa nykyisestäänkin. Heidän mielestään hakkuita tulisi vähentää nykyisestä tasosta. Yhteneväisyyksiä 1960 – luvulla aloitettujen puuntuotannon lisäämisohjelmien vastustajien motiivien kanssa ei ole vaikea havaita.

Oman lukunsa muodostavat ”jokamiehenoikeuden haltijat”, jotka vaativat marjareissuillensa tasoitellut polut ja Tuntemattoman sotilaan Rokan sanoin vielä ”pikkukivillä kivetyin reunoin”. He eivät edes yritä ymmärtää, että metsänomistaja maksaa metsämaansa tuotosta saamistaan kaikista tuloista veroa 30 -34 prosenttia yhteiskunnalle, tilinvälin ollessa noin 20 vuotta. Toivoisin metsänomistajien puolesta, että tämä tarkoitushakuinen ”mustamaalaus” jätettäisiin pois. Tunnustaen samalla sen tosiasian, että Suomi on noussut metsätalouden ansiosta siihen asemaan, että kelpaamme esimerkiksi muullekin maailmalle hyvin kasvavien ja hiiltä sitovien metsiemme ansiosta, jotka tuottavat sen lisäksi elintasomme ylläpitoon kaivattua uusiutuvaa raaka-ainetta. Laskimme aikanaan 1990 – luvulla marjanostaja Martti Palosaaren kanssa, että muokatuilta hakkuuaukeilta poimittujen marjojen verovapaa arvo poimijalle on metsämaahehtaarilla kaksinkertainen puun kantohintaan verrattuna näillä ns. ”Lapin Laki” harsintajätemetsien alueilla.

Nykyisen ympäristöministeri Kimmo Tiilikaisen mukaan ”Vihreään vyöhykkeeseen” (uusi savuverho suojelun ympärille) on sisällytetty koko Itä-Suomi, mukaan lukien Koillismaa, Venäjän Suomen vastainen raja-alue ja osia Norjastakin. Näin uutisoitiin Koillissanomissa 14.1.2019. Samaan aikaan Metsähallituksen suojelubiologi Tiina Laitinen valittaa Koillissanomien uutisoinnissa 17.1.2019 niittymaisemien häviämisestä. Samat tahot, jotka ovat vuosikymmenien saatossa tehneet perheviljelyn mahdottomaksi milloin milläkin suojeluohjelmalla, ovat nyt vaatimassa kukkaketojen palauttamista. Se näyttääkin olevan joukko, jolle ei luontoympäristön kehitys koskaan mene mieleiseen suuntaan kansantaloutta tukevasti, vaan sitä on jatkuvasti häiriköitävä milloin minkäkin teorian mukaan paikallisesta väestöstä vastuuta kantamatta. Nyt sen taakse on marssitettu jopa 120 ”tutkijaa” uskottavuutta antamaan.

Lähdekirjallisuutta ammattijulkaisujen lisäksi

Seppo Ervasti: Kuusamon historia I ja II
J. Juhani Kortesalmi: Kuusamon historia III

Herman Lindqvist: Ruotsin Historia

Koillissanomat vuosikerrat 1952 - 2019

Itkonen T. I. 1948: Suomen lappalaiset vuoteen 1945

Meurman A. 1892 Nälkävuodet 1860-luvulla, Helsinki

Aikio Kaarlo Kuusamon Metsänhoitoyhdistys 1951–1991,

Kuusamon yksityismetsätalouden sopeuttamisprojekti 1997 - 1998

Klusteri puunhankinta ketju projekti 1999 -2001

Kuusamon pitäjän Hännisen kylän tarina 2007

Metsänparantajat kansakunnan asialla 1908 -1988, kirjassa luku: Kuusamon metsät ja metsänviljelyn ongelmat (**toim. Kaino Tuokko**)

Pohjola Erkki: Järvi-Kuusamon kehittämishankkeen loppuraportti

Heikkinen Jaakko: Metsänhoitoyhdistys Kuusamo 1951 -2011, Työtä Kuusamon tilojen tukena, Kuusamon Yhteismetsän 50 toiminnan vuotta

Kyllönen Matti: Verellä lunastettu maa. Kuusamo 1918 -1939

Virtanen Sakari Lapin leivän isä 100 vuotta, Kemi-yhtiön historia, 1993

Timothy Ferris 4 tunnin työviikko, 2008

Markku Kuisma ym. Paperin painajainen, 2014

Riabacke Ari & Mona Päätöksenteko, uskalla tehdä toisin, 2015

Torkkola Sari Lean asiantuntijatyön johtamisessa, 2016